国家出版基金项目
NATIONAL PUBLICATION FOUNDATION

★★★
"十三五"
国家重点出版物出版规划项目

高效毁伤系统丛书·智能弹药理论与应用

新型破甲战斗部技术

Innovative Shaped Charge Warhead Techniques

李伟兵 李文彬 王晓鸣 郑宇 姚文进 著

北京理工大学出版社
BEIJING INSTITUTE OF TECHNOLOGY PRESS

内 容 简 介

本书以新型破甲战斗部技术为核心,侧重于新概念、新结构、新材料在破甲战斗部中的应用,介绍了多模战斗部、双层药型罩、串联战斗部及多束定向战斗部等新型破甲战斗部技术的概念、原理及设计方法,反映了当前破甲战斗部技术的最新研究成果。

本书概念明确、条理清晰、重点突出、内容翔实,可作为高等院校和科研院所弹药及战斗部专业或相关专业高年级学生及研究生使用的拓展教材或参考书,同时也可供从事弹药及战斗部产品设计、生产、维护、使用的科研人员和技术人员学习或参考。

版权专有 侵权必究

图书在版编目(CIP)数据

新型破甲战斗部技术 / 李伟兵等著. —北京:北京理工大学出版社,2020.10

(高效毁伤系统丛书. 智能弹药理论与应用)

国家出版基金项目 "十三五"国家重点出版物出版规划项目 国之重器出版工程

ISBN 978 - 7 - 5682 - 9088 - 3

Ⅰ.①新… Ⅱ.①李… Ⅲ.①穿甲弹 - 战斗部 - 研究 Ⅳ.①TJ413

中国版本图书馆 CIP 数据核字(2020)第 182512 号

出 版 / 北京理工大学出版社有限责任公司		
社 址 / 北京市海淀区中关村南大街 5 号		
邮 编 / 100081		
电 话 / (010)68914775(总编室)		
(010)82562903(教材售后服务热线)		
(010)68948351(其他图书服务热线)		
网 址 / http://www.bitpress.com.cn		
经 销 / 全国各地新华书店		
印 刷 / 北京捷迅佳彩印刷有限公司		
开 本 / 710 毫米 × 1000 毫米 1/16		
印 张 / 22.75	责任编辑 / 钟 博
字 数 / 396 千字	文案编辑 / 钟 博
版 次 / 2020 年 10 月第 1 版 2020 年 10 月第 1 次印刷	责任校对 / 周瑞红
定 价 / 108.00 元	责任印制 / 李志强

《国之重器出版工程》
编 辑 委 员 会

专家委员会委员（按姓氏笔画排列）：

于　全　　中国工程院院士

王　越　　中国科学院院士、中国工程院院士

王小谟　　中国工程院院士

王少萍　　"长江学者奖励计划"特聘教授

王建民　　清华大学软件学院院长

王哲荣　　中国工程院院士

尤肖虎　　"长江学者奖励计划"特聘教授

邓玉林　　国际宇航科学院院士

邓宗全　　中国工程院院士

甘晓华　　中国工程院院士

叶培建　　人民科学家、中国科学院院士

朱英富　　中国工程院院士

朵英贤　　中国工程院院士

邬贺铨　　中国工程院院士

刘大响　　中国工程院院士

刘辛军　　"长江学者奖励计划"特聘教授

刘怡昕　　中国工程院院士

刘韵洁　　中国工程院院士

孙逢春　　中国工程院院士

苏东林　　中国工程院院士

苏彦庆　　"长江学者奖励计划"特聘教授

苏哲子　　中国工程院院士

李寿平　　国际宇航科学院院士

李伯虎　中国工程院院士

李应红　中国科学院院士

李春明　中国兵器工业集团首席专家

李莹辉　国际宇航科学院院士

李得天　国际宇航科学院院士

李新亚　国家制造强国建设战略咨询委员会委员、
　　　　中国机械工业联合会副会长

杨绍卿　中国工程院院士

杨德森　中国工程院院士

吴伟仁　中国工程院院士

宋爱国　国家杰出青年科学基金获得者

张　彦　电气电子工程师学会会士、英国工程技术
　　　　学会会士

张宏科　北京交通大学下一代互联网互联设备国家
　　　　工程实验室主任

陆　军　中国工程院院士

陆建勋　中国工程院院士

陆燕荪　国家制造强国建设战略咨询委员会委员、
　　　　原机械工业部副部长

陈　谋　国家杰出青年科学基金获得者

陈一坚　中国工程院院士

陈懋章　中国工程院院士

金东寒　中国工程院院士

周立伟　中国工程院院士

郑纬民	中国工程院院士
郑建华	中国科学院院士
屈贤明	国家制造强国建设战略咨询委员会委员、工业和信息化部智能制造专家咨询委员会副主任
项昌乐	中国工程院院士
赵沁平	中国工程院院士
郝 跃	中国科学院院士
柳百成	中国工程院院士
段海滨	"长江学者奖励计划"特聘教授
侯增广	国家杰出青年科学基金获得者
闻雪友	中国工程院院士
姜会林	中国工程院院士
徐德民	中国工程院院士
唐长红	中国工程院院士
黄 维	中国科学院院士
黄卫东	"长江学者奖励计划"特聘教授
黄先祥	中国工程院院士
康 锐	"长江学者奖励计划"特聘教授
董景辰	工业和信息化部智能制造专家咨询委员会委员
焦宗夏	"长江学者奖励计划"特聘教授
谭春林	航天系统开发总师

《高效毁伤系统丛书·智能弹药理论与应用》
编写委员会

丛书序

    智能弹药被称为"有大脑的武器",其以弹体为运载平台,采用精确制导系统精准毁伤目标,在武器装备进入信息发展时代的过程中发挥着最隐秘、最重要的作用,具有模块结构、远程作战、智能控制、精确打击、高效毁伤等突出特点,是武器装备现代化的直接体现。

    智能弹药中的探测与目标方位识别、武器系统信息交联、多功能含能材料等内容作为武器终端毁伤的共性核心技术,起着引领尖端武器研发、推动装备升级换代的关键作用。近年来,我国逐步加快传统弹药向智能化、信息化、精确制导、高能毁伤等低成本智能化弹药领域的转型升级,从事武器装备和弹药战斗部研发的高等院校、科研院所迫切需要一系列兼具科学性、先进性,全面阐述智能弹药领域核心技术和最新前沿动态的学术著作。基于智能弹药技术前沿理论总结和发展、国防科研队伍与高层次高素质人才培养、高质量图书引领出版等方面的需求,《高效毁伤系统丛书·智能弹药理论与应用》应运而生。

    北京理工大学出版社联合北京理工大学、南京理工大学和陆军工程大学等单位一线的科研和工程领域专家及其团队,依托爆炸科学与技术国家重点实验室、智能弹药国防重点学科实验室、机电动态控制国家级重点实验室、近程高速目标探测技术国防重点实验室以及高维信息智能感知与系统教育部重点实验室等多家单位,策划出版了本套反映我国智能弹药技术综合发展水平的高端学术著作。本套丛书以智能弹药的探测、毁伤、效能评估为主线,涵盖智能弹药目标近程智能探测技术、智能毁伤战斗部技术和智能弹药试验与效能评估等内容,凝聚了我国在这一前沿国防科技领域取得的原创性、引领性和颠覆性研究

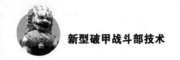
成果，这些成果拥有高度自主知识产权，具有国际领先水平，充分践行了国家创新驱动发展战略。

经出版社与我国智能弹药研究领域领军科学家、教授学者们的多次研讨，《高效毁伤系统丛书·智能弹药理论与应用》最终确定为12册，具体分册名称如下：《智能弹药系统工程与相关技术》《灵巧引信设计基础理论与应用》《引信与武器系统信息交联理论与技术》《现代引信系统分析理论与方法》《现代引信地磁探测理论与应用》《新型破甲战斗部技术》《含能破片战斗部理论与应用》《智能弹药动力装置设计》《智能弹药动力装置实验系统设计与测试技术》《常规弹药智能化改造》《破片毁伤效应与防护技术》《毁伤效能精确评估技术》。

《高效毁伤系统丛书·智能弹药理论与应用》的内容依托多个国家重大专项，汇聚我国在弹药工程领域取得的卓越成果，入选"国家出版基金"项目、"'十三五'国家重点出版物出版规划"项目和工业和信息化部"国之重器出版工程"项目。这套丛书承载着众多兵器科学技术工作者孜孜探索的累累硕果，相信本套丛书的出版，必定可以帮助读者更加系统、全面地了解我国智能弹药的发展现状和研究前沿，为推动我国国防和军队现代化、武器装备现代化做出贡献。

《高效毁伤系统丛书·智能弹药理论与应用》
编写委员会

前　言

　　为适应未来战场上目标防护技术的快速发展，实现对不同目标以及爆炸式反应装甲、复合装甲等新型装甲的高效毁伤，许多新型破甲战斗部技术发展起来，并伴随探测控制技术的发展逐步趋向成熟，成为未来弹药高效毁伤的主要技术途径之一，以及近十年来国内外破甲战斗部技术发展的热点。

　　本书系统地阐述了新型破甲战斗部技术的原理、设计方法及实例，是作者所在研究团队近十年研究工作的总结，其特点综合起来主要有：

　　（1）详细阐明了多模毁伤元形成及侵彻理论计算模型，给出了形成 EFP 和 JPC 药型罩参数、装药参数与起爆位置的匹配关系，确定了多模毁伤元形成的条件范围，奠定了多模战斗部设计及毁伤威力评估的基础。

　　（2）建立了双层小锥角罩压垮及射流形成的理论模型、双层大锥角罩串联 EFP 形成的分析模型，讨论了双层药型罩的结构、起爆方式和材料组合对串联 EFP 形成的影响，奠定了双层药型罩战斗部的设计基础。

　　（3）给出了同口径串联破甲战斗部的前后级匹配条件，建立了同时考虑冲击波、射流速度分布及射流状态等因素的双锥罩射流侵深计算模型，得到了前级装药爆炸产生冲击波在隔爆结构中的衰减规律，提出了评价串联战斗部前后级装药隔爆效果的能量准则，奠定了串联破甲战斗部的设计基础。

　　（4）提出了单级、多级 MEFP 战斗部设计方法，给出了填充材料、药型罩材料、炸药材料、托盘结构、起爆位置等对 MEFP 成型的影响规律，奠定了多束定向战斗部的设计基础。

　　全书共分五章，第 1 章由李伟兵、李文彬编写，第 2 章由李文彬、王晓鸣编写，第 3 章由郑宇、姚文进编写，第 4 章由李伟兵、王晓鸣编写，第 5 章由

李文彬、姚文进编写，全书由李伟兵统稿。

作者所在研究团队的研究生们为研究工作的完成付出了辛勤的劳动，他们是：吴义锋、陈闯、董晓亮、李瑞、陈奎、周欢、樊菲、陈忠勇等。另外，黄炫宁、王雅君、郭腾飞、姜宁等同学为书稿的编辑做出了贡献。在书稿完成之际向他们表示衷心的感谢。

本书是围绕作者的研究成果而编写的一部专著，受篇幅所限，本书所参考的国内外有关的重要著作在参考文献中可能有所遗漏，在此请原作者予以谅解。限于作者的能力和水平，书中难免存在缺点和错误，敬请读者批评指正。

作　者

2020 年 1 月于南京

目 录

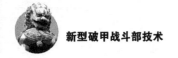

第 1 章

绪　论

|1.1　成型装药战斗部的发展历史|

1.1.1　成型装药战斗部的概念

聚能装药也称成型装药或空心装药。一般炸药爆炸后，其爆轰产物在高温高压下基本是沿炸药表面的法线方向向外飞散的，而带凹槽的装药在引爆后，在凹槽轴线上会出现一股汇聚的、速度和压强都很高的爆炸产物流，在一定范围内使炸药爆炸释放出来的化学能集中起来，即出现聚能效应，如图 1.1 所示。

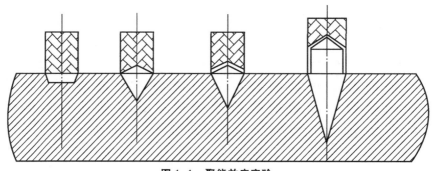

图 1.1　聚能效应实验

如果在聚能装药的空穴内表面衬以一层薄的金属、玻璃、陶瓷或其他材料作为内衬，这种内衬称为药型罩。当带有金属药型罩的炸药装药被引爆后，爆轰波将从装药底部向前传播，并产生高温、高压的爆轰产物，当爆轰波传播到药型罩顶部时，爆轰产物以很高的压力冲量作用于药型罩顶部，从而引起药型罩顶部的高速变形。随着爆轰波向前传播，这种变形将从药型罩顶部到底部相继发生，其变形速度（亦称压垮速度）很大，一般可达1 000～3 500 m/s。在药型罩被压垮的过程中，药型罩微元也沿罩面的法线方向作塑性流动，并在轴线上汇合（亦称闭合），汇合后将沿轴线方向运动，并形成聚能侵彻体，从而侵彻直至穿透装甲。根据爆轰物理学原理，提高战斗部装药爆轰做功能力的途径主要有3种：一是改善炸药的性能，使其具有更高的起爆能量；二是改变装药结构，利用聚能效应使起爆能量在某一方向上集中；三是改变起爆方式，利用爆轰波的相互作用提高起爆能量。

通常情况下，聚能战斗部具有3种侵彻体模式，分别为聚能射流（JET）、杆式射流（JPC）、爆炸成型弹丸（EFP）。其中，JET速度最高可以达到8 000 m/s以上，其长度最长，侵彻能力强，但抗干扰能力差，炸高影响明显；EFP速度最低为1 500～2 500m/s，其侵彻能力差，但后效大，抗干扰能力强，可在大炸高下作用；JPC介于两者之间，速度为4 000～6 000 m/s，具有较好的侵彻能力且抗干扰能力较强。聚能战斗部的3种侵彻体模式示意如图1.2所示。

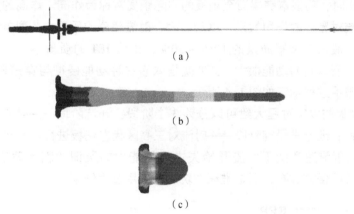

（a）

（b）

（c）

图1.2　聚能战斗部的3种侵彻体模式示意图

（a）JET；（b）JPC；（c）EFP

1. 聚能射流 JET

JET是聚能装药初期最主要的毁伤元模式。聚能装药起爆后，起爆点处的爆轰波以极快的速度（约8 000 m/s）在炸药内部传播，当爆轰波到达药型罩时，药型罩在爆轰压力（平均压力约为20 GPa，峰值可达200 GPa）的作用下被压垮，药型罩以2 000～3 000 m/s的速度向对称轴闭合。被压垮的药型罩在

极短的时间间隔内变形很大，应变率达 $10^4 \sim 10^7\,\mathrm{s^{-1}}$。药型罩在轴线上闭合后，产生一个高温高速的细长流，称为射流。跟随在射流之后，速度很慢的部分称为杆体，射流的速度可达 $5\,000 \sim 10\,000\,\mathrm{m/s}$，杆体速度为 $500 \sim 1\,000\,\mathrm{m/s}$。JET 结构有效地将炸药能量转换为药型罩的动能，具有极高的能量密度，穿孔能力大大增强。在合适的装药高度下，JET 能穿出 8 倍口径的孔。其装药结构及射流形成过程示意如图 1.3 所示。

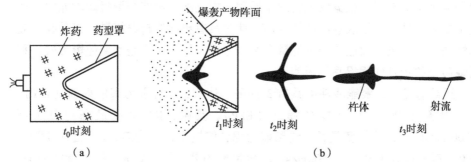

图 1.3　JET 装药结构及射流形成过程示意

（a）爆轰前的装置；（b）爆轰波作用下的射流形成过程（$t_1 < t_2 < t_3$）

装药爆炸时，药型罩底端面至靶板的实际距离常称为炸高。炸高的大小将直接影响射流对靶板的作用效果。试验表明，射流部分的质量与药型罩锥角的大小有关，一般占药型罩质量的 $10\% \sim 30\%$，虽然 JET 的质量不大，但由于其速度很高，所以它的动能很大。JET 就是依靠这种动能侵彻与穿透靶板的。炸高及 JET 破甲过程示意如图 1.4 所示。

JET 对靶板的侵彻过程大致可以分为 3 个阶段：开坑阶段——射流侵彻破甲的开始阶段；准定常侵彻阶段——射流对三高区状态靶板进行侵彻破孔；终止阶段——当射流速度低于射流开始失去侵彻能力的所谓"临界速度"时，射流已不能继续侵彻破孔，而是堆积在坑底，破甲过程结束。

2. 爆炸成型弹丸 EFP

EFP 是由空心装药结构逐渐发展而成的一种新型战斗部装药结构，其结构上最大的特点是在战斗部装药前端采用一个大锥角或圆盘形或球缺形金属药型罩，当主装药爆轰后，这种形状的药型罩在爆轰压力的作用下发生变形，与空心装药结构不同的是它形成的不是金属射流，而是一枚形状如同弹丸状的密实金属杆体，所以称为爆炸成型弹丸。不同的 EFP 装药，其药型罩以不同的模式被锻造成 EFP。3 种基本的 EFP 成型模式为：向后翻转型（Backward Folding）、向前翻转型（Forward Folding）、翻转闭合型（Collapse），如图 1.5 所示。

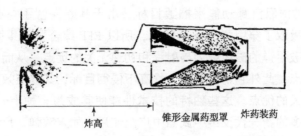

炸高　　　锥形金属药型罩　炸药装药

JET中的金属微粒

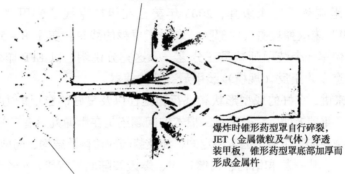

爆炸时锥形药型罩自行碎裂，JET（金属微粒及气体）穿透装甲板，锥形药型罩底部加厚而形成金属杆

装甲板内面的碎片与压力波

图 1.4　炸高及 JET 破甲过程示意

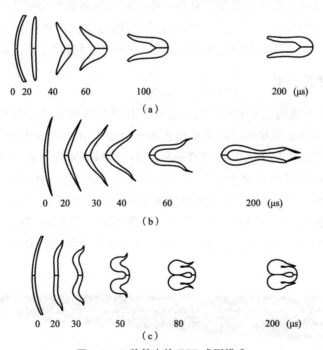

0　20　40　60　　100　　　　200 (µs)

（a）

0　20　30　40　　60　　　　200 (µs)

（b）

0　20　30　50　　80　　　　200 (µs)

（c）

图 1.5　3 种基本的 EFP 成型模式

（a）向后翻转型；（b）向前翻转型；（c）翻转闭合型

EFP通常依靠自身动能来摧毁目标，由于其既保留了空心装药结构的特征，同时又吸取了穿甲弹的某些特点，所以EFP综合了穿甲弹与破甲弹的优点，即具有破甲弹的破甲威力与射程和初速无关的优点，从而使其具备远距离反装甲的特点；此外它可以在极大炸高下侵彻目标，其终点效能又具有穿甲威力大、后效大的优点。这些独特的技术性能使其成为一种十分重要的战斗部，并在现代众多的新一代反装甲武器中广泛使用。如末敏弹、反直升机地雷、灵巧反装甲子母弹、近程反坦克导弹等众多武器都采用了EFP战斗部。最为著名的是"坦克杀手"末敏弹，2003年美国在伊拉克战场使用"SKEET"和"SADARM"末敏弹攻击装甲部队，取得了卓越的战果：美军B-52投放两发末敏弹，伊军一个装甲师减员三分之一，这充分说明，以EFP作为战斗部的末敏弹是迄今为止反（规模）装甲最有效的武器。

一般来讲，良好的成型形状和飞行稳定性以及良好的穿甲能力是评价EFP效能的3个重要方面。综合来看，根本的问题还是在于弹丸具有良好的成型性，弹丸的成型性能是由多个因素决定的，涉及装药的材料及结构、药型罩的设计和质量分布、壳体材料和结构、起爆方式、爆轰波阵面形状等。一个良好的EFP必是这些因素选择的最佳配合。多点起爆以其可以有效提高装药爆轰潜能、改善爆轰波形、提高爆轰压力及压力载荷分布，从而提高聚能装药药型罩的压垮速度和压垮成型形态，得到在成型形状和侵彻能力上比单点起爆更优的EFP战斗部，为爆炸成型弹丸在现代武器装备系统中的应用提供了新的活力。

3. 杆式射流JPC

JPC是基于聚能效应发展而来的一种新型侵彻体结构形式，是利用一定起爆方式与装药及药型罩结构匹配关系得到的一种介于JET与EFP之间的聚能侵彻体，其速度可以达到3 000 ~ 5 000 m/s，形状类似穿甲弹，在一定距离内能够稳定飞行，对装甲和混凝土有很好的侵彻能力。美国在1992年开始对JPC战斗部进行研究，并在1994年申请美国国防专利，所形成的JPC的直径比普通射流大，速度比一般的EFP高，能够穿透多种不同类型的靶板，目前很多类型的灵巧弹药和一些智能武器系统上都装备了该类战斗部。典型的JPC结构如图1.6所示。

图1.6 典型的JPC结构

根据国内外学者的研究，利用飞片冲击来起爆主装药，通过调节不同的飞片距离等参数可以有效地控制主装药的爆轰波型，进而形成在约 40 倍口径范围内保持其完整结构的、长径比大于 10、对药型罩的利用率大于 90%，并且头部速度大于 2 500 m/s 的杆式侵彻体。其中，K 装药（K - Charge）、杂合装药（Hybrid Charge）、射流型弹丸装药（Jetting Projectile Charge，JPC）、低延伸率射流装药（Slow Stretching Jet，SSJ）等不同的装药结构均可以形成大伸长式的 EFP 侵彻体，并认为这种侵彻体近似于 JPC。比较典型的是 A. Blache 与 K. Weimann 所研究的利用飞片起爆结构（VESF）冲击起爆传统的 EFP 装药，通过调节不同的飞片距离等参数有效控制主装药中的爆轰波形，从而形成头部速度大于 2 500 m/s、长径比大于 10、在 6 ~ 8 m 范围内保持完整结构的聚能杆式侵彻体。

综合人们对 JPC 形成的研究，可以看出，国内外学者主要从两个方面入手：一是参照聚能射流的设计研究方法，获取速度低于聚能射流，但在大炸高下不易断裂的聚能侵彻体结构；二是在传统 EFP 装药的基础上，通过进一步改进装药结构、起爆方式等手段，获取速度高于 EFP 且具有较大长径比的聚能杆式侵彻体的战斗部结构。

1.1.2　成型装药战斗部的演变过程

聚能装药结构的历史最早可追溯到 18 世纪，Franz von Baader 早在 1792 年就开始使用"空心装药"一词，但当时采用的黑火药不能形成爆轰。1883 年，Foerster 最先证明了高能炸药的空穴效应。随后，纽波特海军鱼雷站的 Charles Munroe 也发现了无药型罩空心装药的聚能效应，并发表了一些文章来普及空心装药的概念。

尽管聚能装药概念方面的早期研究引人注目，却很少应用。实际上，带药型罩的聚能装药的研究在第二次世界大战期间才取得突破性进步，特别是 X 光摄影技术的发展为聚能装药研究提供了必要手段。现代聚能装药的发明人是德国的 F. R. Thomanek 博士和瑞士工程师 Henry Hans Mohaupt 博士。他们各自独立完善了聚能装药的概念，并开发了具有实用价值的带药型罩的聚能装药结构。德国很早就研究了锥形和半球形药型罩的压垮和成型过程，并对各种几何形状和材料的药型罩进行了探索。美国则主要基于 Mohaupt 的早期研究，而英国是世界上第一个装备反坦克聚能装药枪榴弹的国家。

1941 年，德国的 Schumann 和 Schardin 通过 X 光照片来了解聚能装药原理。Schardin 和 Thomer 公开发表了一组优秀的半球形药型罩聚能装药压垮过程的 X 光照片。这些照片清晰地记录了半球形药型罩的压垮情况（如药型罩从顶点由里向外翻转)。与此同时，Linschitz 和 Paul 通过试验研究了锥形药型罩在不同阶段的压垮过程，并利用水来回收部分变形的锥形药型罩［药型罩变形（或压垮）程度与炸药填充密度相对应］。回收的药型罩形状与 X 光照片吻合得非常好。基于对 X 光照片和部分压垮药型罩的分析，1948 年，Birkhoff 等人根据爆轰波的压力远大于药型罩的强度，将药型罩作为一种非黏性不可压缩的流体处理，建立了定常不可压缩流体力学理论，定常理论不能预测射流的拉长。为了描述射流的速度梯度，Pugh、Eichelberger 和 Rostoker 等人对成型装药的定常理论进行改进，发展了称为 PER 理论的非定常理论，认为药型罩各个微元的压垮速度、压垮角不同。1962 年，Allison 和 Vitaii 借助放射性示踪剂技术对 PER 理论进行了研究，得到的结果与理论计算相当吻合。至此，PER 理论完全被试验所证实。考虑 PER 理论只适用于平面起爆的锥形和楔形药型罩，为此许多学者对其进行了扩展，增加了一些辅助方程，考虑微元的压垮加速过程，从而将其发展成适用于任意形状药型罩的一般射流分析理论。

20 世纪 50 年代，由于朝鲜战争爆发，聚能装药理论得以继续发展。在此期间，与聚能射流有关的研究取得了巨大进步，提高了聚能装药战斗部的威力，增强了武器系统的整体性能。此时，随着试验技术逐渐完善（如高速摄影和 X 光摄影），且开发出的大型计算机程序能够模拟药型罩压垮、射流成型和伸长过程，为射流成型过程（绝大部分）提供了极好的研究手段，使聚能装药技术进一步发展。由于数值仿真技术、高精度加工技术等的发展，由 R. W. Wood 在 1936 年的雷管试验中发现的 EFP 技术也取得了长足进展。起初，EFP 装药结构相对简单，药型罩是等曲率、等壁厚药型罩，这种装药结构形成的 EFP 在大炸高下的性能并不好，在距离战斗部 1m 或 2m 时就断裂了。

随着加工工艺与计算机技术的进步，从 20 世纪 70 年代开始，EFP 技术飞速发展。Hermann、Randers、Pehrson 和 Berner 等人前后应用流体动力编码分析并实现双曲线型药型罩形成致密的球体弹丸。另外，Held 采用大锥角变壁厚药型罩也得到了一个密实弹丸，他将其称为 P 装药（Projectile Charge），这些弹丸具有远距离攻击装甲目标的能力。随后，EFP 的长径比不断增加，出现了尾裙式 EFP。在此基础上，Bender、Carleone 和 Singer 等学者则进一步设计出了具有较高飞行稳定的尾翼式 EFP，炸高可以达到 50～100 倍装药直径。而为了提高侵彻能力，Carleone、Johnson、Bender 和 Archibald 等学者通过控制战斗部结构得到了侵彻威力更大的长杆型 EFP。

20 世纪 90 年代，出现了药型罩介于射流型和射弹型之间的成型装药，如杂合装药、射流型弹丸装药、低延伸率射流装药等。这类装药的长径比接近 1，产生的毁伤元是具有一定速度梯度的大长径比弹丸，弹丸质量占药型罩质量的 50 % 以上，头部速度为 2 ~ 5 km/s，其既有射流速度高、侵彻能力强的特征，也有爆炸成型弹丸药型罩质量利用率高、直径大、侵彻孔径大、大炸高性能好的特征，称为高速杆式弹丸。

|1.2　成型装药战斗部的发展现状|

近年来由于测试技术、材料技术及加工工艺技术的提高，聚能战斗部技术迅猛发展，新的战斗部机理和设计理念层出不穷。各种金属药型罩材料、高能炸药的应用，药型罩结构，新的成型机理得到了深入的研究。当前聚能战斗部的主要发展方向为：新型药型罩材料及高能炸药的应用；新的装药结构、成型方式及药型罩结构；侵彻效应及后效的研究；数值模拟方法及材料模型算法多样化；机理研究由宏观转向微观；活性材料应用于聚能战斗部设计；多模式、多功能、多效应战斗部技术的研究探索。

1.2.1　新型药型罩材料以及高能炸药的应用

众所周知，聚能战斗部的作用原理是通过炸药装药的爆轰作用，使高温高压的爆轰产物作用于药型罩，使罩材发生极大的塑性变形而被压垮或翻转形成聚能侵彻体。因此，作为成型装药的两个关键部件——药型罩及炸药的材料选取具有至关重要的地位。例如，采用能量更高的三代 CL - 20 或不敏感炸药作为主装药以提高侵彻威力或安全性；采用材料密度更高的钽、钨以及钨铜合金或纳米晶等材料制作药型罩。美国正在开发下一代弹药战斗部用高韧性块体钨材料，并希望将高韧性钨合金用于爆炸成型弹丸，替换钽合金，因为钨合金的密度比钽合金大 2.6 g/cm^3，而且利用钨合金代替钽合金可以降低爆炸成型弹丸的制造成本，提高其性能。另外，由于钼及钼合金形成的射流具有开孔大的特点，当前大量串联战斗部前级聚能战斗部材料选用钼及钼合金。不同材料药型罩形成的爆炸成型弹丸如图 1.7 所示。

针对药型罩材料，英、美等国先后对药型罩材料晶粒尺寸及织构对射流长度和断裂的影响开展研究，结果表明当纯铜晶粒尺寸降至 10 μm 时，有效射流长度增幅达到近 30%，侵彻深度提高显著。在国内，张全孝等人利用 X 射线衍射仪测量和分析了不同纯铜药型罩的材料织构，得出织构分布均匀、各向同性的材料具有较好的破甲性能。闫超以 3 种不同状态的细晶纯铜材料作为研究对象，分析了 3 种材料的力学性能，对粗晶和细晶两种材料药型罩的射流形

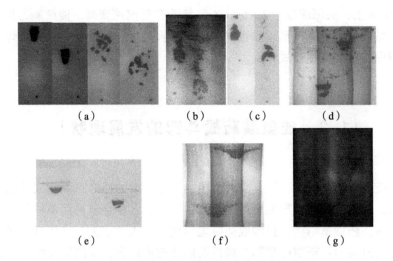

图 1.7　不同材料药型罩形成的爆炸成型弹丸

(a) 90W-9Ni-Co；(b) W-25Re (再结晶)；(c) W-25Re；(d) Ta；

(e) Fe；(f) Mo；(g) W-20Cu

态、不同炸高下的侵彻威力进行分析。结果证明，在不同炸高条件下细晶纯铜药型罩的侵彻威力始终优于粗晶纯铜药型罩。

在不同药型罩材料方面，Ghulam Hussain 等应用数值模拟方法得出由于密度差异，钽、铝等材料分别存在最小、最大极限速度与稳定速度。其中，获得稳定速度的时间与药型罩材料密度成正比关系，而速度衰减速率与药型罩材料密度呈反比关系。对于药型罩材料而言：碳钢和铜更容易形成密实的 EFP；而钽、铝和纯铁更容易形成空心 EFP；中碳钢和铜更容易形成大侵深。对于 JPC 毁伤元，樊菲和伊健亚等人针对铝、钛、铁、镍、铜、钼、钽、钨等 8 种金属材料药型罩，研究 K 装药形成聚能侵彻体的性能。结果表明：铝罩形成毁伤元头、尾直径相差最小，长径比最大；钛罩头部射流离散成颗粒，头部速度较大；铁、镍、铜 3 种金属的毁伤元形态相似，杆体较钛、铝罩显著增大，且与射流部分有分离趋势；钼罩形成杆体小，头、尾直径相差较小，长径比适中；钨、钽形成杆体大，毁伤元长度小，头部较细。

新材料能否得到最终应用，其制备工艺的实现也非常关键。因此，针对新材料在制备药型罩方面也有专家作了相关研究，其中罗健等采用摆辗工艺，配合热处理，得到了机械性能优良、内部组织细小均匀的药型罩。爆炸驱动数值模拟和试验研究表明，钽-2.5 钨合金药型罩形成的 EFP 具有初速高、长径比大、密实、飞行稳定等优点，侵彻能力比铜药型罩形成的 EFP 提高 20% 以上，具有很好的应用前景。

炸药作为聚能战斗部的关键组成部分，对毁伤元的成型至关重要。王利侠等人利用常温成型和热压成型两种工艺制备了典型的 CL – 20 基混合炸药装药，将其应用于聚能装药，在有效炸高范围内其射流的断裂时间和侵彻威力等均优于 HMX 基炸药。采用精密装药技术能使聚能装药威力和破甲稳定性得到较高的提升，其中热压成型装药使聚能射流威力比常温成型装药提高了约 10%，对 45 钢靶穿孔孔径至少增大了约 15%。CL – 20 炸药是未来提高反坦克破甲弹药威力的极有潜力的高能炸药。

1.2.2　新的装药结构、成型方式及药型罩结构

为了进一步提高成型装药战斗部的毁伤威力，新的装药结构、成型方式及药型罩结构成为当前研究的重点，例如 K 装药、分离式装药、多功能装药、多药型罩装药、W 装药、串联聚能战斗部、复合聚能战斗部、超聚能射流等技术。

针对传统射流药型罩利用率的问题，俄罗斯学者 Minin 在传统聚能装药的基础上提出了超聚能装药的概念。超聚能射流实现了杵体部分和射流部分互换，因此射流速度不受材料声速限制，能够突破传统射流速度阈值。超聚能装药的主要结构形式包括：喷射型超聚能射流装药、圆台辅助型超聚能射流装药和平板辅助型超聚能射流装药。另外，根据非对称碰撞环形聚能侵彻体理论，利用环形聚能装药二次汇聚可以实现微元冲量分解，控制药型罩微元各个方向的压垮速度，达到形成稳定聚能侵彻体的目的。超聚能装药药型罩结构如图 1.8 所示。

图 1.8　超聚能装药药型罩结构

采用异型结构提高 EFP 的威力及飞行稳定性，如采用六边形或八边形外壳、多点起爆、炸药里含有不同爆轰速度的材料或内置网格形引导装置、波形控制器等方法形成尾翼 EFP 以及线性 EFP；采用广义双层药型罩技术，如两种

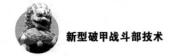

材料贴合的复合药型罩、双层或多层药型罩形成串联 EFP；通过药型罩喷涂或电镀其他材料形成射流并提高射流的利用率等。

林加剑提出用隔板法形成尾翼，该方法主要是通过在药型罩上粘贴隔板，利用隔板改变爆轰波波阵面的结构形状，使药型罩上的爆轰压力发生规律性变化，最终形成尾翼 EFP。试验结果表明，通过隔板产生的尾翼 EFP 长径比较小，约为 1，头部形状不理想，易发生断裂，经过优化后的尾翼 EFP 最大侵彻深度约为 0.75 倍药型罩口径，最大侵彻口径约为 0.65 倍药型罩口径。尾翼 EFP 的形成过程如图 1.9 所示。

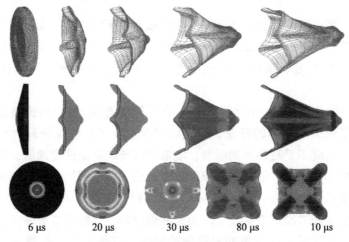

| 6 μs | 20 μs | 30 μs | 80 μs | 10 μs |

图 1.9　尾翼 EFP 的形成过程

左振英等设计了一种贴片结构，将其粘在球缺药型罩的内表面，在中心起爆装药的情况下，获得了带有斜置褶皱尾翼的 EFP，然而其仅进行了数值模拟研究，并未展开试验验证。

袁建飞等设计了两种可形成符合 EFP 的复合药型罩结构，即内层等壁厚、外层变壁厚以及内层变壁厚、外层等壁厚的复合药型罩，其中，内层药型罩材料为镁，外层药型罩材料为紫铜。其通过数值模拟及破甲毁伤试验进行研究。结果表明，两种装药结构都可以形成复合 EFP，速度可达到 1 760 ~ 1 940 m/s，与单层 EFP 相比，复合药型罩形成的 EFP 对目标的毁伤后效更好。

门建兵等针对单罩及两种复合罩材串联 EFP 成形和侵彻开展了数值模拟和试验研究，采用脉冲 X 光摄影获得了 EFP 形成过程典型时刻图像，同时得到了对钢靶的侵彻效应，钢－铜双罩结构要好于钢－钢双罩结构，其侵彻深度达到 0.52 装药直径（Charge Diameter，CD），大于单罩的 0.28 CD。

郑宇等研究了双层药型罩形成的串联 EFP，发现具有合适结构和药型罩材料的双层药型罩可以形成串联聚能侵彻体，药型罩材料组合和起爆位置对串联聚能侵彻体的形成具有较大的影响。双层串联 EFP 的 X 光影像及数值模拟如图 1.10 所示。

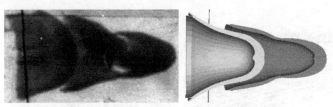

图 1.10　双层串联 EFP 的 X 光影像及数值模拟

1.2.3　侵彻效应及后效的研究

聚能侵彻体包括射流、杆式侵彻体及 EFP，其毁伤目标由各类钢靶拓展到密闭容器、混凝土、混凝土龙骨以及各种装甲目标。聚能侵彻体穿透靶板后，不但具有聚能侵彻体并伴有靶后破片，形成二次毁伤效应。

Kim、Arnold 等对 EFP 密实度对侵彻深度的影响进行研究，通过数值模拟及试验得出，当 EFP 在低密度状态时，密实度与最大侵彻深度呈线性关系，但 EFP 单位质量的侵彻深度却随着密实度的增加而减小；当 EFP 密实度 ≤ 80% 时，EFP 的侵彻过程可以简化为空心桶侵彻。同时，其对密实及空心 EFP 侵彻 RHA 靶板后效中的破片飞散角、破片质量、破片速度随 EFP 速度的变化规律进行研究，并建立了一种新的靶后破片（Behind Armor Debris，BAD）模型。EFP 侵彻过程中的破片云如图 1.11 所示。

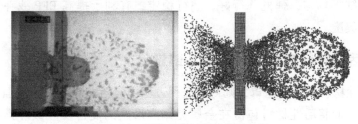

图 1.11　EFP 侵彻过程中的破片云

1.2.4　机理研究由宏观转向微观

人们研究材料晶粒度对聚能毁伤元成型的影响规律、对称性及材料缺陷对聚能装药的影响，以及材料在爆炸加载过程中的微观变形机理，并对聚能毁伤元形成及侵彻过程中材料的微观组织变形采用扫描电子显微镜（SEM）、透射电子显微镜（TEM）、X 射线衍射（XRD）、能谱分析（EDS）等进行研究。

赵腾等指出药型罩被压溃后材料的破坏行为与材料的动态性能、杂质的含量及其分布、晶粒的大小和形貌有关,制作药型罩材料的关键是如何得到纯净的材料和细小的等轴晶。典型钽 EFP 不同位置处的微观影像如图 1.12 所示。

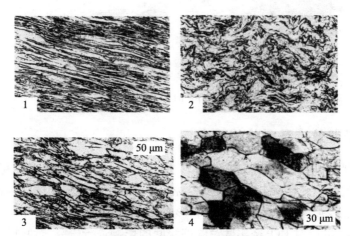

图 1.12　典型钽 EFP 不同位置处的微观影像

何捍卫等通过直流电沉积加工 Cu - Ni - W 药型罩,当电流密度增强时,铜含量会减少,而镍和钨的含量会增加,沉积后材料晶粒度会降低,并通过 SEM、XRD、EDS 来观测所产生的药型罩微观结构。

郭丽屏等通过试验验证、药型罩晶粒度分析、加工工艺改进等方式得出药型罩内、外晶粒组织不均匀影响 EFP 的成型,使破甲威力下降,而药型罩内、外晶粒组织细小均匀,弹丸飞行好,飞行稳定,有利于提高 EFP 战斗部的破甲威力和密集度。

1.2.5　活性材料应用于聚能战斗部设计

使用活性材料制作药型罩,则可在侵彻过程中伴随燃烧效应,增强穿靶后的侵彻效果;而将活性材料包覆在金属壳体内形成的复合反应破片具有密度高、侵彻效应好、爆炸驱动下安定性好等特点。因此,将活性材料应用于聚能战斗部设计,可以增强聚能毁伤元的侵彻后效。

射流对目标的毁伤通常是深而小的孔,为扩大周向毁伤效果,美国根据终点释能战斗部原理,研究了一种用活性材料制作药型罩的名叫"Barnie"的装药。在射流形成过程中,药型罩不发生氧化反应,在与目标作用时发生氧化反应,释放大量能量,扩大毁伤效果。与相同尺寸的铝罩装药相比,Barnie 装药对半无限厚混凝土靶的侵彻孔显著增大。美国海军研究署在原理演示试验的基础上，估计活性破片战斗部潜在的毁伤威力相对普通战斗部可提高 5 倍，活性材料药型罩装药的原理与活性破片战斗部一样，是提高成型装药威力的可行技术途径。

门建兵等提出包覆式爆炸成型复合侵彻体（Wrapping Explosively Formed Compound Penetrator，WEFCP），它是通过炸药爆炸驱动金属药型罩包覆内核活性材料而形成的一种新型高效毁伤元。WEFCP 的结构示意如图 1.13 所示。从破片侵彻靶板结果得出：复合反应破片在撞击靶时发生化学反应，毁伤效果比惰性侵彻体有大幅提高，利用金属药型罩动态包覆反应材料形成复合反应破片的方法可行。

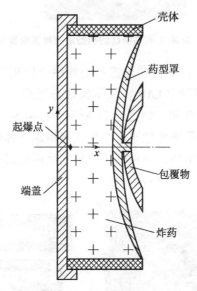

图 1.13　WEFCP 的结构示意

Church、Philip 等对镍－铝反应聚能药型罩射流成型进行试验研究，图 1.14 所示为脉冲 X 光拍摄到的典型时刻射流成型状态，通过回收射流粒子并进行详细的微观组织分析，得出了镍和铝在射流成型过程中发生化学反应生成了镍铝化合物。

1.2.6　多效应战斗部技术的研究探索

考虑战场环境的复杂性，多种新型战斗部得以进一步发展，例如根据目标类型自适应选择不同作用模式的双模或多模战斗部、同时对多种目标杀伤的多功能/多效应复合战斗部，或对目标进行随进侵彻的串联战斗部等多种新型战斗部，具体应用如洛克希德·马丁公司研制的低成本自主攻击系统

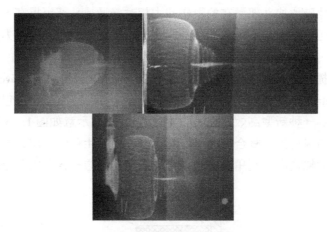

图 1.14　脉冲 X 光拍摄到的典型时刻射流成型状态

（LOCAAS）和洛克希德·马丁公司与雷声公司联合研制的"网火"非直瞄火力系统发射的巡飞攻击导弹（LAM）及精确攻击导弹（PAM）等。这 3 种型号的弹药都是采用三模战斗部，如图 1.15 所示。除美国外，俄罗斯、以色列、英国、德国、意大利、法国等发达国家也加入多模巡飞弹药的发展行列，如英国研制低成本巡飞弹（LCLC），以色列研究单兵使用的巡飞弹。三模聚能战斗部及其 3 种作用模式如图 1.16 所示。

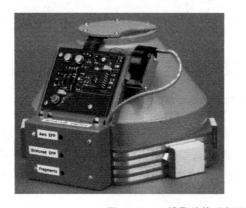
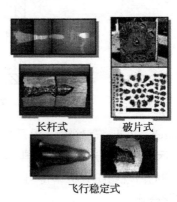

長杆式　　破片式

飞行稳定式

图 1.15　三模聚能战斗部及其 3 种作用模式

李伟兵等研究起爆方式对爆炸成型侵彻体成型的影响规律，发现起爆点距离药型罩的轴向距离从 0 倍装药口径增加到 0.72 倍装药口径时，EFP 速度提高了 37.8%，长径比增加了 1 倍多，他们通过优化设计成型装药结构实现了杆式侵彻体与 EFP 两种模态的转换。多爆炸成型弹丸（MEFP）战斗部硬件、仿真及测试数据如图 1.16 所示。

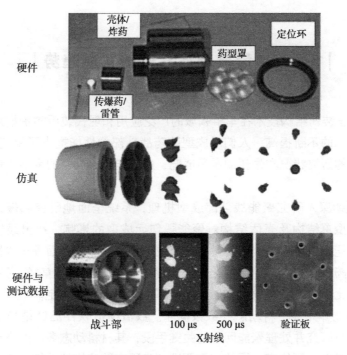

图 1.16 MEFP 战斗部硬件、仿真及测试数据

赵长啸等基于口径为 60 mm 的弧锥结合罩 EFP 装药，设计了一种在药型罩前适当位置安装可抛掷的十字形网栅的切割式 MEFP 结构（图 1.17），并进行了靶场静爆试验。此外，对于图 1.18 所示的一种新型整体式 MEFP 战斗部结构，他们通过试验与数值模拟验证了其可行性。

图 1.17 切割式 MEFP 战斗部试验照片

图 1.18 新型整体式 MEFP
战斗部试验照片

|1.3 成型装药战斗部的发展趋势|

随着聚能装药结构技术在军事领域的广泛应用和现代装甲防护技术及武器系统设计技术的不断提高，人们对成型装药战斗部的性能提出了更高的要求。结合国内外的研究状况和最新的应用情况，成型装药战斗部的发展趋势至少包括以下几点：

（1）继续深入研究聚能战斗部成型机理，系统全面地研究起爆结构、装药结构、药型罩结构及壳体结构对聚能毁伤元成型的影响，找出最佳匹配关系，并对聚能侵彻体的断裂及材料失效模型进行研究。一方面进一步提高射流速度，提高药型罩利用率，在强化射流侵深的同时增大开孔直径；另一方面，形成大长径比 EFP，尽可能使 EFP 带有尾翼以使飞行更为稳定。

（2）建立并完善材料动态参数数据库。数值模拟软件已经是当前技术人员和研究人员研究并处理聚能问题的关键手段，其材料动态参数的准确性直接影响到数值模拟的可信度。因此，需要进一步研究数值模拟计算方法及材料模型算法的多样化，通过不断的材料动态参数测试和试验标定，积累专用材料的动态参数及计算方法，以提高数值模拟的可信度，实现减少试验数量、加快研制进度、节约经费的目的。

（3）深入研究药型罩材料特性。突破现有常用药型罩材料的制约，从材料的微观结构入手，研究各类新型药型罩材料的适用性，并引入活性材料加强聚能侵彻体的毁伤威力。现有单质金属已较多地应用于药型罩研究，积累了较多经验，但合金的使用还处于较为初步的阶段，需要进一步研究。同时，通过复合或其他方式将活性材料引入药型罩研究，得到含能药型罩，以提高聚能侵彻体的后效，这也是今后一段时间的重点发展趋势。

（4）研究新原理、新结构下的成型装药结构。探索新原理、新结构下的成型装药结构，例如利用电磁驱动形成聚能射流或根据 PELE 原理设计相对应的复合药型罩结构。同时，根据现有条件，设计多模式、多功能、多效应的新型成型装药结构，例如多模战斗部、复合战斗部、串联随进战斗部、多层药型罩、多束定向战斗部等。

（5）发展成型装药战斗部侵彻效应及毁伤评估技术。聚能侵彻体对装甲目标毁伤过程会产生崩落破片，形成二次毁伤效应。当聚能侵彻体击穿装甲时，装甲背面可能形成致命的破片（即 BAD）喷流。这些破片包含破碎的侵彻体材料以及侵彻过程和/或激波释放射出的装甲材料。由于破片沿残余侵彻体射击迹线散开，因此可能会作用于车辆的大部分易损部件（包括人员）。作为一种损伤机制，这些破片显得格外重要。为了描述这种威胁的特征并进行易损性评估，人们急切地想了解所有构成碎片云的破片质量、暴露面积以及速度（包括大小和方向）。建立成型装药战斗部侵彻效应及毁伤评估技术，主要包括目标易损性分析，战斗部威力及对目标毁伤效应、武器系统毁伤效能等研究。

第 2 章

多模战斗部技术

成型装药多模战斗部技术可实现一弹多目标，适时有效地对战场中复杂多变的目标进行摧毁，具有毁伤模式的可选择性，已成为近年来国内外成型装药技术发展的热点之一，也是未来毁伤效应可控的主要研究方向之一。多模战斗部技术是基于同一成型装药结构，利用不同的起爆模式及爆轰波波形控制技术，针对不同的毁伤目标，选择适应目标特点的毁伤元模式的新型破甲技术，其技术核心为多模毁伤元的形成和转换方法。

|2.1 概述|

2.1.1 多模战斗部概念

多模式战斗部（multimode warhead）也称为可选择战斗部（selectable warhead），是指根据目标类型而自适应选择不同作用模式的战斗部，毁伤模式的实时可选择是多模战斗部的主要标志。

成型装药多模战斗部的多模毁伤元形态一般有 4 种模式：

（1）JET。JET 作为一种传统的聚能侵彻体，已经得到广泛应用，其头部速度一般达到 5 000 ~ 10 000 m/s，尾部速度为 500 ~ 1 000 m/s，较高的速度梯度，导致其有效作用距离有限，随着炸高的增加，JET 易发生断裂，使侵彻能力下降很快，一般在 3 ~ 8 倍装药口径的炸高下对均质装甲的侵彻深度可达10 倍装药口径。典型的 JET 形貌如图 2.1 所示。

图 2.1 典型的 JET 形貌

（2）EFP。EFP战斗部已成功应用于末敏弹等远距离反装甲武器系统中。EFP的速度为1 700～2 500 m/s，没有速度梯度，能够实现远距离飞行，炸高可达到1 000倍装药口径，侵彻深度一般为0.5～1倍装药口径。同时，由于EFP弹径较粗，导致侵彻末段靶背剪切带或拉伸崩落断面较大，具有较明显的靶后效应。典型的EFP如图2.2所示。

图2.2　典型的EFP

（3）JPC。JPC具有比EFP更高的速度，为3 000～5 000 m/s，其长杆式外形能够保证在一定的距离内稳定飞行，有利炸高为10～20倍装药直径，侵彻深度为1～3倍装药口径，侵彻孔径一般可达装药口径的45%左右，其后效杀伤效果介于EFP与JET之间。典型的JPC如图2.3所示。

图2.3　典型的JPC

（4）MEFP。MEFP侵彻体是在EFP成型装药端部放置隔栅装置，在成型装药EFP形成的初始时刻被该装置切割，形成多个破片，通过隔栅装置控制破片的数量、质量，通过起爆控制破片飞散角，实现对轻型装甲目标和软目标的毁伤。典型的MEFP隔栅装置如图2.4所示，典型的MEFP对均质装甲的侵彻结果如图2.5所示。

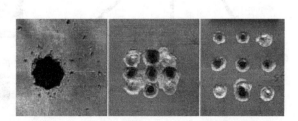

图2.4　典型的MEFP隔栅装置　　　图2.5　典型的MEFP对均质装甲的侵彻结果

多模战斗部在对付厚重的装甲目标时，可选用 JET 模式，利用 JET 毁伤目标；在中远距离对付中厚装甲或混凝土工事目标时，可选用 JPC 模式，利用 JPC 毁伤目标；在远距离对付装甲目标时，可选用 EFP 模式，利用 EFP 毁伤目标；在对付轻装甲或集群人员目标时，可选用 MEFP 模式，利用 MEFP 毁伤目标。多模战斗部主要是上述 4 种毁伤元的 2 种或 3 种的组合，本章研究以 EFP、JPC 组合为主。

毁伤元的可选择和实时转换是多模战斗部的核心，爆轰波形的控制是多模战斗部的关键。多模战斗部是智能毁伤的基础，是未来灵巧/智能弹药实现最佳毁伤效能的保证。多模战斗部技术已经成为未来武器系统发展的主要方向之一。

2.1.2 多模战斗部国内外研究现状

国外多模战斗部最有代表性的例子是美国洛克希德·马丁公司于 1994 年开始研制的 LOCAAS。LOCAAS 三模战斗部如图 2.6 所示，LOCAAS LAM 如图 2.7 所示，LOCAAS 子弹药三模式爆炸成型侵彻体战斗部如图 2.8 所示。

图 2.6　LOCAAS 三模战斗部

图 2.7　LOCAAS LAM

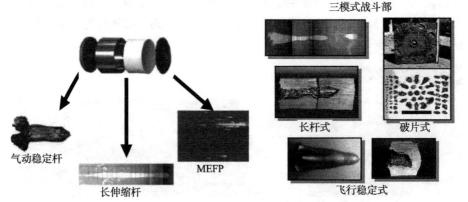

图 2.8　LOCAAS 子弹药三模式爆炸成型侵彻体战斗部的 3 种作用模式

LOCAAS 子弹药采用了三模式爆炸成型侵彻体（JPC、EFP、MEFP）战斗部，可实现对人员（软目标或半硬目标）、轻/重装甲目标的有效打击，具有在复杂的战场环境中自动搜索、捕获并摧毁关键目标的能力。

雷声公司研制的 PAM 和洛克希德·马丁公司研制的 LAM 均配装多模战斗部。PAM 的战斗部重达 12.7 kg，相当于 LAM 的 3 倍，可用于攻击诸如坦克类的重型装甲目标或者软目标、中等强度的防御工事。LAM 的战斗部用于攻击轻型装甲目标、高价值点目标、非装甲编队等，如 BM - 21 多管火箭炮、指挥与控制车和防空目标等。如果所要执行的是战斗毁伤评估任务，LAM 就会拥有一段"巡飞时间"，并在此时向地面站发送攻击后的图像以提高再次打击的精度。LAM 如图 2.9 所示，PAM 如图 2.10 所示。

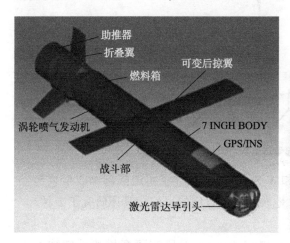

图 2.9　LAM

图 2.10　PAM

除美国外，俄罗斯、以色列、英国、德国、意大利、法国等发达国家也加入多模巡飞弹药的发展行列。英国在研的 LCLC，以色列在研的单兵使用的巡飞弹等均采用多模战斗部技术。

在产品研制的同时，多模战斗部相关的关键技术得到了长足的发展，已形成从计算、试验到产品设计的一整套较为系统完整的理论和方法。

1991 年，美国的 Richard Fong 在 41 届弹药和战斗部会议上提出了新型可选择的 EFP 战斗部概念，通过研究药型罩前端加置隔栅金属棒的直径和材料对形成 EFP 破片的大小和散布面积的影响，得出破片模式由隔栅金属棒的排列和直径控制的结论。

1996 年，加拿大的 Robert J. Lawther 设计的双模战斗部申请了专利，通过尾部端面点起爆形成射流侵彻厚装甲，通过药型罩端部环起爆和尾部端面点起

爆同时起爆形成大飞散角破片。

2000 年，美国的 Lucia D. Kuhns 获得侵彻双模战斗部的专利，该战斗部拥有圆柱外表面破片壳体并包裹一层炸药和一含加载炸药的长杆，当表面起爆时形成破片模式攻击软目标，或者通过长杆侵彻硬目标并起爆。Richard Fong 又在战斗部技术发展 AD 报告中提出了对付不同目标的 3 种毁伤元（稳定飞行 EFP、大伸长 EFP 和 MEFP）。

2001 年，美国的 David Bender 等人在 19 届国际弹道会议中提出通过使用多点起爆装置可形成双模 EFP 毁伤元。不同的起爆环组合对毁伤元形成的影响如图 2.11 所示。

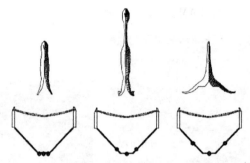

图 2.11　不同的起爆环组合对毁伤元形成的影响

2002 年，美国的 E. L. Baker 和 A. S. Daniels 研究了可选择起爆成型装药，通过改变起爆技术达到对轻装甲、地质材料等毁伤的目的，其还研究了多种起爆位置射流形成方案。

2004 年，德国的 Fritz Steinmann 和 Christa Lösch 研究了多模战斗部技术，首先改进了 Bunkerfaust 战斗部，使其在能毁伤轻型装甲和典型城市目标外，同时还能毁伤重型装甲；提出了多模 EFP 战斗部，通过改变起爆方式仿真和试验获得了多模 EFP 毁伤元；最后还仿真研究了起爆环半径对射流成型的影响，提出不同起爆方式对侵彻体成型影响很大。吴成等人试验研究了多模态聚能战斗部，通过改变 VESF 装置参数控制射流的形状和质量分布，产生针对不同目标的多模态射流。

2005 年，郭美芳和范宁军分析研究了多模战斗部及其起爆技术，初步分析了药型罩的材料与结构、炸药的类型与装药结构对多模战斗部性能的影响，提出多点可选择起爆技术是多模战斗部研究中应首先突破的重要关键技术。

2006 年，余道强研究了可选择作用/多模战斗部技术，分析了实现多模作用的技术途径，试验研究了切割网栅材质选择和切割网栅与药型罩之间的距离对切割效果的影响。

2008 年，英国的 A. J. Whelan 设计了一种能同时攻击城市建筑物和装甲钢板的多级战斗部，其中的主战斗部通过环起爆形成射流，前级战斗部则形成缓慢拉伸射流（SSJ）。南非的 G. de la Bat 等人提出了设计一种能有效攻击多种目标的、低附带损伤的武器，这样就能减少军队昂贵的武器军费开支，设计并改进了一种能攻击人员、掩体和轻装甲等多目标侵彻体，通过减少烈性炸药而降低附带损伤，提出可应用多选择可编程的时间引信在相对目标最佳的位置起爆战斗部。蒋建伟等人以数值模拟方法研究了点起爆和环起爆方式下 EFP 和杆式侵彻体的形成和侵彻能力。

2010 年，张玉荣等人仿真研究了多模 EFP，通过在战斗部前加置金属网切割装置来切割得到预期形状的 EFP。张扬一也研究了同模式的多模战斗部，仿真研究了单一 EFP 和 EFP 破片，并进行了试验验证。门建兵等人仿真和试验研究了多模战斗部毁伤元成型和侵彻过程，通过单点起爆形成 EFP、多点起爆形成杆式侵彻体、加置切割网形成 MEFP。

南京理工大学作者所在的团队从 2003 年开始，系统研究了多模战斗部技术，从爆轰波形控制理论入手，建立了多模毁伤元成型理论，得到了装药结构、药型罩参数等对多模毁伤元成型的影响规律，给出了多模毁伤元的形成条件范围，实现了多模毁伤元的转换，为多模战斗部的发展奠定了基础。

|2.2　多模毁伤元形成的理论模型|

在 PER 理论的基础上，将扩展的 PER 理论应用于描述大锥角药型罩的正向和逆向环起爆形成侵彻体的过程，将微元的指数压垮模型应用于描述任意形状的药型罩的压垮汇聚过程，并利用数值仿真方法获得德佛纽克斯（Defourneaux）系数，建立描述射流和杆流形成的理论模型；从微元初始压垮速度的获得到 EFP 成型其总动量守恒这一基本点出发，建立端面环起爆球缺罩形成 EFP 模型。

2.2.1　扩展的 PER 理论模型

PER 理论只适用于平面起爆的锥形或楔形罩，需要考虑微元的压垮加速过程从而将其发展成适用于任意药型罩形状和任意起爆方式的一般射流分析理论。

为此作如下基本假设：

（1）在爆轰作用下，药型罩材料强度可以忽略，把药型罩作为一种非黏性的不可压缩流体来处理；

（2）药型罩为任意形状，厚度很小，可以忽略药型罩内层和外层的速度差；

（3）爆轰波到达罩面后，该微元速度以指数形式增加，微元速度的大小和方向运动随时间变化；

（4）考虑微元之间的挤压作用，认为极限压垮速度与极限偏转角之间符合周培基公式。

由于药型罩的压垮是在高温高压下瞬时完成的，高压远大于材料软化强度，即强度对压力的抵抗作用影响很小，可以忽略不计；药型罩的壁厚越小，锥角越小，药型罩内层和外层的速度差越大；微元指数加速形式更加符合实际情况，与仿真的情况也趋于一致。

2.2.1.1 药型罩的压垮参数

药型罩压垮过程如图 2.12 所示。当环起爆时形成的类球面爆轰波沿药型罩外表面从 P 点运动到 Q 点时，最初在 P 点的药型罩微元压垮到 J 点。最初在 P' 点的药型罩微元压垮开始较迟，且压垮比 P 点慢，在 P 点到达 J 点的同时 P' 点到达 M 点。由于 P' 点的压垮滞后于 P 点，因此压垮的药型罩具有非锥形轮廓线（QMJ），P 点处药型罩微元不是垂直于药型罩初始表面运动，而是沿着与内表面法线成小角 δ（称为变形角或偏转角）的直线运动。记爆轰波速为 D，压垮速度为 v_0，药型罩半锥角为 α，压垮角为 β。

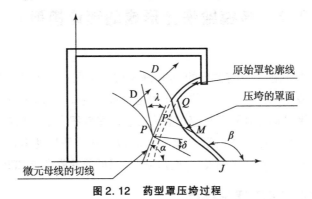

图 2.12　药型罩压垮过程

1. 微元的压垮加速过程

对于微元的压垮加速过程（药型罩压垮速度如图 2.13 所示），经典的计算有瞬时加速、匀加速及指数加速假设。而指数加速假设更加接近实际情

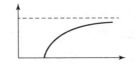

图 2.13　药型罩压垮速度

况，其速度历程为兰德 - 皮尔逊（Randers - Pehrson）指数形式：

$$v(x, t) = v_0(x)\left[1 - e^{\left(-\frac{t-T(x)}{\tau(v_0)}\right)}\right] \tag{2.1}$$

其中 τ 采用卡列翁和富利斯（Flis）形式：

$$\tau = A_1\frac{mv_0}{P_{CJ}} + A_2 \tag{2.2}$$

式中，m 为药型罩单位面积的初始质量（$m = \rho\varepsilon$）；P_{CJ} 为炸药的 Chapman - Jouget 压力；A_1、A_2 为常数。

2. 微元的极限压垮速度 $v_0(x)$

计算各个微元的极限压垮速度是求解整个模型的前提，格尼公式无法反映起爆点变化对压垮速度的影响，采用德佛纽克斯经验方程计算极限抛射角，进而通过联立周培基公式得到极限压垮速度。正向起爆爆轰几何关系如图 2.14 所示，逆向起爆爆轰几何关系如图 2.15 所示。

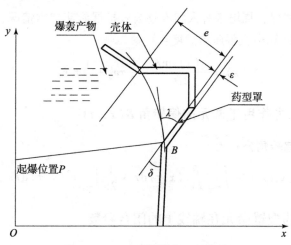

图 2.14　正向起爆爆轰几何关系

德佛纽克斯经验方程为

$$\frac{1}{2\delta_0(x)} = \frac{1}{\Phi(\lambda)} + k(\lambda)\cdot\rho\left(\frac{\varepsilon(x)}{e(x)}\right) \tag{2.3}$$

式中，e 为垂直于微元方向的装药厚度；ε 为药型罩微元厚度；λ 为爆轰波在微元上的入射角。

在经典的 PER 理论中，通过考虑爆轰波仅垂直地施加给药型罩微元一个冲量，药型罩微元当受到爆轰波作用时仅改变方向，而没有改变速度的大小，这个结论也就是 $\delta_0(x)$ 角和极限压垮速度 $v_0(x)$ 之间关系的泰勒公式，泰勒公

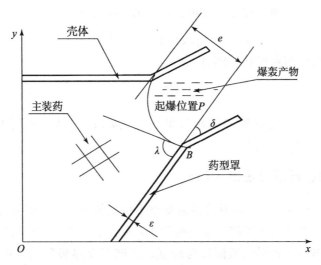

图 2.15 逆向起爆爆轰几何关系

式的假设是定常情况，周培基等人将泰勒公式扩展到非定常情况，给出 P. C - Zhou 公式，可以计算出极限压垮速度：

$$\delta_0(x) = \frac{v_0(x)\sin\lambda}{2D} - \frac{1}{2}\tau v_0' + \frac{1}{4}\tau' v_0 \tag{2.4}$$

3. 在爆轰压力作用下微元的偏转角 $\delta(x, t)$

高压驱动的偏转角公式为

$$\delta(x,t) = -\int_{T(x)}^{t} \frac{\partial}{\partial x} v(x,\tau) d\tau + \frac{1}{2v}\int_{T(x)}^{t} v^2(x,\tau) d\tau \tag{2.5}$$

2.2.1.2 药型罩微元在轴线上的闭合参数

（1）微元在任意时刻的位置为

$$z(x,t) = x + \int_{T(x)}^{t} v(x,\tau)\sin(\alpha(x) + \delta(x,\tau))d\tau \tag{2.6}$$

$$r(x,t) = R(x) - \int_{T(x)}^{t} v(x,\tau)\cos(\alpha(x) + \delta(x,\tau))d\tau \tag{2.7}$$

药型罩压垮几何关系如图 2.16 所示。

假设微元的偏转角是小量，微元在任意时刻的位置为

$$z(x,t) = x + v_0(x)[F_1(t_c)\sin(\alpha) - F_2(t_c)\cos(\alpha)\sin(\delta_0)] \tag{2.8}$$

$$r(x,t) = R(x) + v_0(x)[F_1(t_c)\cos(\alpha) + F_2(t_c)\sin(\alpha)\sin(\delta_0)] \tag{2.9}$$

其中 $F_1(t)$、$F_2(t)$ 是时间的显函数：

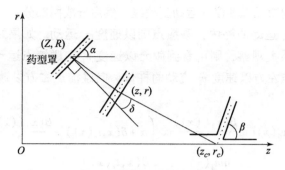

图 2.16　药型罩压垮几何关系

$$F_1(t) = \int_T^t \left[1 - \exp\left(-\frac{t-T}{\tau}\right)\right]dt = t - T - \tau\left[1 - \exp\left(-\frac{t-T}{\tau}\right)\right]$$

$$(2.10)$$

$$F_2(t) = 2F_1(t) - t + T + \frac{\tau}{2}\left[1 - \exp\left(-2\frac{t-T}{\tau}\right)\right] \qquad (2.11)$$

（2）微元汇聚时间 $t_c(x)$ 及汇聚时的碰撞角 $\beta(x)$。

当 $r(x, t)$ 等于零时，微元在轴线上闭合，此时时间为 $t_c(x)$，由下式解得：

$$\int_{T(x)}^{t_c} v(x,\tau)\cos(\alpha(x) + \delta(x,\tau))d\tau = 0 \qquad (2.12)$$

为了计算碰撞角 $\beta(x)$，需要压垮外形的斜率，可由下式估算：

$$\tan\beta(x) = \left.\frac{\partial r}{\partial z}\right|_{t=t_c} = \left.\frac{\partial x}{\partial z}\frac{\partial r}{\partial x}\right|_{t=t_c(x)} \qquad (2.13)$$

$$\frac{\partial r}{\partial x} = R' + v_0'(-\sin\delta_0\sin\alpha F_2 - \cos\alpha F_1) + v_0(\sin\alpha\alpha' F_1 - \cos\alpha F_1' - $$

$$\cos\delta_0\delta_0'\sin\alpha F_2 - \sin\delta_0\cos\alpha\alpha' F_2 - \sin\delta_0\sin\alpha F_2')$$

$$(2.14)$$

$$\frac{\partial z}{\partial x} = 1 + v_0'(\sin\alpha F_1 - \sin\delta_0\cos\alpha F_2) + v_0(\cos\alpha\alpha' F_1 + \sin\alpha F_1' - $$

$$\cos\delta_0\delta_0'\cos\alpha F_2 + \sin\delta_0\sin\alpha\alpha' F_2 - \sin\delta_0\cos\alpha F_2')$$

$$(2.15)$$

F_1 和 F_2 关于 x 的偏微分为

$$F_1'(t) = -T' - \tau' + \exp\left(-\frac{t-T}{\tau}\right)\left(T' + \tau' + \frac{t-T}{\tau}\tau'\right) \qquad (2.16)$$

$$F_2'(t) = 2F_1'(t) + T' + \frac{\tau'}{2} - \exp\left(-2\left(\frac{t-T}{\tau}\right)\left(T' + \frac{\tau'}{2} + \frac{t-T}{\tau}\tau'\right)\right) \qquad (2.17)$$

（3）微元汇聚后的射流速度及质量。

当微元运动到轴线时，发生碰撞，分成射流和杵体两部分。在实验室坐标

系下观察，可看到微元以速度 v 运动到轴线，然后分成两部分：以速度 v_j 运动的射流和以速度 v_s 运动的杆体，碰撞点则以速度 v_c 运动。如果站在与碰撞点固结的运动坐标系上观察，则可看到微元以速度 v_1 向碰撞点运动，然后分成两部分：向碰撞点左方以速度 v_2 流动的杆体、向碰撞点右方以速度 v_3 流动的射流。可以得到下式：

$$v_j(x) = v_0(x)\csc\frac{\beta(x, t_c(x))}{2}\cos\left(\alpha + \delta(x, t_c(x)) - \frac{\beta(x, t_c(x))}{2}\right) \quad (2.18)$$

$$\frac{\mathrm{d}m_j(x)}{\mathrm{d}m(x)} = \sin^2\frac{\beta(x, t_c(x))}{2} \quad (2.19)$$

2.2.1.3　射流形成的临界条件

当罩壁压合时，在动坐标上，罩壁以相对压合速度冲向碰撞点，并在碰撞点分成两股，一股为射流，一股为杆体，各自向相反的方向流动。但实际上并不是在所有的情况下都能形成射流，射流形成与否存在一定的临界条件，目前对这种临界值的认识主要有 3 种理论，分别是声速理论准则、黏塑性模型判定准则、黏性可压缩流体模型判定准则。其中，黏塑性模型判定准则应用最广，声速理论准则次之，黏性可压缩模型判定准则再次之。本模型选用声速理论准则作为判据。

1976 年，周培基等人提出了平面轴对称情况的准则及衡量射流质量的尺度。周等人指出：对于亚音速碰撞（或碰撞速度 v_2 小于材料体积声速 C）会形成密实的凝聚射流，即

$$v_2 = v_0\frac{\cos(\alpha + \delta)}{\sin\beta} < C \quad (2.20)$$

设速度 v_0 垂直于变形后的罩壁，也即垂直于 v_2，则

$$v_2 = v_0\arctan\beta < C \quad (2.21)$$

也即压垮速度的上限为

$$v_0 < \arctan\beta \quad (2.22)$$

当 v_0 低于某一临界值时，也不能形成射流，这是压垮速度的下限。

v_2 与 v_c、v_0 的关系如图 2.17 所示。

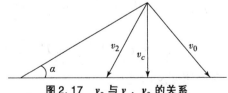

图 2.17　v_2 与 v_c、v_0 的关系

由图 2.17 可知：

$$v_c = v_0 \cos\beta \tag{2.23}$$

罩微元在轴线发生碰撞时，只有当碰撞压力超过 10 倍的动态屈服强度 σ_{yd} 时，材料的变形才能作为流体处理，即可形成射流，也就是说应保证：

$$2\rho v_0^2 \cos^2\beta > 10\sigma_{yd} \tag{2.24}$$

即：

$$v_0 > \frac{1}{\cos\beta}\sqrt{\frac{5\sigma_{yd}}{\rho}} \tag{2.25}$$

因此，要形成良好射流，压垮速度要满足：

$$\frac{1}{\cos\beta}\sqrt{\frac{5\sigma_{yd}}{\rho}} < v_0 < \arctan\beta \tag{2.26}$$

对确定的药型罩材料，ρ、C、σ_r 均为已知，为保证形成射流，要保证压垮速度的取值满足式（2.22）。

2.2.1.4 射流头部的速度参数

通常在药型罩头部区域，由于微元加速度有限，从而其速度不能达到最终的压垮速度。在罩顶区域内，微元近乎垂直地闭合到装药轴线上，具有射流速度，它后面跟随的单元具有的速度大于这个速度，这样射流单元之间就发生了干扰，质量堆积起来形成了射流的头部。

假设各微元经历完全塑性碰撞，各微元堆积起来形成头部，速度可以用线性动量守恒预报。考虑每一个微元的碰撞，直到发现第一个微元速度小于头部组合颗粒速度的射流单元为止，之后为正常射流。射流头部平均速度为

$$\overline{v_j}(x_{tip}) = \frac{\int_0^{x_{tip}} v_j(x)\,\dfrac{dm_j}{dx}dx}{\int_0^{x_{tip}} \dfrac{dm_j}{dx}dx} \tag{2.27}$$

事实上，头部组合平均速度 $\overline{v_j}$ 的表达式是逐步积分的，直到某点 x_{tip} 的速度 $v_j(x_{tip})$ 不大于 $\overline{v_j}$。

2.2.1.5 微元汇聚后射流在轴线上的运动参数

现在研究整个射流形成以后的拉伸，继续用 x 作为沿锥型罩轴线的坐标轴，由此定义了药型罩微元的初始位置，射流上的位置坐标从药型罩顶部的位置测量，记为 $\xi(x, t)$，微元恰好在时间 t 到达轴线的位置用 $\overline{z}(x)$ 表示。由药型罩压垮的几何关系，这个位置可以计算为

$$\bar{z}(x) = x + R(x)\tan\left[\alpha(x) + \delta(x, t_c)\right] \tag{2.28}$$

微元恰好到达药型罩轴线的时间 $t = t_c$，所以在任意时间 $t \geq t_c$，原来在 x 处的微元的一部分将成为射流，而另一部分将成为杵体。

假设射流部分的每个微元在其形成之后立即以不变的速度 $v_j(x)$ 运行，可以写出 x 微元在时间 $t(t \geq t_c)$ 的射流部分的位置：

$$\xi(x, t) = \bar{z} + (t - t_c)v_j \tag{2.29}$$

1. 射流微元的一维伸展

考虑两个点 x_1 和 x_2，它们在药型罩上相距 dx，压垮过程中，点 x_1 首先到达轴线，然后沿轴线进入形成射流；在此期间 x_2 点已经开始压垮并在时刻 t_0 到达轴线，此刻，原先在 x_1 的射流现在位于 $\xi(x_1, t_0)$ 处，而 x_2 刚刚到达轴线上的 $\xi(x_2, t_0)$ 处。在后来的某任意时刻 t，它们的位置分别为 $\xi(x_1, t)$ 和 $\xi(x_2, t)$，现在将射流的一维伸展定义为射流微元的初始长度比它初始形成时的长度的增长率：

$$E(x, t) = \left[\frac{\partial\xi}{\partial x}(x, t) \Big/ \frac{\partial\xi}{\partial x}(x, t_0)\right] - 1 \tag{2.30}$$

2. 射流的半径

假设射流的横截面为圆形且射流是定常不可压缩的。原始锥体每单位长度的射流微元的质量为

$$\frac{dm_j}{dx} = \frac{2\pi\rho\varepsilon R}{\cos\alpha}\sin^2\beta \tag{2.31}$$

假设射流为圆形截面，密度恒定，r_j 为射流半径，可以将 $d\xi$ 长度上的射流微元质量表达为

$$\frac{dm_j}{dx} = \pi\rho r_j^2 \left|\frac{\partial\xi}{\partial x}\right| \tag{2.32}$$

合并方程式（2.31）及式（2.32），解出射流半径：

$$r_j = \left[\frac{2R\varepsilon\sin^2(\beta/2)}{\cos\alpha \ |\partial\xi/\partial x|}\right]^{1/2} \tag{2.33}$$

2.2.1.6　大锥角下德佛纽克斯经验方程适用性验证及系数的计算

获得压垮速度是进行理论模型解算的关键和前提。本书利用德佛纽克斯经验方程计算极限抛射角，进而通过周培基公式得到极限压垮速度。由德佛纽克斯经验方程可以知道，不同的炸药结合不同的药型罩，其方程的系数表现形式

也不同，一般可以通过大量的试验拟合得到相应的系数，然而试验测量罩微元的极限压垮速度或压垮角的变化规律比较困难，应用成熟的软件仿真的结果，设计适当的数学方法可以计算推导出德佛纽克斯经验方程系数。

1. 模型选择及数值仿真

为了能联立方程解算出相应的系数，数值仿真计算两个方案。仿真计算结构模型如图 2.18、图 2.19 所示。其药型罩壁厚分别取 $\varepsilon = 0.06$ cm、$\varepsilon = 0.10$ cm 计算，称为方案一、方案二。

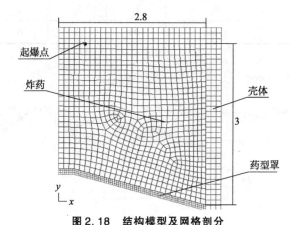

图 2.18　结构模型及网格剖分

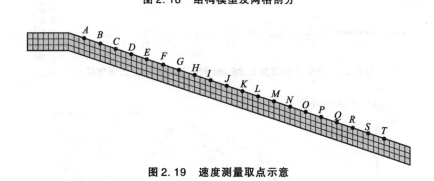

图 2.19　速度测量取点示意

装药选择 B 炸药，材料模型为高能炸药爆轰模型（High Explosive Burn），状态方程为 JWL 状态方程。药型罩材料为铜，材料模型为 Johnson Cook 模型，状态方程为 Gruneisen 状态方程。单位取 cm – g – μs。仿真计算中各参数的设置如表 2.1 所示。

对不同药型罩壁厚的两个方案进行仿真计算，通过后处理得到不同微元位置的速度历程曲线，如图 2.20 和图 2.21 所示（微元位置 A ~ T 分别从罩的顶端至罩的外缘）。

表 2.1　仿真计算中各参数的设置

	$\rho_0/(g \cdot cm^{-3})$	$D/(cm \cdot \mu s^{-1})$	E_0/GPa	P_{CJ}/GPa	A/GPa	B/GPa
B 炸药	1.717	0.693 0	7.0	21	371.0	7.43
	R_1	R_2	ω	—	—	—
	4.15	0.95	0.3	—	—	—
药型罩	$\rho_0/(g \cdot cm^{-3})$	G/GPa	E/GPa	Pr	T_m/k	T_r/k
	16.60	76.0	120	0.36	3 250	298
	C	S_1	S_2	S_3	a	γ_0
	0.341	1.600	0	0	0	1.54

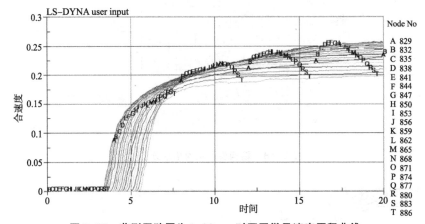

图 2.20　药型罩壁厚为 0.06 cm 时不同微元速度历程曲线

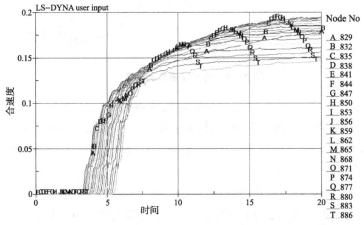

图 2.21　药型罩壁厚为 0.10 cm 时不同微元速度历程曲线

基于兰德 – 皮尔逊指数形式微元速度方程，对所有速度历程曲线进行非线性数值拟合，得到系数值 v_0、T、τ（见表 2.2）。

表 2.2　对速度历程曲线进行非线性数值拟合得到 v_0、T、τ

微元	微元初始纵坐标 y	方案一（$\varepsilon = 0.06$ cm）			方案二（$\varepsilon = 0.10$ cm）		
		v_0	T	τ	v_0	T	τ
A	0.629	0.220 9	2.587	2.628	0.172 7	2.316	3.560
B	0.598	0.230 1	2.828	2.509	0.178 2	2.642	3.316
C	0.567	0.241 3	2.793	2.841	0.185 9	2.716	3.449
D	0.536	0.248 1	2.693	3.241	0.191 7	2.695	3.760
E	0.505	0.251 6	2.710	3.406	0.194 1	2.780	3.816
F	0.474	0.252 0	2.866	3.338	0.195 2	2.913	3.788
G	0.443	0.251 3	3.011	3.241	0.194 0	3.109	3.590
H	0.412	0.249 7	3.209	3.102	0.192 1	3.305	3.368
I	0.381	0.246 2	3.465	2.819	0.189 9	3.529	3.135
J	0.350	0.242 3	3.723	2.535	0.186 5	3.755	2.845
K	0.319	0.239 5	3.858	2.414	0.184 1	3.908	2.686
L	0.289	0.235 7	4.092	2.185	0.180 8	4.132	2.436
M	0.258	0.231 8	4.322	1.964	0.177 5	4.342	2.211
N	0.227	0.228 3	4.484	1.828	0.173 8	4.555	1.989
O	0.196	0.224 1	4.704	1.633	0.170 1	4.718	1.823
P	0.165	0.219 4	4.916	1.449	0.165 4	4.925	1.614
Q	0.134	0.213 5	5.095	1.288	0.159 9	5.111	1.423
R	0.103	0.206 6	5.275	1.137	0.153 7	5.268	1.283
S	0.072	0.199 7	5.433	1.032	0.147 7	5.405	1.187
T	0.041	0.192 9	5.557	0.941	0.141 6	5.528	1.104

2. 德佛纽克斯经验方程系数的获取

环起爆时，使用德佛纽克斯经验方程与周培基公式结合计算药型罩的压垮速度。由表 2.2 对压垮速度 v_0、τ 关于 y 进行多项式拟合得到：

方案一：

$$v_1 = -2.9836y^4 + 3.1733y^3 - 1.3371y^2 + 0.394y + 0.178 \quad (2.34)$$

方案二：

$$v_2 = -1.8211y^4 + 1.8750y^3 - 0.8466y^2 + 0.31y + 0.1297 \quad (2.35)$$

y 为对称轴方向微元的初始纵坐标。

代入 $\delta = \dfrac{v_0\sin\lambda}{2U_D} - \dfrac{1}{2}\tau v_0' + \dfrac{1}{4}\tau'v_0$，可以分别得到 δ_1、δ_2。

德佛纽克斯经验方程 $\dfrac{1}{2\delta} = \dfrac{1}{\Phi(\lambda)} + k(\lambda)\rho\left(\dfrac{\varepsilon}{e}\right)$ 中 e、λ 据不同微元可以几何解得，$\Phi(\lambda)$、$k(\lambda)$ 通过两方案中两个不同方程的联立可以解得，再将其对 λ（弧度）进行多项式拟合得到：

$$\Phi(\lambda) = -26.4589\lambda^4 - 22.2526\lambda^3 + 127.5878\lambda^2 - 102.4166\lambda + 23.9181$$

$$(2.36)$$

$$k(\lambda) = -12\,121\lambda^4 + 38\,743\lambda^3 - 46\,123\lambda^2 + 24\,234\lambda - 4\,740 \quad (2.37)$$

同样的，对于 8701 炸药与军用紫铜药型罩的组合，运用以上的思路，可以得到以下德佛纽克斯经验方程系数：

$$k(\lambda) = -4.4872 \times 10^{-9}\lambda^5 + 1.1538 \times 10^{-6}\lambda^4 + 1.2713 \times 10^{-4}\lambda^3$$
$$- 9.9779 \times 10^{-3}\lambda^2 + 0.606\,31\lambda + 19.733 \quad (2.38)$$

$$\Phi(\lambda) = -1.5449 \times 10^{-7}\lambda^5 + 3.8849 \times 10^{-5}\lambda^4 + 3.6116 \times 10^{-3}\lambda^3 +$$
$$0.139\,06\lambda^2 - 1.2428\lambda + 11.617 \quad (2.39)$$

2.2.2 端面环起爆球缺形药型罩形成 EFP 模型

由于 EFP 在成型过程中不存在在对称轴上的汇聚，微元在翻转过程中相互牵连作用明显，即微元之间的作用力不能忽略，从而导致经典的成型装药形成理论不再适用。尽管国内外围绕 EFP 的形成、飞行、侵彻进行了大量的研究，但没有成熟的用于描述 EFP 形成过程的理论模型，大多应用软件仿真或试验的方法获得整体速度、外形尺寸趋势性的规律。建立完整的能够描述内在参数变化的理论模型比较困难，尽管如此可以从整体的动量守恒出发，建立理论描述起爆位置改变对于形成的 EFP 速度的影响关系，从而对多模成型装药的设计提供参考。

爆轰波扫过后，各质点微元速度矢量各异，微元之间存在速度梯度；在 EFP 形成初期，微元有向对称轴方向汇聚的趋势，且微元间的相互牵连作用使微元间存在动量交换，微元垂直于对称轴方向的速度逐渐趋于零；药型罩翻转而不汇聚，最终使 EFP 各质点微元速度趋于一致，所以认为从微元初始压垮速度的获得到 EFP 的基本成型，其总动量守恒；EFP 基本成型后在对称轴的垂直方向速度基本为零，分析对称轴方向的动量守恒即可得到 EFP 成型时的速度。

为了简化问题，作如下基本假设：

（1）爆轰波波速恒定，并忽略爆轰波在对称轴上碰撞加强形成的马赫作用；

（2）爆轰波到达药型罩表面后，微元瞬时达到压垮速度；

（3）EFP 在成型后整体以恒定的速度运动；

（4）忽略药型罩速度梯度。

2.2.2.1　EFP 稳定飞行速度

药型罩微元在爆轰载荷的作用下获得压垮速度，开始压垮运动，在压垮运动过程中，药型罩微元获得的爆轰能量一部分用于自身的塑性变形，另一部分用于使药型罩加速运动。各微元之间交换动量，使微元之间速度差减小，而总体动量守恒。

已知微元的初始瞬时压垮速度沿 x 轴方向的分量为 u_{ix}，根据动量守恒定律得到此时药型罩质心速度也等于 EFP 成型时的速度（ $v = \sum \Delta m_i \cdot u_{ix}/m$ ），微元质量 Δm_i 为

$$\Delta m_i = \Delta v_i \cdot \rho = \frac{2\pi\rho}{3}(R_2^3 - R_1^3)\sin\theta\mathrm{d}\theta \tag{2.40}$$

微元的压垮速度沿 x 轴方向的分量为 u_{ix}。

微元运动几何关系（ $\theta \geqslant \omega$ ）如图 2.22 所示，微元运动几何关系（ $\theta < \omega$ ）如图 2.23 所示。

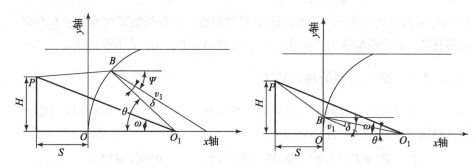

图 2.22　微元运动几何关系（ $\theta \geqslant \omega$ ）　　图 2.23　微元运动几何关系（ $\theta < \omega$ ）

参考图 2.22、图 2.23 所示的几何关系，坐标原点在药型罩外壁轴对称点，起爆位置为 P，角 ω 为 P 与药型罩圆心位置 O_1 的连线与对称轴的夹角，

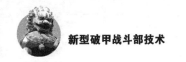
压垮速度方向与对称轴方向的夹角为 ψ，根据微元位置的不同 ψ 角分两种情况讨论。

当微元在 PO_1 连线的上方时（$\theta \geqslant \omega$），$\psi = \theta - \delta$；

当微元在 PO_1 连线的下方时（$\theta < \omega$），$\psi = \theta + \delta$。

所以

$$u_{ix} = v_i \cdot \cos\psi$$

$$v = \frac{\sum_i \Delta m_i \cdot u_{ix}}{m} = \frac{2\pi\rho(R_2^3 - R_1^3)\left(\int_0^\omega v_i \cdot \sin\theta\cos(\theta + \delta)\,\mathrm{d}\theta + \int_\omega^{\theta_0} v_i \cdot \sin\theta\cos(\theta - \delta)\,\mathrm{d}\theta\right)}{3m}$$

（2.41）

式中，m 为整个药型罩的质量，ρ 为药型罩的密度，R_2 为药型罩外壁半径，R_1 为药型罩内壁半径，v_i 为药型罩的压垮速度，δ 为压垮速度与药型罩法线间的夹角。

2.2.2.2　药型罩的压垮速度

药型罩为圆弧形，当爆轰波阵面扫过罩面时，药型罩微元受到强烈的压缩而迅速压垮朝轴线运动，其运动速度称为压垮速度，显然各微元的压垮速度是不同的。环起爆时，整体为轴对称结构，所以可以在对称平面内简化为二维问题，即可看作对称轴上、下两点的点起爆。由于炸药瞬时爆轰模型与点起爆模型在计算得到初始压垮速度时，其值相差不大，为简化计算起见，应用瞬时爆轰模型获得压垮速度，至于压垮速度方向的分析仍考虑爆轰波形影响：

$$v_i = \sqrt{\frac{P_m L}{b\rho}\left[1 - \left(\frac{L \cdot \cos\dfrac{\beta + \alpha}{2}}{L_{mi}\sin\alpha + L \cdot \cos\dfrac{\beta + \alpha}{2}}\right)^2\right]}$$

（2.42）

式中，P_m 为微元的冲击压力；b 为药型罩的厚度；ρ 为药型罩的密度；L 为有效装药长度；α 为药型罩的半锥角。b、ρ 为常量；P_m、α、L 下面讨论。

2.2.2.3　微元受到的冲击压力

由于不同微元处，波阵面与罩外壁面的夹角不同，所受到的冲击压力也不同，试验结果已得出冲击压力 P_m 随波阵面切线方向与罩外壁面夹角 φ 的关系：

$$\begin{cases} P_m = P_{CJ}(1.65 - 0.25 \times 10^{-2}\varphi), & 0° \leqslant \varphi \leqslant 55° \\ P_m = P_{CJ}[0.69 + 2.34 \times 10^{-2}(90 - \varphi)], & 55° \leqslant \varphi \leqslant 90° \end{cases}$$

（2.43）

微元冲击几何关系如图 2.24、图 2.25 所示，P 点为起爆环位置，坐标为（$-S$, H）。

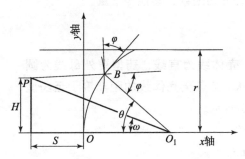
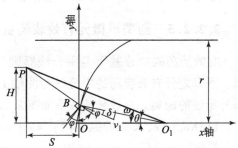

图 2.24　微元冲击几何关系（$\theta \geqslant \omega$）　　　图 2.25　微元冲击几何关系（$\theta < \omega$）

其中：S 为环起爆点距离坐标原点的横向距离；H 为环起爆点距离坐标原点的纵向距离（环起爆半径）；角 ω 为起爆位置 P 与药型罩圆心位置 O_1 的连线与对称轴的夹角。

当描述微元的位置的 θ 角大于 ω 时（$\theta \geqslant \omega$）：

$$\varphi = \angle BPO_1 + \angle BO_1P\,(\angle BO_1P = \theta - \omega)$$

$$\varphi = \theta - \omega + a\cos\left(\frac{(R_2 - R_2\cos\theta + S)^2 + (R_2\sin\theta - H)^2 + (R_2 + S)^2 + H^2 - R_2^2}{2\,\sqrt{(R_2 - R_2\cos\theta + S)^2 + (R_2\sin\theta - H)^2}\,\sqrt{(R_2 + S)^2 + H^2}}\right)$$

$$(2.44)$$

当描述微元的位置的 θ 角小于 ω 时（$\theta < \omega$）：

$$\varphi = \angle BPO_1 + \angle BO_1P\,(\angle BO_1P = \omega - \theta)$$

$$\varphi = \omega - \theta + a\cos\left(\frac{(R_2 - R_2\cos\theta + S)^2 + (R_2\sin\theta - H)^2 + (R_2 + S)^2 + H^2 - R_2^2}{2\,\sqrt{(R_2 - R_2\cos\theta + S)^2 + (R_2\sin\theta - H)^2}\,\sqrt{(R_2 + S)^2 + H^2}}\right)$$

$$(2.45)$$

对于求 P_m 时，除 θ 外其他值均为常量，最终 $P_m = P_m(\theta)$。

2.2.2.4　药型罩压垮角

罩面微元压垮以后与轴线所成的角度称为压垮角，以 β 表示，β 的变化规律与压垮速度 v_i 沿轴线的分布有关，随微元的不同位置 θ，β 是一个变量。

在 EFP 形成过程中，对于某一确定的微元在不同时刻 P_m 值是变化的，使用动量守恒定律计算 EFP 形成后的整体速度时，只需关心微元压垮初始时刻的参量，对于压垮初始时刻的压垮角，不同位置的微元其压垮角也不同，用试验得到的经验公式为

$$\beta = e^t \tag{2.46}$$

式中，$t = -0.1\alpha\,(\lambda - 0.228)^2 + 0.029\alpha + 4.490\,(\lambda - 0.16)^2 + 2.83$。其中

$\lambda = DB/DC = x_i/x_c = R_2 \cdot \sin\theta/r$，所以 β 仅为 θ 的函数，其他为常量。

2.2.2.5　药型罩微元有效装药量

有效装药的划分基于角平分线原则，壳体线为直线，药型罩外母线为圆弧，所以划分有效装药的平分线为曲线 DK。K 点至壳体线的距离等于至药型罩外母线的距离。有效装药关系如图 2.26 所示。

设 $|Ko_1| = c$，K 点的纵坐标 $y_K = c \cdot \sin\theta$。

根据图示几何关系知 $|KB| = r - c \cdot \sin\theta$。

根据 $|KB| = |KC|$ 得到：

$$c = (R_2 + r)/(1 + \sin\theta)$$

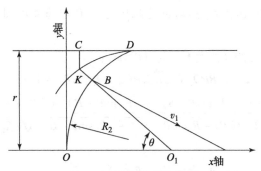

图 2.26　有效装药关系图

所以有效装药量长度 L 为

$$L = |KD| = (R_2 + r)/(1 + \sin\theta) - R_2 \tag{2.47}$$

2.2.2.6　压垮速度与药型罩法线之间的夹角

对于环起爆，在计算压垮速度与药型罩法线之间的夹角 δ 时，可以借鉴带隔板的中心起爆的装药结构模型，得到：

$$\delta = \arcsin\left[\frac{v_i}{2D}\cos\left(\alpha + \arctan\frac{H - R_2\sin\theta}{R_2 - R_2\cos\theta + S}\right)\right] \tag{2.48}$$

δ 最终也是 θ 的函数，积分可得 v。

|2.3　多模战斗部设计方法|

成型装药多模毁伤元是药型罩在爆轰冲量的作用下经过变形产生的，在其成型过程中，有诸多因素如起爆模式、药型罩结构参数、装药结构参数等影响毁伤元的成型形态及成型参数（速度、长径比）。因此，研究起爆模式、药型罩结构参数、装药结构参数对多模毁伤元成型的影响规律，是多模战斗部设计的基础。

2.3.1　起爆模式的选取

爆轰波形的控制是多模毁伤元形成的关键，通过改变起爆方式，合理控制爆轰波形，可实现不同毁伤元的转换。本节主要介绍点代环起爆模式、单点正向和逆向起爆模式下 EFP、JPC 毁伤元的成型规律，不同起爆模式下起爆网络参数的设计范围，以及起爆模式与药型罩结构的匹配参数。

2.3.1.1　点环起爆形成多模毁伤元

1. 起爆点高度对多模毁伤元的影响

现以成型装药口径为 100 mm、装药高度为 300 mm、球缺型药型罩为例，讨论起爆高度的变化对多模毁伤元成型的影响。

1）单点起爆

在单点起爆条件下，不同起爆位置下毁伤元的头部速度、长度及其总能量等 3 个成型参数随单点起爆高度的变化规律如图 2.27 所示。可以看出，随起爆高度的升高，毁伤元头部速度逐渐增大，最后趋于平稳；毁伤元长度先增大后减小；毁伤元的总能量（运用拉格朗日算法计算得到）先增大后逐渐平稳。从曲线的分析来看，随起爆高度的升高，炸药作用于毁伤元的总能量趋于一个极限值，而能量的表现形式集中表现为毁伤元的速度、长度、直径、密实度等。

2）环起爆

在环起爆条件下，不同起爆位置下毁伤元头部速度、毁伤元长度及毁伤元总能量等 3 个成型参数随环起爆高度的变化规律如图 2.28 所示。观察图 2.28，随起爆高度的升高，毁伤元头部速度逐渐增大，后略有下降；毁伤元长度先增大后减小；毁伤元总能量先增大后略有减小。从曲线的分析来看，随起爆高度的升高，炸药作用于毁伤元的总能量存在极限值，即在起爆位置 160 mm 处最大，而能量的表现形式为毁伤元的速度、长度、直径、密实度等的集合，所以能量的变化幅度与毁伤元头部速度、毁伤元长度不尽相同。对于环起爆形成 JPC，起爆高度选取 1.0 倍装药口径较合理。

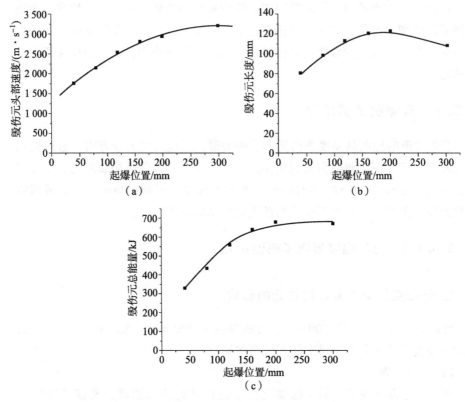

图2.27　毁伤元成型参数随单点起爆高度的变化规律
（a）毁伤元头部速度变化；（b）毁伤元长度变化；（c）毁伤元总能量变化

综合分析毁伤元头部速度、毁伤元长度和总能量3个成型参数在两种起爆模式下随起爆高度的变化规律可知，起爆高度选择在0.8～1.2倍装药口径时有利于EFP和JPC两种模态毁伤元的转换。

2. 起爆位置对毁伤元成型的影响

环起爆对毁伤元的影响主要体现在对主装药爆轰波形的控制上，起爆环位置的改变将导致爆轰波阵面的结构形状不同，从而使药型罩的压垮变形发生变化。多点起爆网络布置位置的影响包括起爆环距离药型罩的轴向距离和起爆环半径。下面给出了装药外侧不同起爆位置上起爆环半径对EFP成型及侵彻的影响，找出起爆位置的影响规律。

以弧锥结合罩及船尾型成型装药结构为例，通过改变起爆环位置，获得不同起爆位置下毁伤元形态的变化规律。装药结构如图2.29所示。

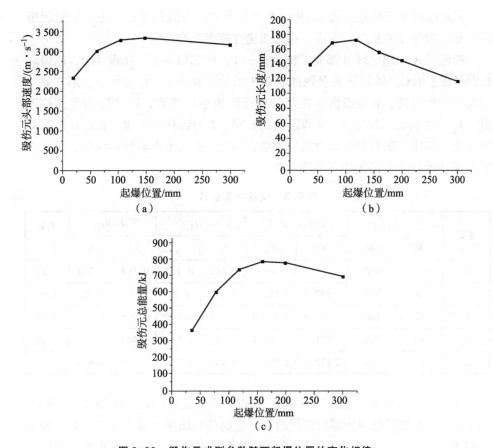

图 2.28　毁伤元成型参数随环起爆位置的变化规律

（a）毁伤元头部速度变化；（b）毁伤元长度变化；（c）毁伤元总能量变化

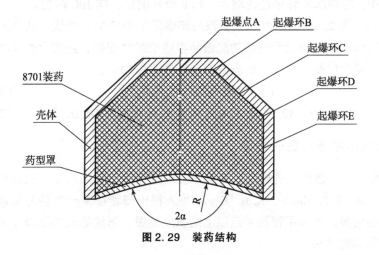

图 2.29　装药结构

采用脉冲 X 光机拍摄图 2.29 中 5 组起爆方案下毁伤元的形态，研究起爆环位置对毁伤元的长度、直径、头尾部速度等参数的影响。

起爆点 A 和起爆环 B 形成了椭球状 EFP，而起爆环 C、起爆环 D、起爆环 E 则形成了 JPC。试验结果参数如表 2.3 所示，表中 t_1、t_2 为第一、第二副 X 光照片拍摄时间，V 为毁伤元在两时间点间的平均速度，V_1 为毁伤元头部速度，V_2 为毁伤元尾部速度，d 为毁伤元直径，L 为毁伤元长度，L/d 为 t_1 时刻毁伤元长径比。随着起爆环位置的改变，EFP 的长径比有明显的增加，与中心点起爆相比长径比最大提高 7 倍左右。

表 2.3　试验结果参数

方案	t_1 /μs	t_2 /μs	$V/(\text{m·s}^{-1})$		d/D_k		L/D_k		L/d (t_1)
			V_1	V_2	t_1	t_2	t_1	t_2	
A	100	100	—	—	0.463	0.452	0.588	0.575	1.27
B	100	130	2 597.3	2 256.3	0.397	0.33	0.67	0.922	1.69
C	90	120	2 903.6	2 306.4	0.175	0.242	1.035	1.335	5.91
D	90	120	3 391.1	2 064.7	0.168	0.185	1.548	2.215	9.20
E	90	120	2 472.9	1 261.3	0.212	0.228	1.163	1.673	

选取几张典型 X 光照片与仿真所得 EFP 形态进行比较，如图 2.30 所示，图中 t 是以主装药起爆为零时的时间，对应的仿真结果也是取相应时刻的毁伤元形态。通过分析 X 光照片的毁伤元形态和仿真得到的毁伤元形态，可以得出起爆环位置对 EFP 形成的影响趋势：在同一装药结构下，中心点起爆形成典型的 EFP，随着起爆环半径的增大，EFP 拉长明显，向 JPC 转变。

图 2.31、图 2.32 所示为 EFP 参数与起爆环半径的关系曲线，其中毁伤元速度的仿真和试验结果显示速度随起爆环半径成线性变化，毁伤元长径比与起爆环半径呈双曲线规律变化，相应的拟合曲线方程如下：

$$V = 1\ 919 + 357.4(R/D_k) \tag{2.49}$$
$$L/d = 0.652\ 5 - 0.324\ 5(R/D_k) + 0.657\ 5(R/D_k)^2 \tag{2.50}$$

3. 点代环起爆点数的确定

环起爆是一个理论上的概念，在实际应用过程中一般采用多点起爆代替环起爆。Bourne、J. P. Curtis、K. G. Cowan 等人提出随着在某一半径的圆环上起爆点数目的增多，当采用超过 4 点以上的多点起爆，形成的毁伤元类似采用环起爆模式得到的结果。

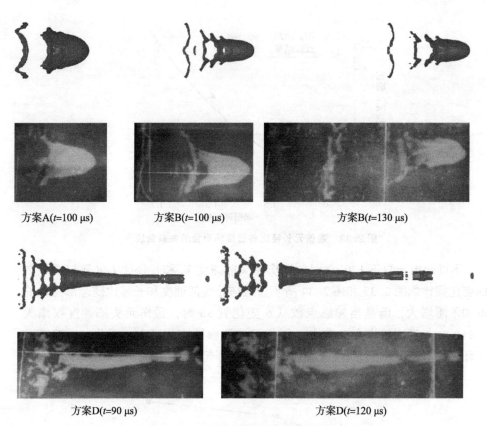

方案A(*t*=100 μs)　　　方案B(*t*=100 μs)　　　方案B(*t*=130 μs)

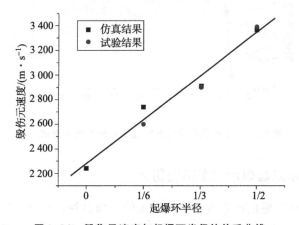

方案D(*t*=90 μs)　　　　　　方案D(*t*=120 μs)

图 2.30　EFP 形成的仿真与试验对比

图 2.31　毁伤元速度与起爆环半径的关系曲线

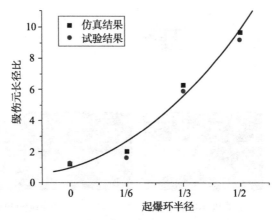

图 2.32　毁伤元长径比与起爆环半径的关系曲线

　　不同起爆点数下 120 μs 时刻毁伤元头部速度 V_1 和长径比 L/d 随起爆点数的变化规律如图 2.33 和图 2.34 所示。毁伤元头部速度和长径比随起爆点数的增加不断增大，但是当起爆点数从 6 变化到 36 时，毁伤元头部速度仅增大 0.84%，长径比仅增大 2.76%，毁伤元成型参数变化不大。因此，一般情况下环起爆点数不小于 6 时，点起爆可以代替环起爆。

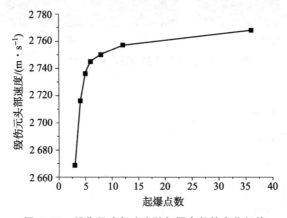

图 2.33　毁伤元头部速度随起爆点数的变化规律

2.3.1.2　单点起爆形成多模毁伤元

　　研究不同单点起爆位置爆轰波对药型罩的压垮过程和起爆位置对毁伤元成型的影响规律，分析改变单点起爆位置获得多模毁伤元的成型机理，成型装药结构及起爆方案分布如图 2.35 所示。

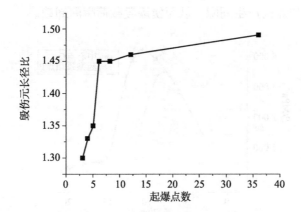

图 2.34 毁伤元长径比随起爆点数的变化规律

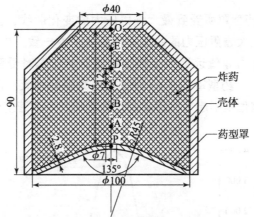

图 2.35 成型装药结构及起爆方案分布

1. 药型罩的压垮过程

起爆模式对聚能侵彻体的影响主要体现在对主装药爆轰波形的控制上，单点起爆主装药中爆轰波波阵面呈球面，中心点 O 起爆时，球面波要到 9 μs 后才开始对药型罩作用；药型罩顶点 P 起爆时，则一起爆就开始对药型罩作用，而且每一时刻爆轰波最大压力区分布不一样。图 2.36 所示为主装药爆轰波传播过程中最大爆轰压力的变化曲线，爆轰压力都是先瞬间增大，然后快速下降到一定值后平缓减小。其中中心点起爆形成的爆轰波压力峰值比药型罩顶点起爆来得晚，这主要是由于中心点起爆形成的爆轰波需要在主装药中传播一段时间才对药型罩作用；中心点 O 起爆时爆轰压力在 12 ~ 15 μs 瞬间下降，药型罩顶点起爆时爆轰压力在 9 ~ 12 μs 瞬间下降，这是由于在这期间药型罩在爆轰波的压垮作用下与炸药产生间隙，从而使爆轰载荷瞬间卸载。

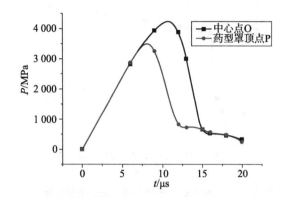

图 2.36　主装药爆轰波传播过程中最大爆轰压力的变化曲线

　　图 2.37 所示为药型罩所受到最大爆轰压力的变化曲线，曲线变化趋势与爆轰波传播过程中最大爆轰压力的曲线变化趋势基本一致。中心点 O 起爆时，药型罩受到的爆轰压力峰值远远大于药型罩顶点 P 起爆时受到的爆轰压力峰值；中心点 O 起爆时，药型罩在 9 μs 时爆轰压力瞬间增大，而且球面波首先传到药型罩顶端，这也是引起后来形成的聚能毁伤元头部速度较大的原因。

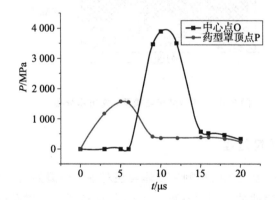

图 2.37　药型罩所受到的最大爆轰压力的变化曲线

2. 单点起爆位置对 EFP 成型的影响

　　主装药中心点起爆后，爆轰波到达罩顶附近时，波阵面呈球面。中心点起爆位置在轴向上发生变化，必将使球面波作用在药型罩上的时间先后和压力大小不同，从而使药型罩压垮变形不同，引起 EFP 成型参数的变化。通过设定起爆点 P、A、B、C、D、E 和 O 7 种起爆位置来分析起爆点距离药型罩的轴向

距离 d 对 EFP 成型的影响。选取典型的仿真计算结果与试验作比较，如表 2.4 所示，其中方案 P 的距离为 0 mm 表示药型罩顶点起爆。

表 2.4　单点起爆形成多模式 EFP（120 μs）

方案		药型罩顶点 P 起爆	中心点 O 起爆
d/D_k		0	0.72
成型形态	仿真结果	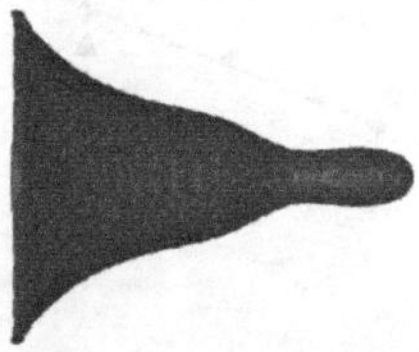	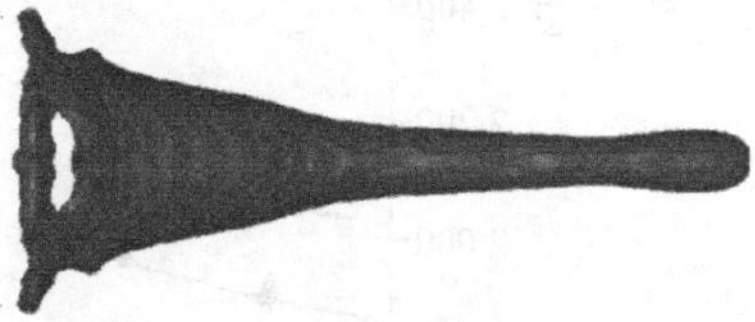
	试验结果	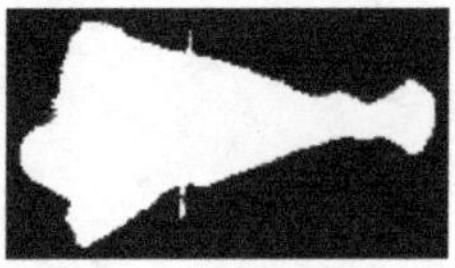	

120 μs EFP 成型参数随起爆位置的变化规律如图 2.38 所示，其中 V 为 EFP 速度，L/D 为长径比（试验中 EFP 的尾裙有所断裂，所以仿真的最大直径取实体部分对应的最大直径），EFP 的速度和长径比都随着起爆点距离药型罩的轴向距离的增大而逐渐增大。当起爆点距离药型罩的轴向距离从 0 倍装药口径增加到 0.72 倍装药口径时，EFP 速度提高了 48.6%，长径比增加了 1.23 倍。

分析表 2.4 和图 2.38，可以得出单点起爆位置对 EFP 形成的影响趋势：在同一装药结构下，随着起爆点距离药型罩轴向距离的增大，EFP 头部速度逐渐增大，速度梯度变大，毁伤元逐渐拉长，长径比增大，由 EFP 向 JPC 转变。

2.3.2　药型罩结构设计

本节以弧锥结合罩和球缺罩为对象，分析药型罩圆弧曲率半径、壁厚、弧锥结合罩结合点的位置、锥高比等参数对多模毁伤元形成的影响规律，给出形成 EFP 和 JPC 两种毁伤元的药型罩参数取值范围。

2.3.2.1　弧锥结合罩结构参数对多模毁伤元的影响

弧锥结合罩结构参数主要包括圆弧曲率半径、锥角、壁厚罩高以及锥高比等，其对毁伤元的形成均有较大的影响。

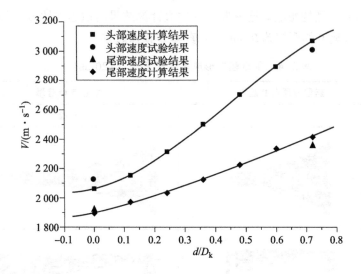

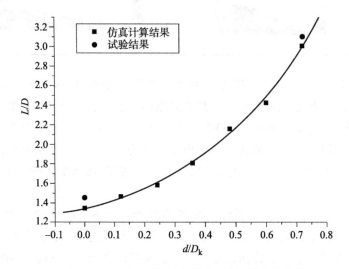

图 2.38　120 μs EFP 成型参数随起爆位置的变化规律

1. 圆弧曲率半径的影响

药型罩圆弧曲率半径关系到炸药汇聚能量的比率，圆弧曲率半径过小，药型罩在轴线的汇聚能量大，罩体微元轴向速度梯度大，易于断裂；圆弧曲率半径过大，则聚能效应小，药型罩的翻转变形就大。以药型罩锥角 2α 为 145°，药型罩壁厚为 $0.038D_k$ 为例分析不同圆弧曲率半径下多模毁伤元的形成情况。

毁伤元头部速度和长径比随圆弧曲率半径的变化曲线如图 2.39 所示。随着圆弧曲率半径的增大，毁伤元头部速度呈缓慢减小的趋势，毁伤元长径比也逐渐减小。因此，药型罩圆弧曲率半径对多模毁伤元的影响主要体现在毁伤元成型形态的变化。当圆弧曲率半径小于 $0.4D_k$ 时，毁伤元头部长杆过长容易缩颈断裂；当圆弧曲率半径大于 $0.5D_k$ 时，毁伤元头部已逐渐变钝，影响最终侵彻效果，且圆弧曲率半径大于 $0.55D_k$ 后，JPC 实体部分出现空腔，容易断裂，将影响 JPC 的飞行稳定性。因此，为了获得成型性能较佳的多模毁伤元，圆弧曲率半径为 $0.4D_k \sim 0.5D_k$ 为宜。

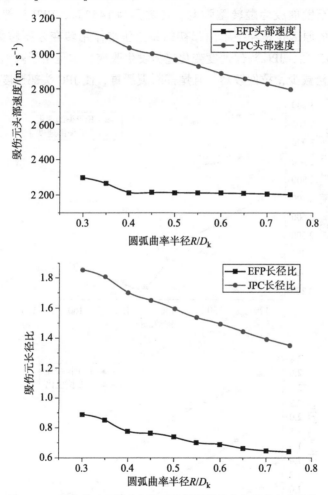

图 2.39　毁伤元头部速度与长径比随圆弧曲率半径的变化曲线

2. 锥角的影响

选取药型罩圆弧曲率半径 R 为 $0.45D_k$，药型罩的壁厚为 $0.038D_k$，分析药型罩锥角变化时多模式毁伤元成型结果。

毁伤元头部速度与长径比随锥角的变化曲线如图 2.40 所示，观察图 2.40 可知：随着药型罩锥角的增大，毁伤元头部速度先减小后略有增大，毁伤元长径比逐渐减小。由于药型罩顶部为较大曲率半径的圆弧，在爆轰波作用下该部分微元的压垮角较大，毁伤元具有较高的头部速度；当药型罩锥角较小时，形成的毁伤元头、尾速度差较大，拉伸较长；当药型罩锥角逐渐增大时，接近爆轰波对平板的作用机理，毁伤元头、尾速度差减小直至为 0，而其有效长径比逐渐减小，直至发展成为翻转型弹丸。在锥角为 145° 时，EFP 头部速度变化趋势发生改变的原因也是药型罩由起初的完全压垮作用转变为压垮翻转变形。当锥角达到 155° 后，JPC 头部速度变化趋势发生改变，这是由于药型罩压垮变形所消耗的能量减少，拉伸较短，且尾部断裂严重，使 JPC 头部速度提高。

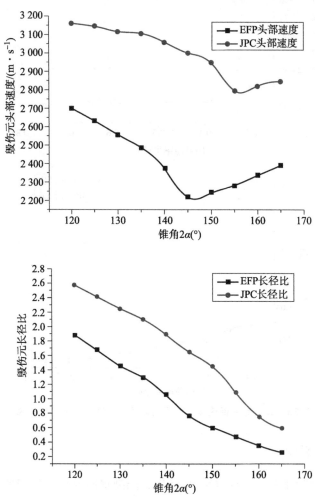

图 2.40　毁伤元头部速度与长径比随锥角变化的曲线

　　锥角对 EFP 和 JPC 的整体影响趋势是一致的，都是由 JPC 向 EFP 转变。为了获得成型较佳的 EFP 和 JPC，应该选取由 EFP 向 JPC 转变的过渡区，综合考虑毁伤元成型形态和成型参数变化规律，药型罩锥角在 140°~150° 范围内变化时，对多模毁伤元的形成较为有利。

3. 壁厚的影响

　　选取药型罩圆弧曲率半径为 $0.45D_k$，药型罩锥角 2α 为 145°，计算不同药型罩壁厚下多模毁伤元成型过程。

　　毁伤元头部速度和长径比随壁厚的变化曲线如图 2.41 所示。分析图 2.41 可得：随着壁厚的增大，毁伤元头部速度快速减小，毁伤元长径比先增大后逐

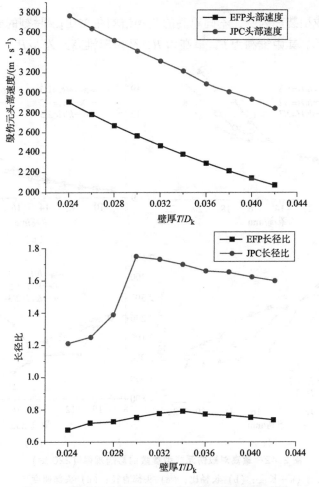

图 2.41　毁伤元头部速度与长径比随壁厚的变化曲线

渐减小；随着壁厚的增大，EFP 尾部断裂现象减弱，EFP 长度变长，当壁厚增加到一定程度，EFP 不再发生断裂，此时必将是壁厚越小侵彻体拉伸越长。综合分析 EFP 成型形态及成型参数：壁厚对 EFP 速度影响比较明显，基本呈线性下降，而对 JPC 形态影响不明显，主要是壁厚过薄时容易引起尾部断裂；壁厚对 JPC 和 EFP 的影响规律也是基本一致的。为了获得成型较佳的多模毁伤元，选取壁厚为 $0.034D_k \sim 0.038D_k$。

4. 罩高的影响

罩高对药型罩拉伸过程有很大的影响，罩高合适，药型罩拉伸完全，形成的毁伤元较长，形态趋于 JPC；罩高过小时，拉伸不完全，毁伤元形态较短，形态趋于 EFP。

以 φ100 成型装药为例，不同罩高的装药结构在 220 μs 时刻的毁伤元结果如图 2.42 所示。其中锥高为 h，罩高为 H，药型罩锥高比为 h/H。

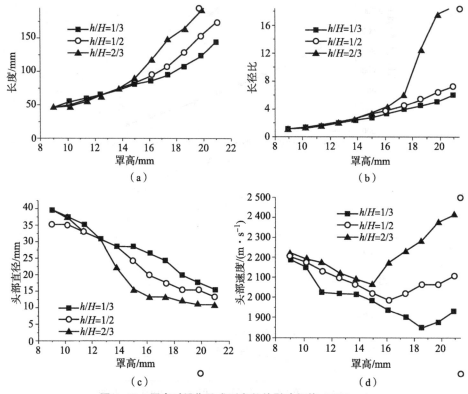

图 2.42　罩高对毁伤元成型参数的影响规律（220 μs）

（a）长度；（b）长径比；（c）头部直径；（d）头部速度

观察图 2.42 可得：毁伤元头部直径随罩高的增大而减小；头部速度则随罩高的增大而呈先减小后增大的趋势；毁伤元的长度及长径比都随罩高的增大而增大。各工况下毁伤元成型形态逐渐从 EFP 向 JPC 转变。

随着罩高的增大，罩单元在压垮过程中，罩物质拉伸空间逐渐增大，其汇聚于药型罩轴线处时罩物质拉伸程度逐渐完全，因此形成的毁伤元的长度及长径比都逐渐增大。

当罩高较小时，一方面，药型罩压垮后拉伸过程受罩高影响而拉伸不完全，降低了其运动速度；另一方面，罩高越小，作用在罩单元上的有效装药量越多，罩单元获得的运动速度越大。在两方面因素的影响中，因有效装药量增加而使运动速度提高的影响占主导地位，因此，毁伤元速度随罩高的增大而逐渐降低，之后随着罩高的增大，药型罩的拉伸运动逐渐剧烈，从而引起速度增大量逐渐占主导地位，使毁伤元速度逐渐增大，于是出现图 2.42（d）中毁伤元头部速度随罩高增大呈先减小后增大的现象。

另外，由图 2.42（a）、（b）还可以看出，当罩高 $H < 15$ mm 时，锥高比 h/H 对毁伤元长度、长径比的影响不大；当 $H > 15$ mm 时，毁伤元的长度及长径比变化剧烈，增大幅度更大，且 h/H 越大，毁伤元的长度、长径比越大，变化也越剧烈。由图 2.42（d）还可以看出，锥高比越大，毁伤元头部速度出现极小值所需的罩高值越小，同时，压垮作用更急剧，毁伤元更容易从 EFP 向 JPC 转变。

5. 锥高比的影响

研究药型罩锥高比 h/H 对毁伤元成型参数的影响，不同 h/H 值的装药结构在 220 μs 时刻的模拟结果如图 2.43 所示。

当罩高 $H = 13$ mm 时，随着锥高比 h/H 的增大，毁伤元的长度及长径比基本保持不变，毁伤元头部速度则逐渐增大，但毁伤元头部直径越来越小。$H = 13$ mm 时，罩高较小，罩单元压垮后的拉伸过程不完全，但随着锥高比的增大，药型罩锥形部分逐渐增大，对于一定罩高的药型罩结构，锥面上的罩单元高度比圆弧面上的罩单元高度小，从而作用在锥面上的有效装药量比作用在圆弧面上的有效装药量多，因此罩单元获得的速度随锥部比例的增大而增大。

当罩高 $H = 16$ mm 时，随着锥高比 h/H 的增大，毁伤元头部直径逐渐减小，毁伤元的长径比及头部速度逐渐增大，毁伤元长度先保持不变，当 $h/H > 9/16$ 时毁伤元长度随锥高比的增大而增大，同时其长径比及头部速度的增大现象更为明显，毁伤元逐渐从 EFP 向 JPC 转变。$H = 16$ mm 时，罩高与 $H = 13$ mm 时相比有所增大，药型罩压垮后拉伸过程更充分，故形成的毁伤元长

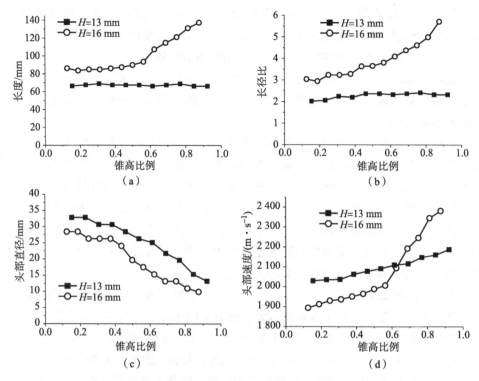

图 2.43　锥高比例对毁伤元成型参数的影响规律（220 μs）

（a）长度；（b）长径比；（c）头部直径；（d）头部速度

度、长径比都大于 $H = 13$ mm 时的情况。随着锥高比的增大，药型罩锥形部分逐渐增大，锥面上的罩单元高度与圆弧面上的罩单元高度的减小量也有所增大，从而作用在锥面上的有效装药量比作用在圆弧面上的有效装药量大，因此罩单元获得的速度随锥部比的增大而增大，最后形成形态类似 JPC 的毁伤元。

2.3.2.2　球缺罩结构参数对多模毁伤元的影响

球缺罩结构参数主要包括圆弧曲率半径和壁厚，其均影响毁伤元的形成。

1. 圆弧曲率半径的影响

选取药型罩壁厚为 3.8 mm，计算圆弧曲率半径 R 在 30 ~ 55 mm 范围内变化时，毁伤元的变化规律。

不同圆弧曲率半径下毁伤元的长径比，长度，头、尾速度差和头部速度随圆弧曲率半径的变化曲线（125 μs）如图 2.44 所示。环起爆时，随着圆弧曲率半径的增大，毁伤元头部速度逐渐减小，尾部速度逐渐增大，圆弧曲率半径在 30～55 mm 范围内时毁伤元头部速度存在最大值，并且毁伤元的直径在缓慢增大，而毁伤元的总长在减小。随着圆弧曲率半径的增大，EFP 头部的"长杆"逐渐变钝直至消失，其长径比不断减小。由上述分析可知，在圆弧曲率半径取 40 mm 时形成的 JPC 效果最好。

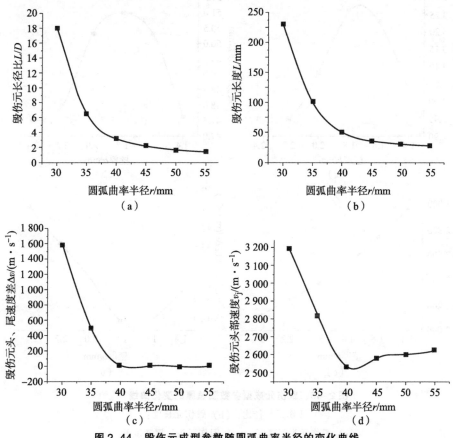

图 2.44　毁伤元成型参数随圆弧曲率半径的变化曲线

（a）毁伤元长径比；（b）毁伤元长度；（c）毁伤元头、尾速度差；

（d）毁伤元头部速度

2. 壁厚的影响

固定圆弧曲率半径为 40 mm，计算壁厚在 1.4～2.4 mm 范围内变化时，毁伤元形态及成型参数的变化规律。

随壁厚的变化，毁伤元的长度，长径比，头部速度及头、尾速度差随壁厚的变化曲线如图 2.45 所示。随壁厚的增大，毁伤元长度和长径比均先增大后减小，当壁厚在 1.4～2.4 mm 范围内变化时毁伤元的长度和长径比存在最佳值，当壁厚为 1.8 mm 时，毁伤元的长度和长径比均为最大值；毁伤元头、尾速度差先减小后增大，毁伤元头部速度随壁厚的增大而逐渐减小，当壁厚为 1.8 mm 时，毁伤元头、尾速度差最小。

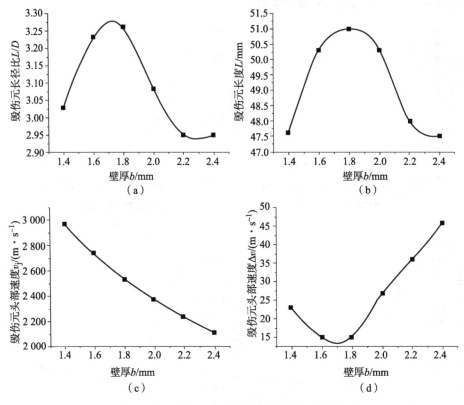

图 2.45　毁伤元成型参数随壁厚的变化曲线

（a）毁伤元长径比；（b）毁伤元长度；
（c）毁伤元头部速度；（d）毁伤元头、尾速度差

2.3.2.3　偏心亚半球罩结构参数对多模毁伤元的影响

为了研究偏心亚半球罩结构参数对多模毁伤元的影响，下面专门针对该具体装药结构建立模型，利用 LS – DYNA 有限元仿真软件针对药型罩参数对多模毁伤元成型的影响及匹配关系展开研究。药型罩采用等壁厚扁平偏心亚半球罩，其涉及的主要参数为药型罩外圆弧曲率半径 R_1、药型罩壁厚 h、药型罩罩高 H。

1. 仿真模型及方案

采用如图 2.46 所示的具体装药结构建立仿真模型进行毁伤元成型研究。模型中装药口径 D_k 为 110 mm，装药高度 L 为 125 mm，药型罩口部最大外半径 D_1 为 50 mm，装药壳体厚度 t 为 5 mm，隔板直径 $D_r = 0.72D_k$，隔板半锥角 $\alpha = 54°$。仿真中采用 ALE 算法计算涉及网格大变形、材料流动问题的聚能毁伤元形成过程，炸药、隔板、药型罩、空气选用多物质流欧拉算法，炸药、隔板、药型罩、空气与壳体的相互作用采用流固耦合算法。另外，在对装药顶点中心起爆形成 JPC 进行仿真计算的过程中还要求添加 * CONTROL_EX-PLOSIVE_SHADOW 关键字来控制隔爆与绕爆。

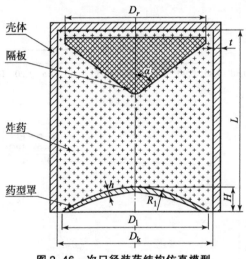

图 2.46　次口径装药结构仿真模型

2. 外圆弧曲率半径的影响

外圆弧曲率半径与炸药能量汇聚比率有关，其值过小会引起药型罩轴向汇聚能量过大而导致罩微元轴向速度梯度变大，进而使毁伤元在形成过程中出现空腔或断裂；其值过大会引起药型罩轴向汇聚效应降低而使毁伤元成型较差，进而影响毁伤元的侵彻性能。

对于 EFP，其随着外圆弧曲率半径的增加，头部实心体空腔部分逐渐减小，实心体质量比增加，但其长径比不断减小，这将导致 EFP 侵彻深度有所降低但其侵彻孔径和后效将有所增加；对于 JPC，其随着外圆弧曲率半径的增加，内部空腔部分逐渐减小并消失，杆流变化趋于稳定。另外，毁伤元成型参数随外圆弧曲率半径的变化曲线如图 2.47 所示。通过该图可知，随着外圆弧曲率半径的增加，EFP 头、尾速度差和长径比逐渐减小，而 JPC 头、尾速度差和长径比却逐渐增加，但二者减小与增加的幅度均较小。因此，综合考虑到各毁伤元的成型，头、尾速度差和长径比等影响因素，可以选取的外圆弧曲率半径 R_1 为 $1.00D_k \sim 1.15D_k$。

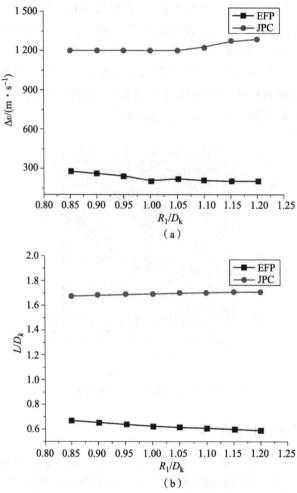

图 2.47　毁伤元成型参数随外圆弧曲率半径的变化曲线

（a）头、尾速度差；（b）长径比

3. 壁厚的影响

壁厚是多模毁伤元成型的重要影响参数之一。若壁厚太小，在形成毁伤元的过程中由于罩体各部分速度梯度太大，罩体可能被拉断，从而使毁伤元的有效质量比降低；若壁厚太大，在形成毁伤元的过程中由于药型罩抵抗变形能力增强，毁伤元成型变差，速度降低。因此，只有选取合适的壁厚才能形成较理想的多模毁伤元。本书在考查药型罩壁厚 h 对多模毁伤元成型的影响时，取药型罩外圆弧曲率半径 R_1 为 110 mm，药型罩罩高 H 为 19 mm。

随着壁厚的增加，EFP 长度减小，尾部翘曲部分增加，但内部空腔部分减小，头部实体质量比增加，从而使得其飞行稳定性增强；JPC 实体部位内空腔区逐渐减小并消失，毁伤元成型趋于稳定，但当壁厚增加过大时其毁伤元尾部出现大的翘曲部分，使毁伤元的有效质量比下降。毁伤元成型参数随壁厚的变化曲线如图 2.48 所示，通过分析可知，随着壁厚的增加，毁伤元头、尾速度差与长径比均呈现平稳下降趋势。因此，综合考虑到毁伤元成型，头尾速、度差和长径比等影响因素，可以选取壁厚 h 为 $0.034D_k \sim 0.040D_k$。

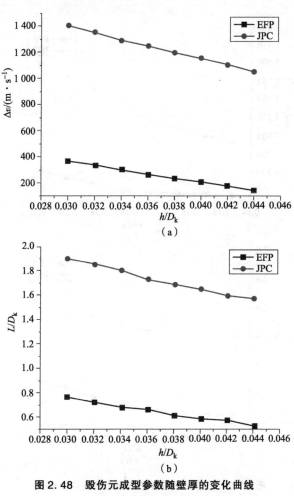

图 2.48　毁伤元成型参数随壁厚的变化曲线

（a）头、尾速度差；（b）长径比

4. 罩高的影响

罩高也是影响多模毁伤元成型的重要参数之一，其大小直接影响 EFP 的成型。当罩高过大时，易使毁伤元头、尾速度差变大，成型变差；当罩高过小时，毁伤元易于成型，但速度较低，侵彻能力有限。本书在考查罩高 H 对多模毁伤元成型的影响时，取外圆弧曲率半径 R_1 仍为 110 mm，壁厚 h 为 4.4 mm，然后分析各方案下多模毁伤元成型情况。

随着罩高的增加，毁伤元形成的实体内部空腔部分逐渐减小，成型变好。但当罩高增加到一定值后，毁伤元头、尾速度差变大，毁伤元被拉长从而使其在飞行过程中易断裂。毁伤元成型参数随罩高的变化曲线如图 2.49 所示。通

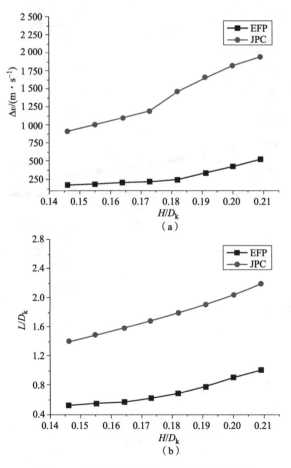

图 2.49 毁伤元成型参数随罩高的变化曲线

（a）头尾速度差；（b）长径比

过分析可知，随着罩高的增加，毁伤元头、尾速度差逐渐增加且当罩高达到 $0.173D_k$ 时，其增加速率突然加快；另外，毁伤元长径比随着罩高的增加平稳增加。因此，综合考虑到毁伤元成型，头、尾速度差和长径比等影响因素，可以选取的罩高 H 为 $0.164D_k \sim 0.182D_k$。

5. 偏心亚半球罩结构参数优化

通过分析得到单点起爆条件下实现 EFP 与 JPC 转换的药型罩参数单一的取值范围，但对于具体装药结构还需要进行参数优化。

通常要用正交优化方法并结合仿真结果确定其最优组合，以等壁厚扁平偏心亚半球罩圆弧曲率外半径 R_1、罩高 H、壁厚 h 参数的取值范围与正交优化表相结合建立表 2.5 所示的各参数对应的水平数关系，然后通过 LS – DYNA 有限元仿真软件对正交表确定的各组参数组合进行计算。

表 2.5　正交优化各因素与水平表

项目	R_1/D_k	H/D_k	h/D_k
1	1.00	0.167	0.035
2	1.03	0.170	0.036
3	1.06	0.173	0.037
4	1.09	0.176	0.038
5	1.12	0.179	0.039

通过仿真得到 EFP 与 JPC 头部速度 v_j，头、尾速度差 Δv，然后利用极差分析法得到各因素对各指标影响的主次顺序，如表 2.6 所示。

表 2.6　对各指标影响的主次顺序

项目	头部速度 v_j 影响顺序	头、尾速度差 Δv 影响顺序
EFP	$h > H > R_1$	$H > h > R_1$
JPC	$h > R_1 > H$	$R_1 > h > H$

通过表 2.6 可以看出，壁厚是影响 EFP 与 JPC 头部速度 v_j 指标的最重要因素，而对于毁伤元头、尾速度差 Δv 指标，药型罩参数对其的影响不尽相同。因此，有必要对每个因素下的各个水平对各指标的影响情况进行分析，从而得出较为理想的优化水平组合。如图 2.50 所示，将各个因素对应的各个水平计算出的各个指标结果绘制成曲线，其中 A、B、C 分别代表药型罩 3 个不同因素 R_1、H 和 h，1、2、3、4、5 分别代表各个因素下对应的 5 个水平，这样可

以清楚地知道各个因素对两个评价指标的影响规律，并可以得到不同因素对同一指标的影响差异。

由表2.6及图2.50可知，外圆弧曲率半径 R_1 是影响JPC头、尾速度差 Δv 的主要因素，R_1 越大，形成的JPC头部速度 v_j 越大，头、尾速度差 Δv 越大。由于JPC要求射流连续，因此头、尾速度差 Δv 不能过大而使射流拉断，通常都是在保证合适的头、尾速度差 Δv 的前提下适当调节其头部速度 v_j。另外，此时外圆弧曲率半径 R_1 对EFP成型指标的影响均较小，只要保证合适的头部速度 v_j 和头、尾速度差 Δv 即可。因此综合上述各指标，外圆弧曲率半径选择 $R_1 = 1.09D_k$。

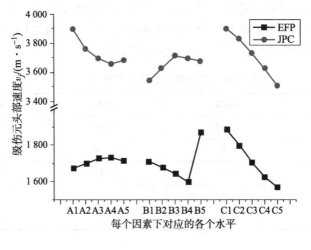

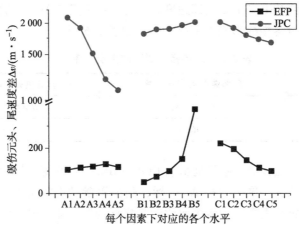

图2.50　各因素下各个水平对应的毁伤元头部速度，头、尾速度差影响曲线

同时，罩高 H 作为影响EFP头、尾速度差 Δv 的主要因素，其值越大则EFP头、尾速度差 Δv 越大，而EFP要保证飞行稳定，其头、尾速度差 Δv 较小为宜。另外，此时其对 JPC 成型指标影响均较小，只要保证合适的头部速度 v_j 和头、尾速度差 Δv 即可。因此综合上述各指标选择 $H = 0.173D_k$。

最后，对于 EFP 和 JPC，壁厚 h 是影响头部速度 v_j 的主要因素，是影响头、尾速度差 Δv 的第二影响因素，h 越小则毁伤元头部速度 v_j 就越大，头、尾速度差 Δv 越大。一般要求 EFP 在保持较高的头部速度 v_j 的前提下，头、尾速度差 Δv 较小，以保证其飞行稳定。另外，对于 JPC 则要求在尽量高的头部速度的前提下，头、尾速度差 Δv 保持合适的值，这样便于使其充分拉长但又不至于过早断裂。因此综合各指标选择 $h = 0.036D_k$。

2.3.3　装药结构设计

在装药口径一定的情况下，装药结构主要指装药长径比，壳体结构主要指壳体厚度。本节重点论述装药长径比、装药壳体对 EFP 和 JPC 成型的影响，以获得多模毁伤元成型性能较佳时装药结构参数匹配。

2.3.3.1　装药长径比的影响

1. 有效装药高度分析

成型装药战斗部装药长径比的优化其实就是有效装药问题。对于圆柱形装药结构对平板的加速作用，根据瞬时爆轰理论，当爆轰产物同时以相同的速度沿装药表面的法线方向飞散，用于加速平板运动的有效装药部分为一个 $h_0 = R$ 的圆锥体（$H \geqslant D_k$），或者为一个 $h_0 = H/2$ 的圆台（$H < D_k$），如图 2.51 中虚线部分所示。

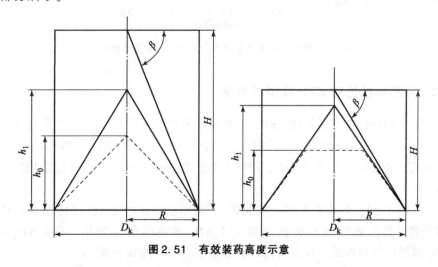

图 2.51　有效装药高度示意

由于爆轰波传播方向的影响，爆轰产物在各个方向的飞散并非均匀的。当 $H > D_k$ 时，在一定范围内，平板抛掷速度仍随装药高度的增大而增加，实际有效装药高度将大于装药半径。因此，对基于瞬时爆轰理论下得到的有效装药高度进行修正，修正后的有效装药高度为 $h_1 = Kh_0$（见图 2.51），修正系数 K 为

$$K = 1 + \cfrac{1}{\sqrt{1 + \cfrac{1}{4\,(H/D_k)^2}}} = 1 + \sin\beta \qquad (2.51)$$

根据式（2.51）得到修正系数 K 随装药长径比 H/D_k 的变化曲线，如图 2.52 所示。可以知道，随着装药量的增加，有效装药高度不断变大，但当装药高度增加到一定值时，有效装药高度趋近一个极限值，使毁伤元的动能也不再随装药量而增加。从图 2.52 可以看出装药高度取值为 $1.0D_k$ 左右时，有效装药高度从快速增加转为平缓变化，装药量的增加对毁伤元的最终成型及侵彻的影响将变小。

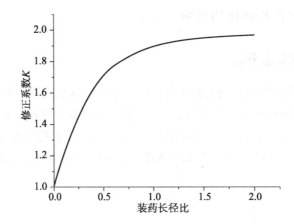

图 2.52　修正系数 K 随装药长径比 H/D_k 的变化曲线

2. 装药长径比对 EFP 成型的影响

采用中心点起爆方式形成 EFP，EFP 成型参数随装药长径比的变化曲线如图 2.53 所示。随着装药长径比的增大，EFP 的头部速度和长径比都不断增大。装药高度从 $0.6D_k$ 增加到 $2.2D_k$，EFP 头部速度提高了 56.7%，长径比增加了 1.34 倍。

分析图 2.53，各成型参数均随装药长径比的增加呈现加速度逐渐减小的增加趋势。各参数曲线在装药高度为 $1.4D_k$ 后趋向平缓变化，在 $0.9D_k \sim 1.4D_k$ 范围内各参数的变化趋势与炸药质量线性增加规律一致。

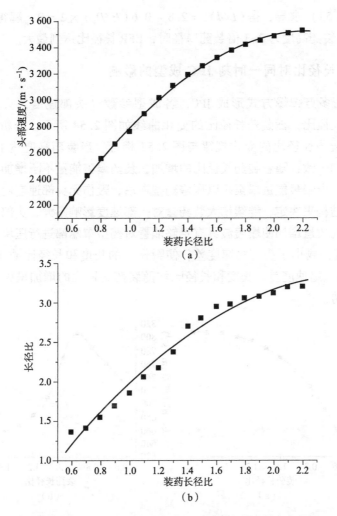

图 2.53　EFP 成型参数（头部速度、长径比）随装药长径比的变化曲线（160 μs）

(a) 头部速度；(b) 长径比

头部速度、长径比与装药长径比都呈双曲线规律变化，拟合 EFP 成型参数头部速度和长径比随装药长径比的变化曲线，得到相应的曲线方程：

$$v_1 = 1\ 180 + 2\ 070(H/D_k) - 460(H/D_k)^2 \tag{2.52}$$

$$L/d = 0.3 + 2.8(H/D_k) - 0.6(H/D_k)^2 \tag{2.53}$$

式中，v_1 为 EFP 头部速度，H 为装药高度，D_k 为装药直径，L/d 为 EFP 长径比。

对式（2.52）求导，得 $v_1' = 2\ 070 - 460(H/D_k) \times 2 = 0$，解得 $H/D_k = 2.25$，说明当装药高度为 2.25 倍装药口径时，EFP 头部速度达到最大。

对式（2.53）求导，得$(L/d)' = 2.8 - 0.6(H/D_k) \times 2 = 0$，解得$H/D_k = 2.3$，说明当装药高度为2.3倍装药口径时，EFP长径比达到最大。

3. 装药长径比对同一时刻 JPC 成型的影响

采用环形多点起爆方式形成 JPC，各成型参数（头部速度，头、尾速度差，长度，长径比）随装药长径比的变化曲线如图2.54所示。分析图2.54，头部速度随装药长径比的变化规律与图2.53相近，当装药高度达$1.4D_k$后，头部速度趋向一致；随着装药长径比的增加，装药爆轰能量不断增加，头部速度快速提高，当爆轰能量增至足以压垮药型罩后，毁伤元头部速度由爆轰波传播和药型罩结构来决定，继续增大装药量对头部速度影响不大，头部速度增加缓慢，而炸药质量增加使爆轰波具有足够能量对药型罩端部进行压垮，提高了JPC尾部速度，减小了头、尾速度差，使毁伤元的长度和长径比减小。因此，图2.54中头、尾速度差，长度和长径比均随装药长径比的增加呈先增大后减小的变化趋势。

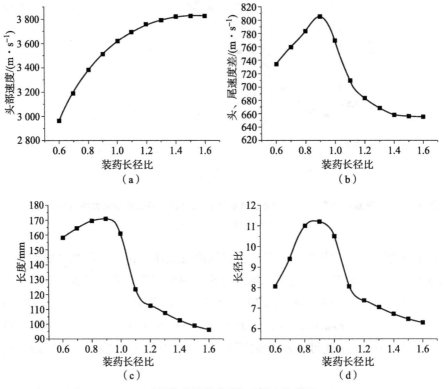

图2.54　JPC成型参数随装药长径比的变化曲线（160 μs）

（a）头部速度；（b）头、尾速度差；（c）长度；（d）长径比

4. 装药长径比对同炸高下 JPC 成型的影响

对于 JPC，如果在头部速度不断增大的前提下，头、尾速度差越小，将越有利于毁伤元飞行更远的距离，且随着飞行时间的增加，毁伤元长度将增加。因此，不能单凭 JPC 在某一时刻的成型参数来判别其侵彻能力。如能得到 JPC 侵彻目标前的成型参数，将能直接说明 JPC 的侵彻能力。取同一炸高 $5D_k$ 下 JPC 成型情况来研究装药高度对 JPC 最终侵彻能力的影响。

JPC 头部速度和有效长度随装药长径比的变化曲线如图 2.55 所示，此处有效长度 L 指除去断裂部分尾裙长度的 JPC 长度。随装药高度的增加，JPC 头部速度先快速增加，后趋向平缓，JPC 有效长度则逐渐减小。

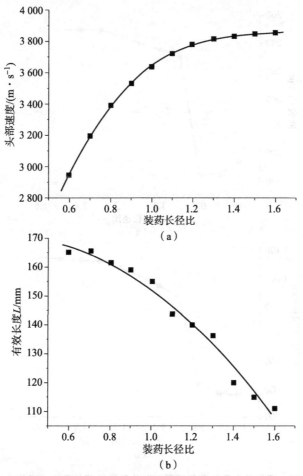

图 2.55　同一炸高下 JPC 头部速度和有效长度随装药长径比的变化曲线

（a）头部速度；（b）有效长度

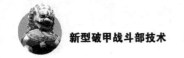

5. 装药长径比对断裂时刻 JPC 成型的影响

由于 JPC 头、尾速度差较大，容易在飞行中拉伸断裂，所以有必要研究断裂时刻 JPC 的成型情况。

分析不同装药长径比下毁伤元断裂时刻和断裂时刻位移（如图 2.56 所示），毁伤元断裂时刻 t 和断裂时刻位移 S 都在 $0.9D_k$ 处有个瞬间增加，这是因为当装药高度为 $0.9D_k$ 时，装药有足够的爆轰能量压垮药型罩，使毁伤元由于压垮不完全形成空腔，造成头部断裂转化为压垮完全后不断拉伸变细而断裂；而到 $1.3D_k$ 以后趋于平缓，这是由于炸药质量增加使爆轰波具有足够的能量对药型罩端部进行压垮，提高了毁伤元尾部速度，缩小了头、尾速度差，断裂时间延长，而当装

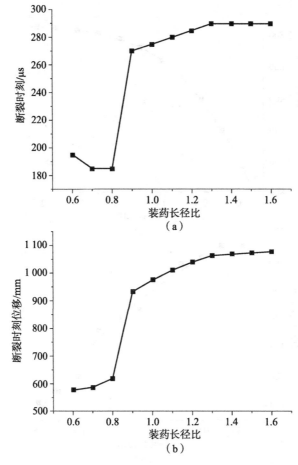

图 2.56　毁伤元断裂时刻和断裂时刻位移随装药长径比的变化曲线

（a）断裂时刻；（b）断裂时刻位移

药量持续增加至某一时刻，尾部速度也不再提高，头、尾速度趋向一致，此时装药量的增加不再起作用，断裂时刻和断裂时间也不再变化；这两个转折点的变化符合图 2.54 所示 JPC 头、尾速度差的变化规律。毁伤元断裂时刻越大，其稳定飞行时间越长，而断裂时刻位移越大则说明毁伤元的有效炸高越大。因此，当装药高度为 $0.9D_k$ 以后，毁伤元具有较佳的飞行稳定性。

毁伤元断裂前一时刻的成型状态应该是最佳侵彻状态，此时其成型参数将直接决定其侵彻结果，因此，有必要研究毁伤元断裂前一时刻 JPC 成型参数随装药长径比的变化曲线（如图 2.57 所示）。毁伤元头部速度随装药长径比的增加呈先增加后趋于平缓的变化趋势。当装药高度为 $0.6 \sim 0.9D_k$ 时，头部速度快速增加；为 $0.9 \sim 1.3D_k$ 时，头部速度平缓增加；$1.4D_k$ 以后头部速度基本趋于一致。毁伤元有效长度在装药高度为 $0.6 \sim 0.8D_k$ 时稍有增加，在装药高度为 $0.8 \sim 1.2D_k$ 时平缓减

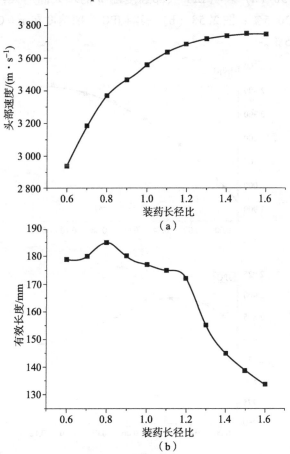

图 2.57　断裂前一时刻 JPC 成型参数（头部速度、有效长度）随装药长径比的变化曲线
(a) 头部速度；(b) 有效长度

少，而在 $1.2D_k$ 以后则大幅下降。综上，装药高度为 $0.9 \sim 1.2D_k$ 时，JPC 同时具有较佳的头部速度和有效长度。

2.3.3.2　装药壳体的影响

仿真和试验结果表明，成型装药壳体对毁伤元形成的速度和长径比具有较大的影响，本节主要从壳体厚度方面分析其对 EFP 和 JPC 的影响，给出其影响规律和壳体与装药的匹配关系。

1. 壳体厚度对多模毁伤元的影响

EFP 与 JPC 头部速度随 η（η = 壳体厚度 h/装药口径 D）的变化曲线如图 2.58 所示。图 2.58（a）表明 EFP 头部速度随 η 的增大而增大，并逐渐趋于稳定，增长率为 20.5%；图 2.58（b）表明 JPC 头部速度在 $\eta = 0.03$ 时最大，而左右增幅为 1.5%。

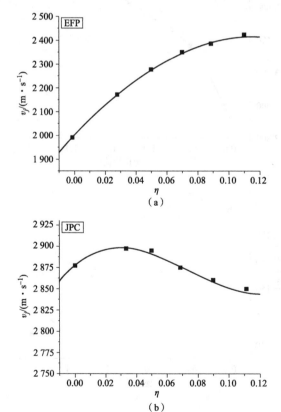

图 2.58　头部速度 v_j 随 η 的变化曲线

（a）EFP 头部速度；（b）JPC 头部速度

　　壳体厚度对 EFP 的头部速度影响较大，当壳体厚度为 $0.11D_k$ 时，EFP 头部速度最大，而壳体厚度继续增大对 EFP 性能的提高没有实际意义；壳体厚度对 JPC 头部速度影响不是很大。综合分析多模毁伤元头部速度变化规律，壳体厚度与成型装药口径的比值 η 应选择为 $0.03 \sim 0.07$。

2. 壳体厚度与装药口径的匹配关系

　　图 2.59 所示为 3 种不同口径成型装药的毁伤元在 300 μs 时刻头部速度随壳体厚度 h 的变化曲线。

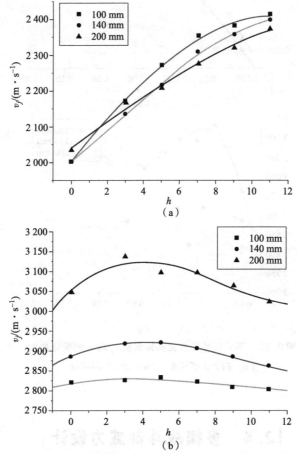

图 2.59　不同口径毁伤元头部速度 v_j 随壳体厚度的变化曲线

（a）EFP 头部速度；（b）JPC 头部速度

　　3 种不同口径成型装药的毁伤元头部速度随 η 的变化曲线如图 2.60 所示。同一装药口径下 EFP 头部速度均呈上升态势，并逐渐趋于稳定；JPC 头部速度呈抛物线状，但尾部较为平缓，说明随着壳体厚度的继续增加，JPC 头部速度将趋于稳定。随着装药口径的增大，EFP 头部速度和成型形状基本一致，而JPC 头部速度不断增大，毁伤元断裂时刻延迟。

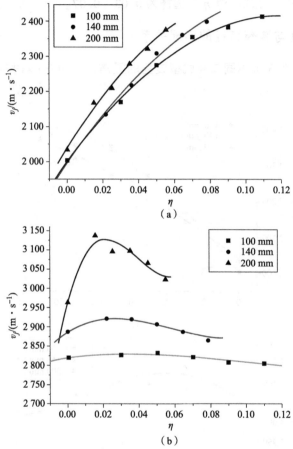

图 2.60　不同口径毁伤元头部速度 v_j 随 η 的变化曲线

（a）EFP 头部速度；（b）JPC 头部速度

|2.4　多模战斗部威力设计|

　　本节以流体动力学为基础，引入弹靶分离的思想，分别考虑开坑和侵彻两个阶段，建立计算 EFP 和 JPC 侵彻半无限厚均质靶板的侵彻模型；基于空腔膨胀理论，分析 JPC 对混凝土介质的侵彻过程，建立了 JPC 对混凝土介质侵彻深度的计算模型。

2.4.1　EFP 对装甲钢板的侵彻

2.4.1.1　侵彻过程描述与基本假设

　　EFP 对半无限厚均质靶板的侵彻过程大致可分为开坑和侵彻两个阶段。主要特点是毁伤元在侵入靶板的过程中本身不断地破坏，这既不同于低速刚性弹的侵彻，也不同于高速射流的侵彻。为了对这种侵彻过程建立数学模型，作如下基本假设：

　　（1）弹、靶材料均为刚塑性流体介质，二者在侵彻过程中不可压缩，设毁伤元能够承受的最大压应力为 Y_p，可认为是材料的动态压缩强度；

　　（2）侵彻过程视为一维准定常运动，即在运动中的物理量随时间的变化比较缓慢，且弹、靶破碎区质量很小；

　　（3）在开坑阶段初期，弹丸碰靶时刻，弹体受到的靶阻抗相当于静态冲孔时施于材料表面的压力，即等于材料的硬度 HB 值；当侵彻深度达 1 倍弹径时，开坑阶段结束，此时靶阻抗达到 R_t，并认为开坑阶段内靶阻抗是连续过渡的，设

$$R_{\text{I}} = c_1 \text{e}^{x/d} + c_2 \qquad (x \leqslant d) \tag{2.54}$$

由初值条件 $x = 0$ 时 $R_{\text{I}} = \text{HB}$，终值条件 $x = d$ 时 $R_{\text{I}} = R_t$，则有

$$c_1 = \frac{R_t - \text{HB}}{\text{e} - 1}, \quad c_2 = \frac{\text{e} \cdot \text{HB} - R_t}{\text{e} - 1}$$

在侵彻阶段，

$$R_{\text{II}} = R_t \qquad (x \geqslant d) \tag{2.55}$$

　　（4）多模毁伤元对靶板的侵彻简化如图 2.61（a）所示，将图 2.61（b）中梯形框毁伤元（头部射滴侵彻前将断裂）等效为图 2.61（a）中的梯形杆体，初始时刻杆长为 l_0，等效梯形杆体的前、后端面的半径分别为 r、R，t 时刻杆长为 l，杆体横截面半径 $w = \dfrac{l}{l_0}(R - r) + r$，横截面面积为 $A = \pi w^2$，剩余毁伤元体积 $V = \dfrac{\pi l}{3}(R^2 + Rw + w^2)$。对于 EFP，$R > r$，而对于 JPC，取 $R = r$。

2.4.1.2　侵彻模型

　　图 2.62 所示为 EFP 侵彻阶段模型示意，①表示弹碎区与反弹区，②表示靶的破碎与扩孔区，A、B、A_1、B_1 分别表示该处的横截面面积。

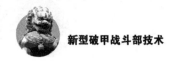
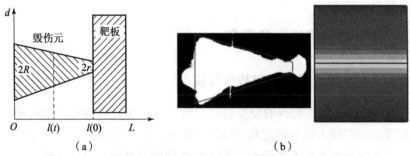

图 2.61　多模毁伤元对靶板的侵彻简化

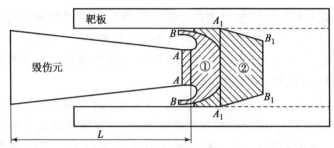

图 2.62　EFP 侵彻模型示意

杆长的变化率为

$$\frac{\mathrm{d}l}{\mathrm{d}t} = -(v - u) \tag{2.56}$$

对弹体应用牛顿第二定律：

$$\rho_p V \frac{\mathrm{d}v}{\mathrm{d}t} = -AY_p \tag{2.57}$$

将 A、V 代入上式可得到：

$$\rho_p \cdot \frac{l(R^2 + Rw + w^2)}{3w^2} \cdot \frac{\mathrm{d}v}{\mathrm{d}t} = -Y_p \tag{2.58}$$

弹碎区与反弹区示意如图 2.63 所示，靶碎与扩孔区示意如图 2.64 所示。

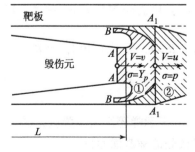

图 2.63　弹碎区与反弹区示意

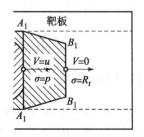

图 2.64　靶碎与扩孔区示意

在区域①，由弹渣质量守恒方程 $\dfrac{\mathrm{d}M_1}{\mathrm{d}t} = \rho_p A\ (v-u)\ -\rho_p B u_f$，得：

$$u_f = \frac{v-u}{\alpha}, \quad \alpha = \frac{B}{A} \tag{2.59}$$

式中，u_f 表示反弹界面 B 弹渣相对于侵彻坐标系的平均反弹速度，α 表示弹渣反弹面积系数。对弹渣部分运用动量定理：

$$AY_p - (A+B)p = \rho_p B u_f(\,-u_f) - \rho_p A\ (v-u)^2 + M_1 \frac{\mathrm{d}u}{\mathrm{d}t} \tag{2.60}$$

其中，p 为侵彻界面 $A_1 - A_1$ 上的侵彻压力，考虑假设（2），忽略 M_1，并利用式（2.59），可将上式简化为

$$p = \frac{Y_p}{\alpha+1} + \frac{\rho_p\ (v-u)^2}{\alpha} \tag{2.61}$$

在区域②，靶渣质量守恒与对靶渣部分运用动量定理的方程分别为

$$\frac{\mathrm{d}M_2}{\mathrm{d}t} = \rho_t B_1 u - \rho_t \int_S \tilde{u}\ \cdot\ \tilde{n}\,\mathrm{d}s \tag{2.62}$$

$$A_1 p - (B_1 + S\cos\theta) R_t = \rho_t \int_S \tilde{u}\ \cdot\ \tilde{n}\,\mathrm{d}s \cdot \tilde{u} - \rho_t B_1 u \cdot (\,-u) + M_2 \frac{\mathrm{d}u}{\mathrm{d}t}$$

$$\tag{2.63}$$

式中，$\rho_t \displaystyle\int_S \tilde{u}\ \cdot\ \tilde{n}\,\mathrm{d}s$ 表示单位时间内通过扩孔面 $A_1 - B_1$ 流出体系②的质量，$\tilde{u}$ 表示扩孔面 $A_1 - B_1$ 上靶碎粒相对于侵彻坐标系的速度，$\tilde{n}$ 为扩孔面的单位法外向量，积分沿整个扩孔面 S，考虑到破坏与扩孔区很薄，可以假设 S 面上速度 $\tilde{u}$ 成线性分布，$\bar{u} = -u/2$，$B_1 + S\cos\theta = A1$，令 $\beta = A_1/B_1$，β 表示扩孔面积系数，忽略 M_2，并利用式（2.62）则有

$$p = R_t + \frac{1}{2\beta}\rho_t u^2 \tag{2.64}$$

式（2.54）、式（2.55）、式（2.61）、式（2.64）联立得到开坑阶段和侵彻阶段的弹速与侵彻速度的关系：

$$\frac{Y_p}{\alpha+1} + \frac{\rho_p\ (v-u)^2}{\alpha} = c_1 \mathrm{e}^{x/d} + c_2 + \frac{1}{2\beta}\rho_t u^2 \quad (x \leqslant d) \tag{2.65}$$

$$\frac{Y_p}{\alpha+1} + \frac{\rho_p\ (v-u)^2}{\alpha} = R_t + \frac{1}{2\beta}\rho_t u^2 \quad (x \geqslant d) \tag{2.66}$$

根据式（2.56）、式（2.58）、式（2.65）、式（2.66），再加上侵彻速度 u 和侵彻深度 x 的关系

$$u = \mathrm{d}x/\mathrm{d}t \tag{2.67}$$

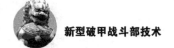

以及初始条件 $t=0$ 时 $v=v_0$，$l=l_0$，$x=0$，$u=u_0$，即可解出侵彻过程中弹体长度 $l=l(t)$，弹速 $v=v(t)$，侵彻速度 $u=u(t)$ 的变化规律，得出最终侵深 X 与初速 v_0 的对应关系。

2.4.1.3 α、β 的确定

α、β 需要通过试验进行确定，采用前面成型装药结构的优化结果，选取与仿真一致的装药结构，中心点起爆形成 EFP，环形多点起爆形成 JPC。多模成型装药对 45 钢靶的侵彻数值仿真结果与试验结果如图 2.65、图 2.66 所示。

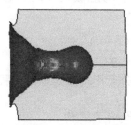

图 2.65　EFP 对 45 钢靶的侵彻数值仿真结果（左）与试验结果（右）

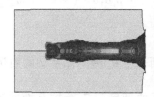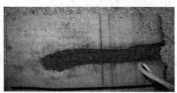

图 2.66　JPC 对 45 钢靶的侵彻数值仿真结果（左）与试验结果（右）

为了求取 α 和 β 的值，除上述试验结果外，此处再引用环形多点起爆位置对 EFP 侵彻的影响结果，对侵彻结果进行综合分析，归纳得到，对 EFP，$\alpha=1.6$，$\beta=1.2$；对 JPC，$\alpha=1.3$，$\beta=1.5$，此时理论、仿真与试验结果均吻合。

2.4.2　JPC 对混凝土介质的侵彻

2.4.2.1　JPC 侵彻半无限厚混凝土靶板的过程

当 JPC 刚与半无限厚混凝土靶板发生作用时，在靶板与来流的分界面处毁伤元的头部因堆积变形而产生了"蘑菇头"；与此同时，孔底在横向剪切力的作用下因发生较大变形而断裂，从而形成了初始侵彻孔径，在后续侵彻作用下碰撞处的半无限厚混凝土靶材料以较高速度沿径向流动，使形成的孔径在由克服惯性力扩孔的高压作用下进一步扩大，直到完成 JPC 对半无限厚混凝土靶板的侵彻过程。

JPC 对半无限厚混凝土靶板的侵彻过程一般可描述为以下 4 个阶段。

1. 冲击开坑阶段

这是侵彻的初始阶段。从 JPC 头部碰撞静止的半无限厚混凝土靶板开始，到建立稳定的侵彻阶段为止，此阶段的侵彻深度只占总侵深的很小一部分且持续的时间也非常短，JPC 与半无限厚混凝土靶板的碰撞速度很大，冲击波便会由半无限厚混凝土靶板表面的碰撞点向靶板内部传播。由于混凝土材料具有易脆性，当其受到的剪切应力远远小于压缩应力时，在反射的拉伸波的作用下，混凝土的表面就会产生崩裂破坏。此时 JPC 冲击半无限厚混凝土靶板所产生的压力达到了整个侵彻过程中的最大压力值。

2. 稳定侵彻阶段

完成了上述冲击开坑阶段之后，JPC 便进入侵彻的稳定阶段。在侵彻过程中半无限厚混凝土靶板的压缩屈服强度远远小于 JPC 与半无限厚混凝土靶板碰撞点产生的压力，故在半无限厚混凝土靶板的侵彻界面处将伴随着碎渣产生，形成破碎区，而通常认为沿着侵彻界面向前运动的速度为侵彻速度。JPC 在侵彻半无限厚混凝土靶板前所具有的动能全都消耗在侵彻的深度和扩大孔径两个方面。JPC 头部堆积起来的部分排开破碎区的混凝土碎渣，后续部分跟上并继续对靶板进一步侵彻，直到碰撞点的压力降到某一临界值时，稳定侵彻阶段才结束。该阶段持续的时间主要由 JPC 的速度、长度及其与靶板材料特性（如密度、强度等）等因素决定。

3. 侵彻终止阶段

当碰撞点压力降到临界值后，混凝土材料的强度作用越来越明显。这时，由于 JPC 的速度较低，并且受到靶板材料因变形而产生的阻力的作用，其侵彻能力和扩孔能力迅速下降，当 JPC 的能量降低至无法克服靶板材料因变形而产生的阻抗时，侵彻过程终止。此时的 JPC 速度称为临界速度。如果毁伤元头部的侵彻孔径不够大，后续部分就不能接触孔底，从而侵彻深度不会增加，但会使孔径增大。该阶段持续的时间主要由毁伤元和靶板的密度以及靶板的动态屈服强度决定。

4. 孔底成形阶段

侵彻过程终止后，靶板在惯性的作用下，孔径底部将发生膨胀。此时，尾随而来的冲击波中的膨胀波传入靶板中后，孔径底部的表面产生拉伸应力。由

于半无限厚混凝土靶板材料较脆和抗拉强度较低，上述拉伸应力可能会使孔底的表面发生脆性剥落或断裂，从而出现一种不规则的复杂的形状。

2.4.2.2　靶板阻力的确定

在 JPC 侵彻半无限厚混凝土靶板的过程中，随着 JPC 侵彻速度的变化，靶板内部材料状态也会发生相应的变化。Tate 和 Sternberg 通过对靶板材料参数进行探讨，得出了靶板的强度参数，即靶板的阻力 R_t 是准静态下的球形空腔膨胀压力。根据混凝土材料特性，结合 Tate 和 Sternberg 的研究结论，并采用球形空腔膨胀理论来推导半无限厚混凝土靶板的阻力 R_t 的计算公式。

假设半无限厚混凝土靶板是均匀的各向同性的弹塑性材料，在碰撞点周围产生的各响应区域（塑性响应区、弹性响应区以及无应力响应区）均为球对称的，混凝土介质响应区如图 2.67 所示。靶板材料将在空腔表面的应力达到某一值时发生屈服，因此塑性响应区将会向半径为 b 的靶板中进行扩展，并规定在该范围之外的靶板都属于弹性响应区。球对称坐标下的运动方程为

$$\frac{\partial \sigma_r}{\partial r} + \frac{2(\sigma_r - \sigma_\theta)}{r} = \rho \frac{\mathrm{d}V}{\mathrm{d}t} = 0 \qquad (2.68)$$

式中，σ_r 为球对称的塑性响应区的径向应力，而 σ_θ 则表示球对称的塑性响应区的切向应力。

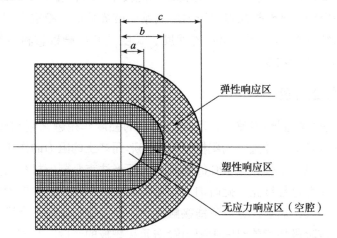

图 2.67　混凝土介质响应区

采用 Mise 和 Tresca 屈服判别准则，在较高的应变率下，塑性响应区的流动条件可以描述为 $|\sigma_\theta - \sigma_r| = Y$，$Y$ 为材料的屈服强度。在 $r = b$ 处使用屈服条件，在 $b < r < c$ 处使用弹性响应区条件，在 $r = c$ 处则使用应力自由边界条件，于是有：

$$u = \frac{Y}{6G} r \left(\frac{b}{r}\right)^3 \left[1 + \frac{4G}{3\lambda + 2G}\left(\frac{r}{c}\right)^3\right] \tag{2.69}$$

$$\sigma_r = \frac{2Y}{3}\left(\frac{b}{r}\right)^3 \left[\left(\frac{r}{c}\right)^3 - 1\right] \tag{2.70}$$

$$\sigma_\theta = \frac{2Y}{3}\left(\frac{b}{r}\right)^3 \left[\left(\frac{r}{c}\right)^3 + \frac{1}{2}\right] \tag{2.71}$$

式中，λ、G 为材料的 Lame 常数。

在塑性响应区，应力表示为 $\sigma_r = 2Y\ln r$，根据连续条件可求得积分常数，即正应力通过 $r = b$ 的弹塑性界面，对方程式（2.68）进行积分。根据空腔膨胀理论可得出，在空腔边界 $r = a$ 处的应力即混凝土靶板的阻力。无应力响应区的半无限厚混凝土靶板从半径为零到形成球形空腔部分的阻力可表示为

$$R_t = 2Y\ln\left(\frac{b}{a}\right) + \frac{2Y}{3}\left[1 - \left(\frac{b}{c}\right)^3\right] \tag{2.72}$$

塑性响应区的相对大小可从质量守恒中求取：

$$\frac{\rho}{\rho_0} = \frac{1}{3r^2} \cdot \frac{\mathrm{d}}{\mathrm{d}r}(r - u)^3 \tag{2.73}$$

假设塑性响应区不发生膨胀，并对 $u(b)$ 中较高次项进行简化处理，方程式（2.73）在 $r = a$ 和 $r = c$ 之间积分，则有：

$$\frac{u(b)}{b} = \frac{1}{3}\left(\frac{a}{b}\right)^3 \tag{2.74}$$

对于塑性响应区的相对大小 $\frac{a}{b}$，应用弹塑性作用面位移的连续性条件，从方程式（2.69）中，可得：

$$\left(\frac{a}{b}\right)^3 = \frac{Y}{2G}\left[1 + \frac{4G}{3\lambda + 2G}\left(\frac{b}{c}\right)^3\right] \tag{2.75}$$

从方程式（2.72）中消去空腔半径 a，从而空腔应力可表示为

$$-R_t = \frac{2Y}{3}\ln\left\{\frac{Y}{2G}\left[1 + \frac{4G}{3\lambda + 2G}\left(\frac{b}{c}\right)^3\right]\right\} - \frac{2Y}{3}\left[1 - \left(\frac{b}{c}\right)^3\right] \tag{2.76}$$

对于半无限厚混凝土靶板介质在 $c \to \infty$ 的条件下，式（2.76）可化为

$$R_t = -\frac{2Y}{3}\left[\ln\left(\frac{Y}{2G}\right) - 1\right] = \frac{2Y}{3}\left[1 + \ln\left(\frac{2G}{Y}\right)\right] \tag{2.77}$$

上式表明，半无限厚混凝土靶板的阻力 R_t 与材料的屈服强度 Y 和剪切模量 G 有关，在 JPC 高速撞击下混凝土材料的屈服强度 Y 应为动态的剪切屈服强度。

2.4.2.3　JPC 对半无限厚混凝土靶的侵彻模型

考虑冲击波对 JPC 侵彻混凝土的作用过程，作出以下几个假设：

（1）JPC 在侵彻半无限厚混凝土靶板的过程中不出现断裂现象，始终保持连续；

（2）侵彻体的速度及半径从头部到尾部是线性变化的；

（3）冲击波的波阵面满足 Rankine – Hugoniot 条件，并规定波阵面后材料的密度在短时间内不发生变化；

（4）在侵彻过程中，在冲击波影响区域内的弹体和靶板材料参数均满足伯努利方程，并认为冲击波沿轴向传播的速度即 JPC 的轴向侵彻速度；

（5）蘑菇头区极薄，相对于整个 JPC 来说，可忽略蘑菇头的质量 m 及其所具有的动量 mv。

如图 2.68 所示，设 JPC 在对半无限厚混凝土靶板进行垂直侵彻时的直径为 d，初始长度为 L，密度为 ρ_p；半无限厚混凝土靶板的密度为 ρ_t。分别以 $l(t)$、$v(t)$、$u(t)$、$X(t)$ 表示未侵蚀毁伤元的长度、速度、侵彻速度及侵彻深度，则有：

$$\frac{\mathrm{d}l}{\mathrm{d}t} = -(v-u) \tag{2.78}$$

$$\frac{\mathrm{d}X}{\mathrm{d}t} = u \tag{2.79}$$

设 JPC 的头部速度为 v_h，半径为 r_h，尾部速度为 v_t，半径为 r_t，根据假设（2），毁伤元的速度和半径分别为

$$\begin{cases} v = v_h - \dfrac{v_h - v_t}{L}x \\ r = r_h + \dfrac{r_t - r_h}{L}x \end{cases} \quad (0 \leqslant x \leqslant L) \tag{2.80}$$

未侵蚀毁伤元的动量守恒方程可表示为

$$\frac{\mathrm{d}}{\mathrm{d}t}[\rho_p Al(v-u) + M] = -BY_p - \rho_p B(v-u)^2 - (\rho_p Al + M)\frac{\mathrm{d}u}{\mathrm{d}t} \tag{2.81}$$

根据假设（5），不计蘑菇头的质量和动量，并记 $\alpha = \dfrac{B}{A}$，参照式（2.59），定义 α 为蘑菇头面积系数，代入式（2.78），则有：

$$\frac{\mathrm{d}v}{\mathrm{d}t} = -\frac{\alpha Y_p}{\rho_p l} - \frac{\alpha - 1}{l}(v-u)^2 \tag{2.82}$$

在冲击波波阵面上应用欧拉形式的 Rankine – Hugoniot 条件，通过波阵面的质量 M 守恒：

$$A\rho_1(v_1 - u_s)\,\mathrm{d}t = M = A\rho_2(v_2 - u_s)\,\mathrm{d}t \tag{2.83}$$

以及动量守恒：

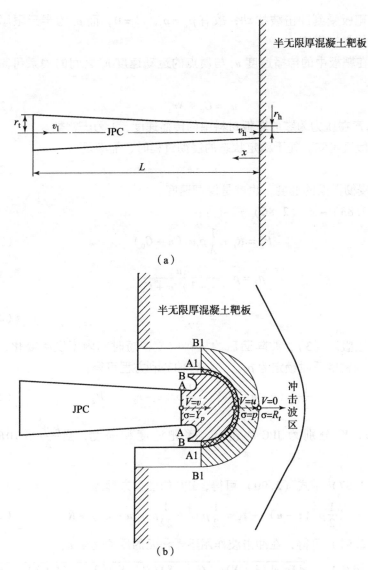

图 2.68　冲击波对半无限厚混凝土靶板作用示意

（a）侵彻前；（b）侵彻中

$$\rho_1 A(v_1 - u_s)\,\mathrm{d}tv_1 - \rho_2 A(v_2 - u_s)\,\mathrm{d}tv_2 = (P_2 A - P_1 A)\,\mathrm{d}t \qquad (2.84)$$

式中，P_1、ρ_1、v_1 分别为波阵面前的靶板的应力、材料密度和质点速度；P_2、ρ_2、v_2 为波阵面后的靶板的应力、材料密度和质点速度；u_s 为侵彻轴线上冲击波的传播速度。

靶板材料的强度 R_t 与波阵面前的靶板的应力 P_1 不仅具有相同的物理意义，而且在数值上也相等，又因为波阵面后的靶板受到冲击波的扰动远远大于

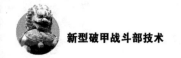

波阵面前的靶板受到冲击波扰动，故有 $\rho_1 = \rho_t$，$v_1 = 0$，而 ρ_t 为半无限厚混凝土靶板材料的最初密度。

冲击波在靶板中的传播速度 u_s 与质点的运动速度 v_2 之间的关系可简单地表达为

$$u_s = C_0 + \lambda v_2 \qquad (2.85)$$

式中，C_0 为声在压力为零的靶板材料中的传播速度，λ 为一常数。

由上述假设可知，处于稳定状态的侵彻过程时，需满足：

$$u_s = u \qquad (2.86)$$

式中，u 为侵彻界面的速度，也就是侵彻速度。

由式（2.83）~ 式（2.86）式可得：

$$P_2 = R_t + \frac{1}{\lambda} \rho_t u \ (u - C_0) \qquad (2.87)$$

$$\rho_2 = \rho_t \frac{\lambda u}{(\lambda - 1) \ u + C_0} \qquad (2.88)$$

$$v_2 = \frac{u - C_0}{\lambda} \qquad (2.89)$$

根据上述假设（3），波阵面后的材料密度在短时间内不发生变化，即波阵面后的靶板密度瞬时锁定为 ρ_2，并结合伯努利方程可得：

$$\frac{1}{2} \rho_p \ (v - u)^2 + Y_p = \frac{1}{2} \rho_2 (u - v_2)^2 + P_2 \qquad (2.90)$$

式中，ρ_p、v、Y_p 分别为 JPC 的密度、着靶速度和强度，当 $\frac{\rho_t u^2}{2} > 10R_t$ 时，$Y_p = 0$。

由式（2.87）~ 式（2.90）可得，JPC 的侵彻方程为

$$\frac{1}{2} \rho_p \ (v - u)^2 + Y_p = \frac{1}{2} \rho_t u^2 + \frac{1}{2\lambda} \rho_t u (u - C_0) + R_t \qquad (2.91)$$

由式（2.91）可得，在冲击波作用下毁伤元的侵彻速度 u：

$$u = \frac{(2\lambda \rho_p v - \rho_t C_0) - \sqrt{4\lambda \rho_p v [(1 + \lambda) v - C_0] + 8\lambda (R_t - Y_p)[\lambda \rho_p - (1 + \lambda)\rho_t] + \rho_t^2 C_0^2}}{2[\lambda \rho_p - (1 + \lambda)\rho_t]}$$

$$(2.92)$$

当侵彻速度 u 的降低至 $u = C_0$ 时，JPC 的速度为

$$v = C_0 + \sqrt{\frac{\rho_t C_0^2}{\rho_p} + \frac{2 (R_t - Y_p)}{\rho_p}} \qquad (2.93)$$

此时式（2.91）的侵彻方程为

$$\frac{1}{2} \rho_p \ (v - u)^2 + Y_p = \frac{1}{2} \rho_t u^2 + R_t \qquad (2.94)$$

式（2.94）为典型的 A - T 侵彻方程。

这时侵彻速度 u 为：

$$u = \frac{v - \sqrt{\dfrac{\rho_t}{\rho_p}v_j^2 + \left(1 - \dfrac{\rho_t}{\rho_p}\right)\dfrac{2(R_t - Y_p)}{\rho_p}}}{1 - \dfrac{\rho_t}{\rho_p}} \qquad (2.95)$$

综上所述，JPC 的侵彻速度 u 与运动速度 v 之间的关系可表述为

$$\begin{cases} u = \dfrac{(2\lambda\rho_p v - \rho_t C_0) - \sqrt{4\lambda\rho_p\rho_t v[(1+\lambda)v - C_0] + 8\lambda(R_t - Y_p)[\lambda\rho_p - (1+\lambda)\rho_t] + \rho_t^2 C_0^2}}{2[\lambda\rho_p - (1+\lambda)\rho_t]} \\[4mm] \qquad\qquad\qquad\qquad\qquad v > C_0 + \sqrt{\dfrac{\rho_t C_0^2}{\rho_j} + \dfrac{2(R_t - Y_p)}{\rho_j}} \\[6mm] u = \dfrac{v - \sqrt{\dfrac{\rho_t}{\rho_p}v^2 + \left(1 - \dfrac{\rho_t}{\rho_p}\right)\dfrac{2(R_t - Y_p)}{\rho_p}}}{1 - \dfrac{\rho_t}{\rho_p}} \quad v \leqslant C_0 + \sqrt{\dfrac{\rho_t C_0^2}{\rho_j} + \dfrac{2(R_t - Y_p)}{\rho_j}} \end{cases}$$

$$(2.96)$$

联立常微分方程组：

$$\begin{cases} \dfrac{\mathrm{d}l}{\mathrm{d}t} = -(v - u) \\[3mm] \dfrac{\mathrm{d}v}{\mathrm{d}t} = -\dfrac{\alpha Y_p}{\rho_p l} - \dfrac{\alpha - 1}{l}(v - u)2 = -\dfrac{f(v)}{l} \\[3mm] \dfrac{\mathrm{d}X}{\mathrm{d}t} = u \end{cases} \qquad (2.97)$$

其中，$f(v) = \dfrac{\alpha Y_p}{\rho_p} + [v - u(v)]^2(\alpha - 1)$，所以

$$l = l_0 \exp\left[\int_{v_0}^{v} \frac{v - u(v)}{f(v)}\mathrm{d}v\right]$$

$$X = -\int_{v_0}^{v} \frac{u(v)l(v)}{f(v)}\mathrm{d}v \qquad (2.98)$$

初始条件为：$t = 0 : v(0) = v, \; l(0) = L, \; X(0) = 0$。

根据式（2.98）以及初始条件，即可解出 JPC 未发生侵蚀的杆体长度，并由此得出最终 JPC 侵彻半无限厚混凝土靶板的侵彻深度 X 与初始运动速度 v_0 的对应关系。

|2.5 典型算例分析|

2.5.1 多模毁伤元形成理论算例分析

2.5.1.1 逆向环起爆条件下锥形罩成型装药形成射流的计算

利用扩展的 PER 理论模型，应用 Visual Basic 语言进行编程，可以计算出毁伤元形成过程的过程量，如微元压垮角、极限压垮速度、偏转角等，以及毁伤元形成后的状态量如头部速度、射流质量利用率等。锥形罩成型装药结构示意如图 2.69 所示。

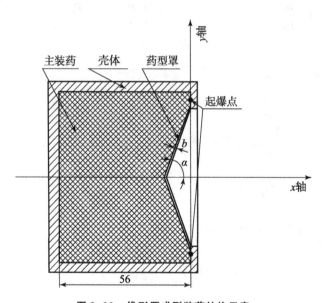

图 2.69 锥形罩成型装药结构示意

α 是药型罩半锥角，b 是药型罩壁厚；主装药采用 8701 炸药，药型罩材料为军用紫铜。

药型罩方案设计如表 2.7 所示。

表 2.7　药型罩方案设计

方案　　　　壁厚 锥角	1.35% 装药口径	2.7% 装药口径	4% 装药口径
120°	1	2	3
130°	4	5	6
140°	7	8	9

1. 药型罩各微元的极限压垮速度

药型罩顶部微元及边缘微元速度较小，最大极限速度位置在顶部及罩口部之间；壁厚对于极限压垮速度的影响较大，随壁厚的增加速度下降很快；锥角对极限压垮速度的影响相对较小，锥角越大，极限压垮速度也越大；这意味着药型罩壁厚对射流头部速度及射流的伸长影响很大。

2. 药型罩各微元形成射流的速度

各微元在轴线上汇聚以后形成射流和杆体，射流速度随微元位置的分布曲线由于壁厚、锥角的不同变化都很大。壁厚变大，速度基本变小，锥角变化则改变速度随微元位置的分布情况。由于实际射流头部的速度取决于罩顶部的部分微元，射流头部速度随壁厚、锥角的增大而降低。

壁厚和锥角不同情况下的极限压垮速度变化如图 2.70、图 2.71 所示；壁厚和锥角不同情况下的各微元形成射流速度变化如图 2.72、图 2.73 所示。

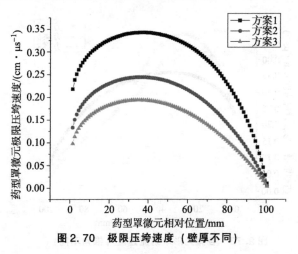

图 2.70　极限压垮速度（壁厚不同）

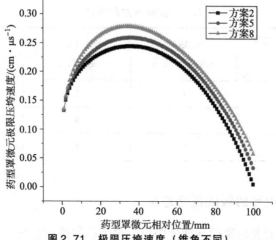

图2.71　极限压垮速度（锥角不同）

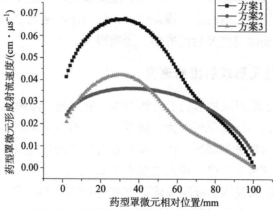

图2.72　各微元形成射流速度（壁厚不同）

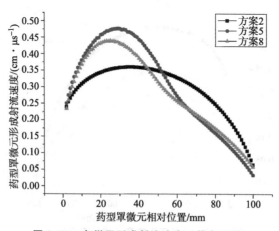

图2.73　各微元形成射流速度（锥角不同）

3. 药型罩各微元的偏转角

药型罩顶部微元及边缘微元偏转角较小，偏转角最大的微元位于罩顶部及罩口部之间；壁厚对于极限压垮速度的影响较大，随壁厚的增加偏转角下降很快；锥角对极限压垮速度的影响相对较小，锥角越大，偏转角也越大；这意味着药型罩壁厚对形成的射流速度影响明显。

壁厚和锥角不同情况下各微元的偏转角变化如图 2.74、图 2.75 所示。

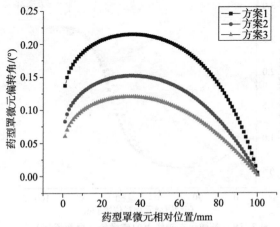

图 2.74 各微元的偏转角（壁厚不同）

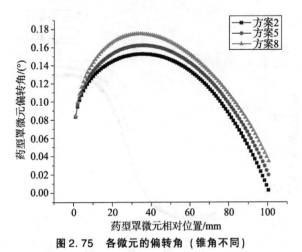

图 2.75 各微元的偏转角（锥角不同）

4. 药型罩各微元在轴线上的碰撞角

药型罩顶部部分微元碰撞角小且变化平缓，边缘微元碰撞角大；壁厚对碰撞角的影响较小，而锥角对碰撞角的影响相对较大，锥角越大，碰撞角越大，从而药型罩形成射流的质量利用率也大；罩顶部附近由于微元的加速时间十分有限，所以壁厚、锥角对顶部附近微元的碰撞角影响不敏感，而在药型罩边缘的影响相对大得多。

壁厚、锥角不同情况下各微元在轴线上的碰撞角变化如图2.76、图2.77所示。

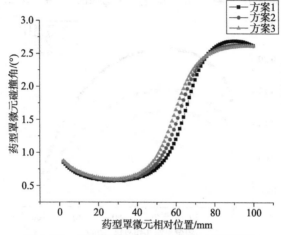

图 2.76　各微元在轴线上的碰撞角（壁厚不同）

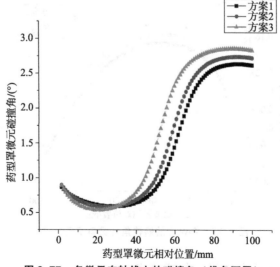

图 2.77　各微元在轴线上的碰撞角（锥角不同）

5. 射流头部速度

模型假设射流形成后的头部速度没有变化，不同的参数形成的射流头部速度不同，现在讨论锥角、壁厚对射流头部速度的影响。结果如图 2.78 所示。

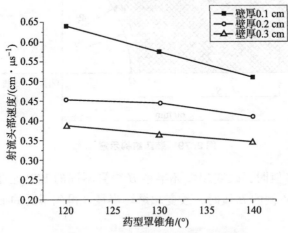

图 2.78 不同结构罩形成的射流头部速度

可以看出，随药型罩壁厚的增大及锥角的增大，形成的射流头部速度相应变小，锥角大于 120° 时很难获得头部速度高的射流，锥角为 120° 时，壁厚小到 0.1 cm（1.35% 装药口径）才能得到头部速度为 6 400 m/s 的对付厚重装甲有意义的射流。

2.5.1.2 端面环起爆球缺形药型罩形成 EFP 的计算

针对上述分析模型，以图 2.79 所示的装药结构为例，编程进行计算分析。

模型参数如下：

$\rho = 8.960 \text{ g/cm}^3$，　　$R_2 = 55 \text{ mm}$，　　　　$R_1 = 52 \text{ mm}$，

$r = 30 \text{ mm}$，　　　　$P_{CJ} = 34 \times 10^9 \text{ Pa}$，　$m = 285 \text{ g}$。

P 点为引爆点，计算中炸药选 B 炸药，密度为 1.787 g/cm³，CJ 爆轰压力为 34 GPa，药型罩材料为紫铜。

显然，起爆位置不同时，得到的 EFP 速度也不同。取不同起爆环高度 S 时，计算不同起爆环半径 H 得到不同的 EFP 速度。另取不同起爆环半径 H 时，计算不同起爆环高度 S 得到不同的 EFP 速度。最后变化不同的起爆环半径 H 和不同的起爆环高度 S 得到 EFP 速度变化趋势。

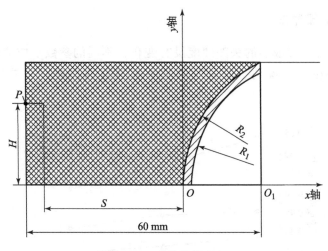

图2.79　装药结构示意

当取不同的 S 值时，改变起爆环半径 H 得到不同的 EFP 速度，结果如图2.80 所示；当取不同的 H 值时，改变起爆环半径 S 得到不同的 EFP 速度，结果如图2.81 所示。

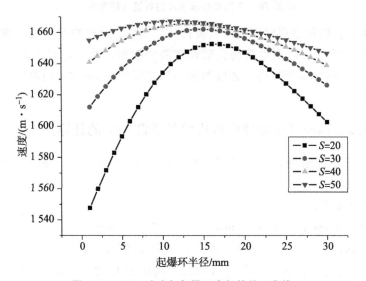

图2.80　EFP 速度与起爆环半径的关系曲线

从图2.80 和图2.81 可以看出：

（1）S 为起爆环距离药型罩顶端的距离（即起爆环高度），随着 S 的增大，EFP 速度增大，但增大值的影响不大。

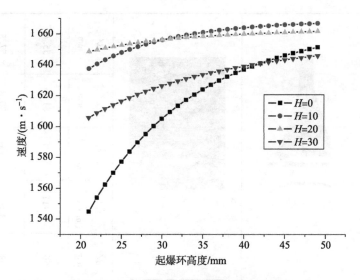

图 2.81　EFP 速度与起爆环高度的关系曲线

（2）起爆环半径 H 的不同对 EFP 速度的影响较大，随着起爆环半径从零变大，EFP 形成后的整体速度上升，上升到一定值以后随起爆环半径的继续增大 EFP 速度又下降，也就是说，起爆环半径存在一个获得 EFP 速度最大值的最佳值，即通过改变起爆环半径，可以获取 EFP 速度的最优值。

（3）随着起爆环高度 S 的减小，获得 EFP 速度极大值的最佳起爆环半径 H 有增大的趋势。

2.5.2　多模战斗部设计方法算例分析

2.5.2.1　典型 EFP 成型仿真与试验实例

采用装药端面中心单点起爆方式形成 EFP，仿真研究装药高度从 $0.6D_k$ 增加到 $2.2D_k$ 时 EFP 成型的变化规律，并通过静爆试验获得了 $0.6D_k$、$0.9D_k$、$1.1D_k$ 3 种方案的 X 光照片，选取同一时刻 $100~\mu s$ 时的仿真和试验结果进行比较，如表 2.8 所示。表中 v_1 为 EFP 头部速度，v_2 为 EFP 尾部速度，L 为长度，d 为 EFP 直径，从 EFP 成型形貌及成型参数的比较情况来看，数值模拟结果与试验结果较吻合。当装药高度从 $0.6D_k$ 增加到 $1.1D_k$ 时，EFP 头部速度增加了 28.3%，长径比增加了 33.4%。

图 2.82 所示为 EFP 速度和动能与装药长径比的拟合曲线，速度和动能与装药长径比都呈双曲线规律变化。

表 2.8　仿真与试验结果的比较（100 μs）

H/D_k	0.6				0.9				1.1			
仿真结果												
试验结果												
成型参数	$v_1/$ (m·s⁻¹)	$v_2/$ (m·s⁻¹)	$L/$ mm	$d/$ mm	$v_1/$ (m·s⁻¹)	$v_2/$ (m·s⁻¹)	$L/$ mm	$d/$ mm	$v_1/$ (m·s⁻¹)	$v_2/$ (m·s⁻¹)	$L/$ mm	$d/$ mm
仿真结果	2 352	2 183	57.8	58.4	2 907	2 337	69.4	56	3 111	2 371	81.8	55.4
试验结果	2 421	2 190	68.8	58.1	2 909	2 358	78.6	58	3 106	2 406	90.8	57.5

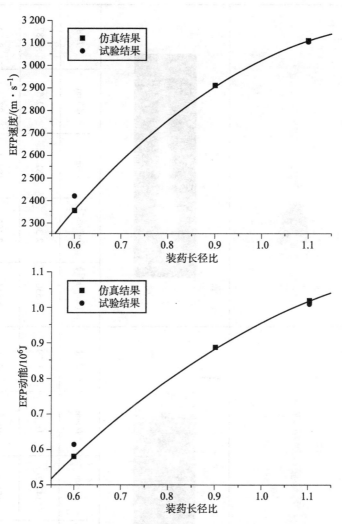

图 2.82　EFP 速度和动能与装药长径比的拟合曲线（100 μs）

2.5.2.2　典型 JPC 成型仿真与试验实例

当装药高度为（0.9 ~ 1.2）D_k 时，JPC 具有较佳的成型形态和成型参数，有利于 JPC 的最终侵彻。

试验采用与仿真模拟同样的成型装药结构，取 $0.9D_k$ 装药高度方案，起爆方式采用环形六点起爆代替环起爆。仿真与试验的结果比较如表 2.9 所示。表中试验结果中 JPC 头部速度是两时间点间的平均速度，直径取 JPC 实体部分的最大直径，长度取除去尾裙的毁伤元实体部分长度。

表2.9 JPC成型仿真与试验结果的比较

时间/μs	仿真结果	试验结果	成型参数	$v_1/(\text{m·s}^{-1})$	$v_2/(\text{m·s}^{-1})$	L/mm	d/mm	L/d
120			仿真结果	3 582	2 418	147.2	18.9	7.79
120			试验结果	3 544	2 407	154.3	19.5	7.9
150			仿真结果	3 550	2 397	181.9	20.5	8.87
150			试验结果	3 544	2 407	192.8	23.4	8.24

2.5.2.3　多模毁伤元成型仿真与试验结果对比

为了验证偏心亚半球罩实现多模毁伤元转换的实际成型状况，本书专门针对上述通过仿真优化得到的装药结构进行了部分 X 光成像试验，从而验证本书设计方法的可行性与实用性。

成型装药结构如下：装药口径为 110 mm，装药高度为 125 mm，隔板直径为79.2 mm，隔板半锥角为 54°，药型罩外半径为 119.9 mm，药型罩罩顶高度为19.03 mm，药型罩壁厚为3.96 mm。试验中由于该装药结构带有隔板，隔板上部还有一个厚度为 5 mm 的圆柱体药片，为了保证该药片与下部主装药正确连接，专门设计了一个塑料起爆套环来解决该问题。另外，为了实现在药型罩顶点处起爆形成 EFP 毁伤元，专门在药型罩顶点处开一个与雷管直径相当的通孔，雷管通过该通孔起爆主装药，其成型装药各部分结构组成如图 2.83 所示。

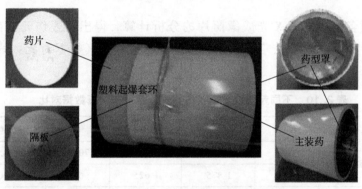

图 2.83　试验中成型装药各部分结构组成

由于 X 光机捕捉毁伤元成型时刻不同，最终得到两种毁伤元在各自两种时刻的实际成型与仿真优化成型情况的对比，如图 2.84 所示。

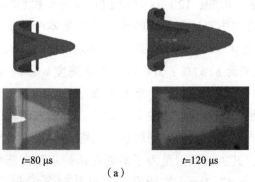

$t=80\ \mu s$ 　　　　　　$t=120\ \mu s$

（a）

图 2.84　不同起爆位置下毁伤元成型形态的仿真与 X 光照片的对比

（a）罩顶点起爆形成 EFP 毁伤元

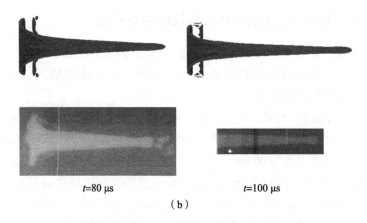

$t=80~\mu s$　　　　　　　　$t=100~\mu s$

（b）

图 2.84　不同起爆位置下毁伤元成型形态的仿真与 X 光照片的对比（续）

（b）装药中心点起爆形成 JPC 毁伤元

通过对各毁伤元的 X 光成像照片的分析计算，得出各毁伤元头部速度 v_j、尾部速度 v_s、长度 l_1、直径 d_1，其试验数据与仿真数据对比如表 2.10 所示。

表 2.10　不同起爆位置下毁伤元试验数据与仿真数据对比

类型	方法	$v_j/(\text{m}\cdot\text{s}^{-1})$	$v_s(\text{m}\cdot\text{s}^{-1})$	l_1/mm	d_1/mm
EFP（120 μs）	仿真	1 783	1 538	70.5	54.8
	试验	1 875	1 625	65	60
JPC（80 μs）	仿真	3 854	2 379	128.5	68
	试验	4 000	2 500	123.14	73.36

分析上述试验结果可知，120 μs 时刻 EFP 毁伤元和 80 μs 时刻 JPC 毁伤元的实际成型与理论和仿真优化得到的成型结果基本一致。其中，EFP 毁伤元头部速度 v_j 误差为 4.91%，尾部速度 v_s 误差为 5.35%，长度 l_1 误差为 8.46%，直径 d_1 误差为 8.67%；JPC 毁伤头部速度 v_j 误差为 3.65%，尾部速度 v_s 误差为 4.84%，长度 l_1 误差为 4.35%，直径 d_1 误差为 7.31%。各毁伤元实际成型参数与仿真误差均较小。因此，可知该结构下通过改变单点起爆位置可较好地实现多模毁伤元的转换，但毁伤元实际成型头部都或多或少地出现部分断裂，其主要原因是为了实现在药型罩顶点起爆形成 EFP 毁伤元而在罩顶点处开有 $\phi7.2$ mm 的通孔，不过其对各毁伤元整体成型影响较小。

2.5.3 多模战斗部威力设计计算例分析

2.5.3.1 EFP 对装甲钢板侵彻过程的计算

应用 2.4.1.2 节中的计算模型分别对 EFP 和 JPC 侵彻半无限厚均质靶板过程参量进行计算。利用 Runge – Kutta 法编程求解由式（2.56）、式（2.58）、式（2.65）、式（2.66）和式（2.67）组成的常微分方程组初值，其结果如图 2.85、图 2.86 所示。EFP 及靶板性能参数如表 2.11 所示。

表 2.11 EFP 及靶板性能参数

紫铜		45 钢		
$\rho_p/(\text{kg} \cdot \text{m}^{-3})$	Y_p/MPa	$\rho_t/(\text{kg/m}^{-3})$	HB/MPa	R_t/MPa
8 960	800	7 850	180	5 077

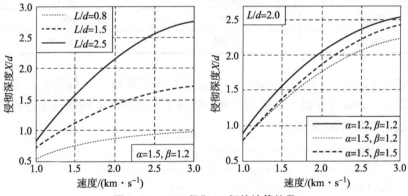

图 2.85 EFP 侵彻 45 钢的计算结果

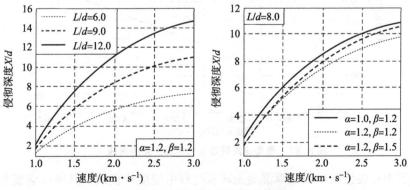

图 2.86 JPC 侵彻 45 钢的计算结果

根据多模战斗部侵彻半无限厚靶板的计算结果，有如下结论：在相同着速和弹靶材料的情况下，长径比大的毁伤元可得到较大的侵彻深度，在高速侵彻条件下受长径比的影响较大；侵彻深度随 α 的减小而增大，随 β 的增大而增大，且 α 的变化对侵彻深度的影响在整个速度段上较为平均，而 β 在高速区对侵彻深度的影响较大。

2.5.3.2　JPC 对混凝土介质侵彻过程的计算

1. 侵彻深度与杆体侵蚀的计算

应用 2.4.2.3 节中的理论模型对 JPC 侵彻半无限厚混凝土靶板过程参量进行计算。JPC 与混凝土靶板的材料参数如表 2.12 所示。

表 2.12　JPC 及半无限厚混凝土靶板的材料参数

性能 材料	密度 $\rho/(\text{kg}\cdot\text{m}^{-3})$	材料强度 /MPa
紫铜	8 960	900
混凝土	2 400	238.99

针对式（2.98），利用 Runge – Kutta 法编程求解常微分方程初值。通过分析 JPC 侵彻半无限厚混凝土靶板的过程，获得了侵彻速度 u 随毁伤元速度 v 变化的曲线，如图 2.87 所示。

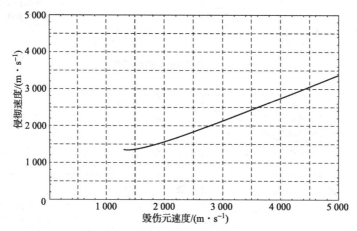

图 2.87　侵彻速度随毁伤元速度变化的曲线

随着 JPC 在侵彻半无限厚混凝土靶板过程中速度的衰减，其侵彻速度也相应减小，但其减小趋势越来越平缓，特别是在 $v = 1\,500$ m/s 左右，侵彻速度近乎停止减小，并使曲线最终在侵彻体的速度 $v = 1\ 300$ m/s 时出现了终止现象。

　　在 JPC 对半无限厚混凝土靶板的侵彻过程中，不仅毁伤元速度随侵彻深度的增加而出现一定程度的衰减，同时杆体部分也有侵蚀。为了保证理论计算结果的准确性，在使用本书的理论模型的计算时引入下述两个判别准则：①当 JPC 的侵彻速度减小到零时，整个侵彻过程终止；②即使在侵彻过程中 JPC 还具有相当一部分的侵彻速度，只要杆体发生了全部侵蚀，也认为整个侵彻过程结束。为了获得蘑菇头系数对侵彻深度和杆体侵蚀情况的影响规律，在此将蘑菇头系数进行量化处理，并基于上述两个判别准则，采用本书的理论模型针对某一 JPC 对半无限厚混凝土靶板的侵彻分别在不同蘑菇头系数下进行计算，获得了如图 2.88 ~ 图 2.91 所示的一系列曲线。

　　图 2.88 和图 2.89 分别描述了 JPC 侵彻深度随毁伤元速度以及时间的变化规律，从图中可以看出蘑菇头系数小的毁伤元较早地完成了整个侵彻过程，而且其侵彻深度也最大。从图 2.88 中可以看出，当毁伤元的速度 v 大于临界速度 $C_0 + \sqrt{\dfrac{\rho_t C_0^2}{\rho_p} + \dfrac{2(R_t - Y_p)}{\rho_p}}$ 时，蘑菇头系数 α 的值越小，其侵彻深度在单位速度变化下增加的幅度越大，而当毁伤元速度小于临界速度后，蘑菇头系数较小情形下的侵彻深度的增加幅度反而最小。图 2.89 反映了毁伤元在侵彻 0.10 ms 之前的过程中，侵彻深度不会随着蘑菇头系数的变化而改变，但在侵彻 0.10 ms 之后，蘑菇头系数大的毁伤元的侵彻深度在单位时间内的增加量最小，尽管其参与整个侵彻过程的时间最长，但侵彻深度依然较小。因此，通过分析理论计算模型下得到的侵彻深度随毁伤元速度和时间变化关系的曲线，可以得知，蘑菇头系数小的毁伤元对半无限厚混凝土靶板的侵彻过程时间较短，但其侵彻深度却最大。

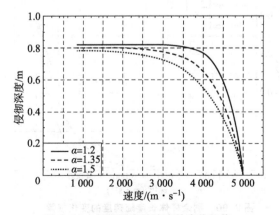

图 2.88　侵彻深度随速度的变化规律

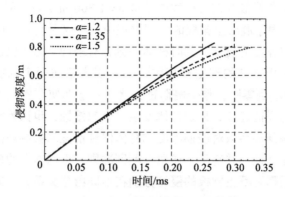

图2.89 侵彻深度随时间的变化规律

图2.90和图2.91描述了JPC在侵彻半无限厚混凝土靶板的过程中杆体的侵蚀情况。分析图2.90中剩余杆体长度随毁伤元速度的变化曲线,可知蘑菇头系数越小,单位速度变化下杆体发生的侵蚀越严重,毁伤元剩余速度越大,如当 $\alpha=1.2$ 时,毁伤元在剩余速度为3 000 m/s时已全部侵蚀完,而当 $\alpha=1.5$ 时,毁伤元全部侵蚀完的剩余速度为1 000 m/s左右。图2.91反映了毁伤元随时间变化杆体发生的侵蚀情况,从图中可以观察到,在0.10 ms之前,毁伤元的侵蚀不受蘑菇头大小变化的影响,而当侵彻时间超过0.10 ms后,具有较大蘑菇头的杆体侵蚀速度明显小于较小蘑菇头的毁伤元,且其杆体侵蚀完所用的时间也相应较长,出现这种现象的原因主要是在0.10 ms时毁伤元的速度降到了临界速度分界处。综上所述,通过分析剩余杆体长度随时间或毁伤元速度的变化情况,得知蘑菇头系数小的毁伤元较易发生严重侵蚀,而且侵蚀结束时杆体的剩余速度也较大。

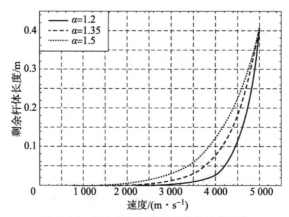

图2.90 剩余杆体长度随速度的变化规律

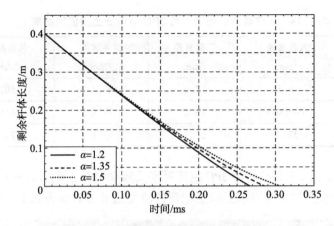

图 2.91　剩余杆体长度随时间的变化规律

2. 仿真、试验与理论结果对比分析

仿真得到 3 种成型装药形成的 JPC 着靶前的参数，如表 2.13 所示。

表 2.13　3 种成型装药形成的 JPC 着靶前的参数

仿真方案	成型形状	着靶时刻/μs	头部速度/($m \cdot s^{-1}$)	尾部速度/($m \cdot s^{-1}$)	长度/($m \cdot s^{-1}$)	长径比
S1		200	2 656	1 816	153.8	6.4
S2		170	2 875	2 210	107.5	5.5
S3		135	3 985	1 151	436.0	16.9

3 种成型装药形成的 JPC 对混凝土的侵彻结果如表 2.14 所示。

表 2.14　3 种成型装药形成的 JPC 对混凝土的侵彻结果

仿真方案	入孔直径 /mm	孔底直径 /mm	漏斗坑深 /mm	总侵彻深度 /mm
S1	46.5	12.0	47.4	502.4
S2	43.0	19.2	34.0	446.6
S3	37.7	26.9	73.6	701.5

图 2.92 所示为 3 种结构的 JPC 装药对半无限厚混凝土靶板的侵彻效果。3 种结构的 JPC 装药对半无限厚混凝土靶板的侵彻结果参数如表 2.15 所示。

（a）　　　　　　　（b）　　　　　　　（c）

图 2.92　3 种结构的 JPC 装药对半无限厚
混凝土靶板的侵彻效果
（a）S1 方案；（b）S2 方案；（c）S3 方案

表 2.15　3 种结构的 JPC 装药对半无限厚混凝土靶的侵彻结果参数

试验次序	方案	罩质量/g	炸高	着靶速度 /(m·s^{-1})	漏斗坑深 h_1/mm	总侵彻深度 h_2/mm	侵彻孔径 d/mm	裂纹数
1	S1	289.5	$5D_k$	2 656	37.8	505.0	40.9	10
2	S2	213.3	$5D_k$	2 875	129.6	340.0	45.8	/
3	S3	375.8	$5D_k$	3 985	60.4	680.0	32.0	11

JPC 侵彻的理论计算结果与数值仿真结果、试验结果的对比如表 2.16 所示。当蘑菇头系数为 1.25 时，三者的结果吻合较好。

表 2.16　JPC 侵彻的理论计算结果与数值仿真结果、试验结果的对比

方案	L/mm	r_b/mm	r_t/mm	v_0/mm	侵彻深度 X		
					仿真值/mm	试验值/mm	计算值/mm
S1	153.8	11.4	24.1	2 656.0	502.4	505.0	503.8
S3	436.0	5.6	22.8	3 985.0	720.5	680.0	721.1

第 3 章

双层药型罩战斗部技术

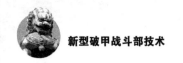
|3.1 概述|

3.1.1 双层药型罩的概念

所谓双层药型罩，是指在一个主装药的基础上，放置两个药型罩，两层药型罩之间可以紧密贴合在一起，也可以有间隙；两层药型罩可以是相同材料，也可以是不同材料，但两层药型罩之间有自由表面，允许两层药型罩发生相对滑移和碰撞。如果放置了两个以上的药型罩，则称为多层药型罩。

双层药型罩可以选取小锥角、大锥角和球缺形药型罩。当双层药型罩为小锥角药型罩时，将形成射流形态的毁伤元，靠近炸药的外罩形成杵体，远离炸药的内罩形成射流，通过材料的选择以及药型罩的几何设计，可以得到消除杵体或减少杵体的射流。单层小锥角药型罩形成射流的速度在 7 km/s 以上，而杵体速度一般在 1 km/s 以下，且药型罩金属形成射流的比例在 15% 以下，某些昂贵的金属材料所制成的药型罩，比如钽质药型罩，会造成极大浪费。而设计合理的双层小锥角药型罩则可以解决这两个问题。

当双层药型罩为球缺形药型罩或大锥角药型罩时，通过设计，可以得到前后串联的 EFP 或增大长径比的单一 EFP。从理论上来说，如果 n 个药型罩贴合在一个装药内，则爆炸后可以形成 n 个前后串联的 EFP，这样就能形成长径比相当大的毁伤元，大大提高 EFP 的侵彻能力。通过控制内、外罩的质量比，还可以得到完全分开的 EFP，为反导多 EFP 技术和水下反潜武器提供新的技术途径。

3.1.2　双层药型罩的国内外研究现状

自 20 世纪 80 年代，国内外开始对射流型的双层药型罩和串联 EFP 型的双层药型罩进行研究。进入 21 世纪以来，药型罩材料技术、计算机仿真技术和试验测试技术的迅速发展，为双层药型罩的深入研究提供了良好的基础，双层药型罩成为国内外战斗部领域研究的热点之一。

为了提高小口径破甲弹的威力，美国提出了分离式装药的概念，如图 3.1 所示。该种装药由两个药型罩和两层装药组成，药型罩一般为筒形药型罩或小锥角药型罩，外罩锥角约为 20°，为驱动体，内罩锥角约为 14°，将形成射流。主装药起爆后，驱动外罩向轴线运动，撞击并引爆内层装药。由于外罩压垮速度非常高，内层装药将产生强爆轰，产物压力显著提高，驱动内罩高速向轴线运动，形成高速细长的射流。与分离式装药类似的还有 F 装药，如图 3.2 所示。F 装药的内、外罩之间没有装药，通过外罩高速撞击内罩的方式提高内罩压垮速度，从而提高射流头部速度和延展性，增加侵彻能力。这两种装药都可以归入双层药型罩的范畴，其结构特点是双层药型罩之间有明显的间隙，分离式装药的两层药型罩之间除间隙外还有炸药。

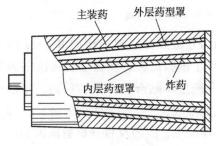
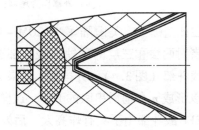

图 3.1　分离式装药　　　　　　图 3.2　F 装药

以色列的 Faibish 和 Mayseless 教授对外铜内钽的小锥角双层药型罩射流形成进行了数值仿真和试验研究，并且提供了一种爆炸加工的方法用来生成内、外罩结合稳定的双层药型罩，但最终没有在侵彻能力上对双层药型罩和单层药型罩进行比较。

为了研究毁伤元对水下目标的高效毁伤，Tosello 等法国学者对钽镍组合的双层球缺形药型罩在水下的运动进行了数值仿真和试验研究，观察到前导毁伤元在水中开出通道，而随进毁伤元可以在这个通道中运动的现象，因为随进毁伤元避免在水中减速，因此有较强的存速能力，能在水下以较高的速度攻击舰船和潜艇。

德国 Ernst – Mach 研究院的战斗部专家提出了两层药型罩形成 EFP 的技术方案，材料为外铁内钽，最初的目的是减小钽的用量从而降低成本。随着进一步的研究，K. Weiman 等学者发现，通过调整药型罩的几何外形和接触面条件，可以形成前段材料为钽、尾端材料为铁的长径比约为 5.5 的 EFP［如图 3.3（a）所示，得益于钽铁材料密度差异造成的重心前移，弹丸飞行稳定性显著增大。进一步的研究发现，通过改变铁罩和钽罩的质量比，还能得到分离的两个高速 EFP，图 3.3（b）所示］。

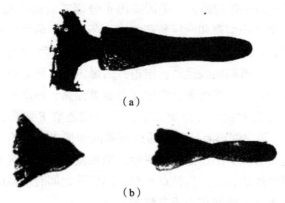

（a）

（b）

图 3.3　两层药型罩 EFP 形成的 X 光照片

（a）外罩作为尾部；（b）外罩与内罩分离

在此基础上，美国陆军 TACOM – ARDEC 战斗部研究小组的 R. Fong 博士等学者对两层和三层的球缺形战斗部进行了试验研究，获得了长径比很大的 EFP 战斗部（图 3.4），并推断：如果 n 个药型罩贴合在一个装药内，则爆炸后可以形成 n 个前后串联的 EFP，这样就能形成长径比相当大的毁伤元。

EFP 战斗部由于具有炸高大、后效好等优点，成为反直升机智能雷和反导武器系统的主要战斗单元。但由于目标机动性强，因此 EFP 命中概率较低，一般采用 MEFP 技术来提高命中目标的毁伤元个数，在战斗部的周向布置多个小的药型罩以获得 MEFP 型破片毁伤元。如果在 MEFP 装药的每个药型罩位置上都使用多层药型罩方案，那么在理论上，最终获得的 EFP 破片就可以具有 n 倍于原来方案的效果，这样的设计概念对于反直升机和反导弹武器系统都是很有价值的。

特克斯特朗防御系统公司（Textron Defense System）和美国陆军兵器研究和工程中心开发出一种新型药型罩。该药型罩由内、外两层组成，外层罩为一铁环，叠嵌在内层的钽罩上。起爆以后，钽罩压垮并通过铁环中心的孔，形成长且致密的 EFP 弹芯，外层的铁罩部分压垮并形成稳定裙。两个药型罩在形

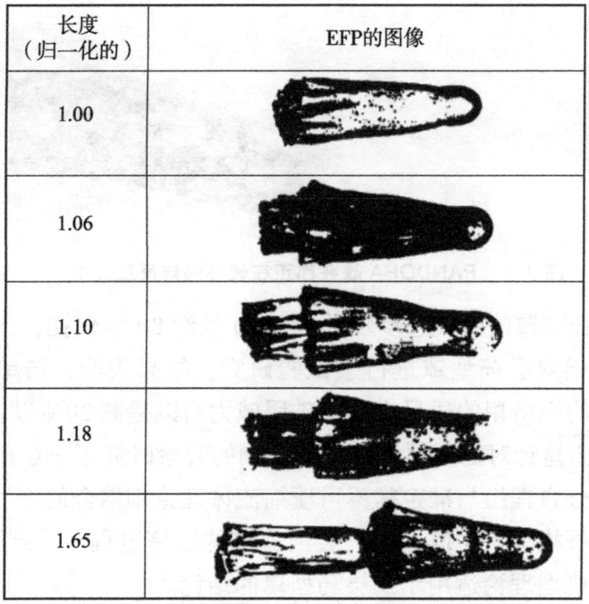

长度 （归一化的）	EFP的图像
1.00	
1.06	
1.10	
1.18	
1.65	

图 3.4　增大长径比的串联 EFP

成过程中形成一个抽出式气动稳定的 **EFP**。铁罩形成了尾裙，整个钽罩用来形成弹芯。形成 **EFP** 的长度比相同整体罩所获得的要长 27%。美国正在尝试将该项技术应用于一些正在研制的项目，如 **WAW**、**SADARM**、**STAFF**、**SFW**（如图 3.5 所示）以及灵巧迫击炮弹等。

图 3.5　特克斯特朗防御公司研发的 SFW

　　爆炸反应装甲对于传统聚能装药战斗部具有很大威胁，而采用双层药型罩可以有效对付爆炸反应装甲，提高装甲后效应。英国 **Insys** 公司的"反应装甲侵彻与非爆炸"（**PANDORA**）战斗部，其药型罩顶部一半是聚四氟乙烯，另一半是铜，起爆时产生两股射流。聚四氟乙烯射流率先攻击爆炸反应装甲，穿出一个孔，但不会引爆装甲；铜射流穿过爆炸反应装甲，攻击后面的主装甲。如图 3.6 所示，聚四氟乙烯射流已经击穿爆炸反应装甲，图的左边可见正在延伸的铜射流。

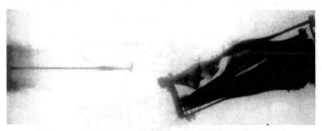

图 3.6　PANDORA 战斗部正在破坏爆炸反应装甲

国内对双层药型罩的研究起步较早，在 20 世纪 80 年代初，王秀兰和刘天生等学者就对铜铝双层药型罩进行了试验研究，结果表明，与单铜药型罩相比，双层药型罩的铜所用的质量少，而破甲威力可以提高 20% 以上。

周俊祥、孟宪昌针对药型罩带夹层燃烧剂的背景研究了三层药型罩的压垮过程，使用偏微分方程组与准定常不可压缩流体理论相结合的方法建立了三层药型罩的压垮分析模型，并得出了三层药型罩的压垮过程与单层药型罩相同，单层药型罩射流成型理论适用于三层药型罩的结论。

姜增荣等学者对双层药型罩的水下作用过程进行了数值模拟，发现分离后的前级 EFP 在水中侵彻并形成空腔，后级 EFP 在空腔中低阻随进，从而大大提高随进 EFP 穿过水层后的目标毁伤威力。这与串联成型装药相比大大地降低了设计难度，同时也降低了对炸高的要求。

沈慧铭针对变壁厚药型罩和双层药型罩的结构优点，根据能量利用的观点提出了一种新型变壁厚双层药型罩，采用正交试验对药型罩的结构参数进行优化，使变壁厚双层药型罩形成的毁伤元的性能要优于由变壁厚药型罩或双层药型罩形成的毁伤元的性能，显著提高了射流头部速度以及铜的利用率。

龙源针对起爆方式对双层药型罩 EFP 成型特征参数的影响研究了起爆点数目对双层药型罩 EFP 战斗部成型及侵彻特性的影响规律。结果表明：当起爆点数目为 4 ~ 8 时，双层药型罩 EFP 战斗部可起爆形成具有良好的带尾翼大长径比聚能毁伤元；当起爆点数目为 6 时，双层药型罩 EFP 战斗部形成毁伤元的最大侵彻深度达到 1.07 倍装药口径，较端面单点中心起爆方式获得毁伤元侵彻钢靶的最大深度提高了 32%。

郑灿杰针对大炸高下双层药型罩形成 JPC 的断裂情况，设计了球缺形药型罩装药结构，对比单层药型罩与双层药型罩形成射流断裂情况。利用静破甲试验及闪光 X 光照相技术记录了两种罩结构的射流断裂情况。结果表明：在大炸高条件下，采用铜/铝双层球缺形药型罩形成的复合 JPC 断裂情况更均匀、稳定且头部射流粒子间速度梯度明显变小；相同装药条件下，铜/铝双层球缺形药型罩形成射流的侵彻能力相比单层纯铜球缺形药型罩形成的射流提高 11.2%。

|3.2　双层药型罩射流形成的理论模型|

双层药型罩射流形成的理论研究是基于单层药型罩的研究之上的，其核心问题是研究爆轰产物作用后的内、外罩的压垮和在压垮点处汇聚成射流的机理，涉及内、外罩的声阻抗匹配，尺寸和起爆过程对应力波传递的影响。

3.2.1　双层药型罩射流形成的物理过程

在双层药型罩的压垮阶段，爆炸后爆轰产物在高温高压的驱动下沿炸药的表面法线向外飞散，则药型罩附近的有效装药会将自身的爆炸能传递给双层药型罩微元，这种传递是以爆轰波扫过药型罩的形式来完成的。在经过一个有限时间后，微元获得了极限压垮速度和压垮角，然后向轴线汇聚，这种汇聚运动又称为压垮运动。爆轰波扫过双层药型罩后，将产生相当大的压力，数量级为100 万个大气压，远远超过已知药型罩材料的屈服强度。在压垮过程中，当两层罩的厚度比相差不大时，双层药型罩微元的厚度方向速度差可以忽略。学者研究发现，微元并非瞬间加速到极限压垮速度和极限偏转角，而是遵循指数形式。

综上作出如下假设：

（1）在爆轰波作用下，药型罩材料强度可以忽略，把双层药型罩作为非黏性不可压缩流体来处理。

（2）在压垮过程中，忽略药型罩厚度方向速度差，两层罩之间无相对运动，把内、外罩微元当作一个微元考虑，将 PER 理论拓展应用于双层药型罩的压垮分析。

（3）微元在有限时间内以指数形式加速到极限压垮速度，其偏转角也以指数形式变化到极限压垮角。

双层药型罩微元的压垮过程如图 3.7 所示。

3.2.2　极限压垮速度的求取

为了计算爆轰波与金属接触时赋予后者的速度，Gurney 等学者研究了相邻炸药爆轰引起的破片运动。这种近似分析假定爆轰前炸药装药的势能直接转化为爆轰后的金属动能和爆轰产物的膨胀，并且假定气体速度是线性分布的，使最终动能只能分布在被驱动的金属和气体爆轰产物之间，还假定气体爆轰产物

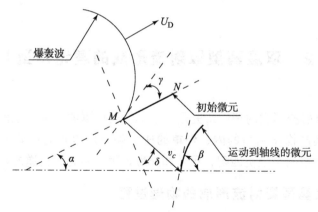

图 3.7　双层药型罩微元的压垮过程

是均匀膨胀的并具有恒定的密度。Gurney 方法是以能量和动量守恒为基础的，对药型罩极限压垮速度 v_0 的预测比较准确，学者采用这种方法对药型罩的速度进行了计算，计算结果与试验结果有很好的一致性。本书建立的理论模型即使用 Gurney 公式计算药型罩微元的极限压垮速度。

　　瞬时爆轰假设不考虑起爆位置。考察图 3.8 中的微元 N，在爆轰产物作用下，可认为 N 同时受到来自两部分炸药爆轰产物的作用，即 v_0^N 是由图 3.8 中 y 方向的炸药 C_c^N 和 x 方向的炸药 C_p^N 贡献而成。

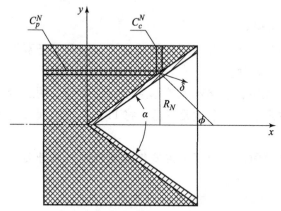

图 3.8　炸药对微元的作用

药型罩微元的运动速度 v_0^N 可以表示成

$$v_0^N = f(\phi)v_p^N + g(\phi)v_c^N \tag{3.1}$$

式中，v_p^N 为 C_p 爆炸驱动微元 N 的速度分量，v_c^N 为 C_p 内聚压垮微元 N 的速度分量。

　　$f(\phi)$、$g(\phi)$ 为药型罩上微元 N 的法线与 x 轴之间的夹角 ϕ 的函数，对于整个药型罩，应该有：

$$f(\phi) + g(\phi) = 1 \tag{3.2}$$

一般取分配函数为

$$\begin{cases} f(\phi) = 1 - \sin\phi \\ g(\phi) = \sin\phi \end{cases} \tag{3.3}$$

v_p^N 的计算采用 Gurney 公式：

$$v_p^N = \sqrt{2E}\left\{ \frac{1}{3}\left[\left(\frac{2m^N}{C_p^N} \right)^2 + \frac{5m^N}{C_p^N} + 1 \right] \right\}^{-\frac{1}{2}} \tag{3.4}$$

式中，m^N 为微元 N 的质量；C_p^N 为微元相对应的平板加速公式的炸药质量，它被定义为微元 N 所对应的沿 x 方向的柱状炸药；$\sqrt{2E}$ 为炸药的 Gurney 常数。

$$m^N = \frac{2\pi R_N \varepsilon \rho_c \mathrm{d}x}{\cos\dfrac{\alpha}{2}} \tag{3.5}$$

式中，α 为双层药型罩锥角；R_N 为微元 N 对应的径向尺寸；ε 为双层药型罩总壁厚；ρ_c 为双层药型罩的当量密度，根据几何关系可以得到：

$$\rho_c = \left[\rho_1 \left(R_N + \frac{1}{2}\varepsilon\cos\frac{\alpha}{2} \right)\eta_\varepsilon + \rho_2 \left(R_N - \frac{\eta_\varepsilon}{2}\varepsilon\cos\frac{\alpha}{2} \right) \right] \Big/ \left[R_N(\eta_\varepsilon + 1) \right] \tag{3.6}$$

式中，ρ_1 代表外罩密度，ρ_2 代表内罩密度。

速度 v_c^N 的计算采用 Chanteret 推出的炸药驱动圆筒向内运动的计算公式：

$$v_c^N = \sqrt{2E}\left[\left(\frac{R_e^2 - R_i^2}{R_x^2 - R_i^2} \right)\frac{m^N}{C_c^N} + \frac{1}{6} \right]^{-\frac{1}{2}} \tag{3.7}$$

式中，R_e^N、R_i^N 分别是微元 N 上炸药的内半径和外半径；C_c^N 是圆筒压垮公式所对应的炸药质量；R_x^A 是炸药内的刚性面（即炸药爆轰产物速度为零界面）的半径，它满足下式：

$$R_x^{A3} + 3R_x^A\left[(R_e^A + R_i^A)\frac{\rho_0}{\rho_{CJ}}\left(\frac{M^A}{C_c^A}R_e^A + \frac{M_t^A}{C_c^A}R_i^A \right) + R_i^A R_e^A \right] -$$
$$3(R_i^A + R_e^A)R_i^A R_e^A\left[\frac{2}{3} + \frac{\rho_0}{\rho_{CJ}}\left(\frac{M^A}{C_c^A} + \frac{M_t^A}{C_c^A} \right) \right] = 0 \tag{3.8}$$

式中，M_t^A 为微元对应外壳质量；ρ_0 为炸药初始密度；ρ_{CJ} 为炸药 C – J 密度，$\rho_{CJ} = \dfrac{k+1}{k}\rho_0$，$k \approx 3$。

3.2.3　双层药型罩压垮过程的模型建立

如图 3.7 所示，记爆轰波速为 U_D，M 点为爆轰波轮廓线与双层药型罩初始微元轮廓线的交点，γ 为 M 点处爆轰波切线与双层药型罩切线的夹角。双层药型罩微元的速度方向与内表面法线夹角为 δ（偏转角）。极限压垮速度为 v_0，压垮速度为 v_c，MN 微元对应的半锥角为 α，压垮角为 β。外罩和内罩材料的密度记为 ρ_1 和 ρ_2，双层之间的密度记为 ρ_{12}，外层微元与内层微元的厚度比记为 η_s，双层药型罩微元的总厚度记为 ε。选取坐标系时，以罩顶为坐标原点。

设爆轰波扫过药型罩的速度为 $U(x)$，

$$U(x) = U_D / \cos(\gamma(x)) \qquad (3.9)$$

式中，U_D 为爆轰波速，γ 为爆轰波切线与双层药型罩切线的夹角。

偏转角与压垮速度和爆速的关系满足泰勒抛射角公式的非定常情况[1]：

$$\delta_0(x) = \frac{v_0(x)}{2U(x)} - \frac{1}{2}\tau(x)v_0'(x) + \frac{1}{4}\tau'(x)v_0(x) \qquad (3.10)$$

式中，$\tau(x)$ 为压垮时间常数，$\tau(x) = \dfrac{A_1 m_0 v_0(x) + A_2}{P_{CJ}}$，$m_0$ 为药型罩单位面积初始质量，P_{CJ} 为炸药 C–J 压力，A_1、A_2 为经验常数。

微元在压垮过程中的速度为

$$v(x,t) = v_0(x)\left[1 - \exp\left(-\frac{t - T(x)}{\tau(x)}\right)\right] \qquad (3.11)$$

微元在压垮过程中的偏转角为

$$\delta(x,t) = \delta_0(x)\left[1 - \exp\left(-\frac{t - T(x)}{\tau(x)}\right)\right] \qquad (3.12)$$

式中，$T(x) = \sqrt{(x - X_{\text{det}})^2 + (R(x) - Y_{\text{det}})^2}/U_D$。

微元任意时刻的位置为

$$\begin{cases} z(x,t) = x + l(x,t)\sin[\alpha + \delta(x,t)] \\ r(x,t) = R(x) - l(x,t)\cos[\alpha + \delta(x,t)] \end{cases} \qquad (3.13)$$

式中，z 为轴向坐标，r 为径向坐标，l 为微元的运动轨迹。

$$l(x,t) = \int_{T(x)}^{t_c(x)} v(x,t)\cos(\alpha - \delta(x,t))\,dt \qquad (3.14)$$

为了计算压垮角 β，需要压垮外形的斜率，可由下式估算：

$$\tan\beta(x) = \frac{\partial r}{\partial z}\bigg|_{t=t_c(x)} = \frac{\partial r}{\partial x}\frac{\partial x}{\partial z}\bigg|_{t=t_c(x)} \qquad (3.15)$$

也可用试验得到的经验公式来计算：

$$\beta = e^{-0.1\alpha(\lambda - 0.228)^2 + 0.029\alpha + 4.490(\lambda - 0.16)^2 + 2.83} \qquad (3.16)$$

式中，λ 为初始位置的函数。

当 $r(x, t)$ 等于零时，微元在轴线上闭合，此时时间为 $t_c(x)$，由下式解得：

$$\int_{t(x)}^{t.(x)} v(x,t)\cos(\alpha - \delta(x,t))\,\mathrm{d}t = R(x)/\cos[\alpha + \delta(x,t)] \qquad (3.17)$$

以上公式构成了一个封闭的方程组，将初始条件代入即可求得微元 N 的极限运动速度 v_0^N 以及极限飞散角 δ_0^N。通过以上方程组可以解析双层药型罩压垮后运动到轴线前的运动状态。

3.2.4　双层药型罩在轴线上的汇聚

双层药型罩微元在被爆轰波作用压垮并运动到轴线前，被当作一个整体微元来考虑，当其运动到轴线后，为了获得射流头部速度的大小、射流和杵体的材料组成以及半径等参数，要对两层金属流的具体流动过程进行研究。

3.2.4.1　汇聚过程的分析模型

不失一般性，对多层药型罩进行研究。罩壁被压垮后，以相对压垮速度 U 在轴线闭合，在闭合点分成两股流层，一股为射流，另一股为杵体，各自向相反方向流去。如图 3.9 所示，令层数为 M，则 M 层中最多只可能有一层金属既流入杵体，又流入射流，设第 K 层（$1 < K < N$）被分为射流和杵体，射流的半径为 A_{KJ}，杵体的半径为 A_{KS}。令第 i 层的初始厚度为 A_i，密度为 ρ_i，起始位置距离轴线的高度为 H_i。压垮到轴线以后，厚度为 A_i'，半径为 R_i。而最终形成的射流半径为 R_1，杵体半径为 R_N。

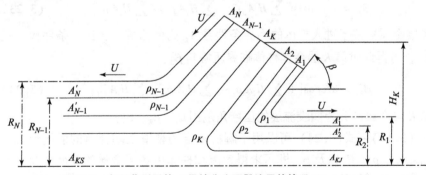

图 3.9　多层药型罩第 K 层被分为两股流层的情况（$1 < K < N$）

多层罩壁的压垮角 β 和相对压垮速度 U 随着时间和初始位置变化，但闭合过程相对于压垮后闭合前的运动是比较短暂的，可认为在多层罩壁碰撞到轴线之前，每个区域单元在适当的坐标系下，压垮角和相对压垮速度是不变的。多层罩被爆轰波作用时，可以忽略罩壁在厚度方向的速度变化，因此假设在以闭合点为原点的动坐标下，所有层的压垮角都为 β，流入速度都为 U。爆轰波压力远大于金属罩的强度，假设材料为不可压缩无黏性流。

在远离碰撞点处，压力 p 相对很小，可以忽略，根据 Bernoulli 原理可得：对于流出的金属流层，流出速度也为 U。

对第 i 层（$i \neq K$），利用质量守恒定律：

$$2\pi H_i A_i \rho_i U = \pi(R_i^2 - R_{i-1}^2)\rho_i U \tag{3.18}$$

对第 K 层，利用质量守恒定律：

$$2\pi H_K A_K \rho_K U = \pi(A_{KS}^2 + A_{KJ}^2)\rho_K U \tag{3.19}$$

在轴线方向上利用动量守恒定律：

$$-\cos\beta\sum_{i=1}^{M}2\pi H_i A_i \rho_i U^2 = -\sum_{i=K+1}^{M}2\pi H_i A_i \rho_i U^2 + \sum_{i=1}^{K-1}2\pi H_i A_i \rho_i U^2 - \pi A_{KS}^2 \rho_K U^2 + \pi A_{KJ}^2 \rho_K U^2 \tag{3.20}$$

可推导出：

$$A_{KJ} = \left[H_K A_K - \rho_K^{-1}\left(\cos\beta\sum_{i=1}^{M}H_i A_i \rho_i + \sum_{i=1}^{K-1}H_i A_i \rho_i - \sum_{i=K+1}^{M}H_i A_i \rho_i\right)\right]^{\frac{1}{2}} \tag{3.21}$$

$$A_{KS} = \left[H_K A_K + \rho_K^{-1}\left(\cos\beta\sum_{i=1}^{M}H_i A_i \rho_i + \sum_{i=1}^{K-1}H_i A_i \rho_i - \sum_{i=K+1}^{M}H_i A_i \rho_i\right)\right]^{\frac{1}{2}} \tag{3.22}$$

从式（3.21）和式（3.22）可以看出，在材料和厚度固定的情况下，A_{KJ} 和 A_{KS} 的大小随着压垮角 β 变化，β 决定着某一层金属能否成为射流或者杆体。第 K 层金属恰好不进入射流的临界条件是 A_{KJ} 的值为零，将这一条件代入式（3.21），可得第 K 层金属射流临界压垮角 β_K^J：

$$\beta_K^J = \arccos\left[\left(\sum_{i=K}^{M}H_i A_i \rho_i - \sum_{i=1}^{K-1}H_i A_i \rho_i\right)\bigg/\sum_{i=1}^{M}H_i A_i \rho_i\right] \tag{3.23}$$

而第 K 层金属恰好不进入杆体的临界条件是 A_{KS} 的值为零，将这一条件代入式（3.22），可得此时第 K 层金属杆体临界压垮角 β_K^S：

$$\beta_K^S = \arccos\left[\left(\sum_{i=K+1}^{M}H_i A_i \rho_i - \sum_{i=1}^{K}H_i A_i \rho_i\right)\bigg/\sum_{i=1}^{M}H_i A_i \rho_i\right] \tag{3.24}$$

因此第 K 层金属被分为两股流层的压垮角范围是 (β_K^J, β_K^S)。

式（3.18）～式（3.24）可以用于解析多层药型罩在闭合点的射流形成过程。已知 A_i、ρ_i、H_i 以及 β，即可求得射流和杆体中各层金属的厚度以及射流和杆体的半径，还可以得出任一层金属可能被分为两股流层的压垮角范围。

当 $N = 2$ 时，为本书研究的双层药型罩情况，此时射流层和杆体层的厚度可由下式表示：

$$\begin{cases} A_{2J} = \left[H_2 A_2 - \rho_2^{-1}\left(\cos\beta\sum_{i=1}^{2}H_i A_i \rho_i + H_1 A_1 \rho_1\right)\right]^{\frac{1}{2}} \\ A_{1S} = \left[H_1 A_1 + \rho_1^{-1}\left(\cos\beta\sum_{i=1}^{2}H_i A_i \rho_i + H_1 A_1 \rho_1\right)\right]^{\frac{1}{2}} \end{cases} \tag{3.25}$$

以上公式构成了封闭的方程组，将已知参数进行解算即可得到双层小锥角药型罩射流形成的参数。

当 $N=1$ 时，公式可以描述单金属药型罩的射流和杆体的分布，此时式（3.21）和式（3.22）可化为

$$\begin{cases} A_{\mathrm{J}} = \left[H\delta(1-\cos\beta) \right]^{\frac{1}{2}} \\ A_{\mathrm{S}} = \left[H\delta(1+\cos\beta) \right]^{\frac{1}{2}} \end{cases} \tag{3.26}$$

令药型罩质量为 m_{z}，射流质量为 m_{j}，杆体质量为 m_{s}，则有：

$$\begin{cases} m_{\mathrm{z}} = 2\pi\delta_{\mathrm{z}} H\rho U \\ m_{\mathrm{j}} = \pi\delta_{\mathrm{j}}^2 \rho U \\ m_{\mathrm{s}} = \pi\delta_{\mathrm{s}}^2 \rho U \end{cases} \tag{3.27}$$

由式（3.26）和式（3.27）可得：

$$\begin{cases} m_{\mathrm{j}} = \dfrac{1}{2} m(1-\cos\beta) \\ m_{\mathrm{s}} = \dfrac{1}{2} m(1+\cos\beta) \end{cases} \tag{3.28}$$

这个结论与经典的单金属药型罩定常不可压缩流体理论是一致的。

3.2.4.2　双层药型罩在轴线汇聚后的参量

在药型罩头部区域，由于微元加速时间有限，其速度不能达到最终的压垮速度。在罩顶区域，微元近乎垂直地闭合到装药轴线上，它后面跟随的微元速度大于这个速度，这样射流微元之间就发生碰撞，质量堆积起来形成了射流的头部。

假设各微元经历完全塑性碰撞，各微元堆积起来形成头部，考虑每一个微元的碰撞，直到发现某一个微元速度小于头部速度的射流单元为止，该微元速度即射流头部速度，可表示为

$$v_{\mathrm{tip}} = \frac{\displaystyle\int_0^{x_{\mathrm{tip}}} v_{\mathrm{j}}(x)\rho_c(x)R(x)\,\mathrm{d}x}{\displaystyle\int_0^{x_{\mathrm{tip}}} \rho_c(x)R(x)\,\mathrm{d}x} \tag{3.29}$$

双层药型罩内层金属密度高，延展性好，形成射流的破甲能力强，设计时，应使内层金属尽可能形成射流，使外层金属尽可能形成杆体。对普通装甲来说，射流最有用的部分是前段（$v>3$ km/s），后段常常对侵彻深度没有贡献。定义有效质量 m_{eff} 表征速度大于 3 km/s 的内层金属射流质量：

$$m_{\text{eff}} = \int_0^{x_{3k}} m_e(x)\,\mathrm{d}x \qquad (3.30)$$

式中，x_{3k} 为射流速度为 3 km/s 的微元对应的横坐标；$m_e(x)$ 为初始位置在 x 处的微元形成的有效质量。

$$m_e(x) = m(x)\left[\rho_2/\rho_c\right]\left[\left(R_1^2 - A_1^2\right)/R_1^2\right] \qquad (3.31)$$

式中，$m(x)$ 为双层药型罩微元质量；R_1 为双层药型罩金属的射流半径，A_1 为射流中外层金属的半径，可由分析模型确定。

以上对双层小锥角药型罩的压垮过程和在轴线上的汇聚过程进行了完整的解析，式（3.1）~式（3.17）构成了双层药型罩的压垮分析模型，通过该方程组可以获得微元的极限压垮速度、极限飞散角、任意时刻的径向距离和轴向距离以及压垮角。式（3.18）~式（3.31）构成了双层药型罩在轴线上的汇聚分析模型。通过该方程组可以获得射流和杆体的成分和半径、射流的头部速度以及射流的有效质量。

|3.3　双层药型罩 EFP 形成的理论模型|

双层药型罩形成串联 EFP 的机理研究基于单层 EFP 的机理研究，其核心问题是双层药型罩与爆轰产物作用后的运动状态，以及内、外罩前后分离的机理。其涉及双层药型罩的变形过程，内、外罩的冲击阻抗影响，内、外罩结构参数的影响以及起爆过程对冲击波传递的影响。研究和掌握双层药型罩形成串联 EFP 的机理后，可以探讨和建立双层药型罩形成串联 EFP 的理论模型，进而为串联 EFP 形成的工程实践提供理论依据。在过去的几十年中，各种成熟的商业软件已经在聚能装药战斗部设计中得到广泛应用，成为战斗部分析设计的有力工具。然而，正如诸多专家所指出的，单靠数值仿真是不能够满足要求的，需要分析模型或经验公式的原因有：可以清楚地了解炸药和金属的相互作用的本质；可以为一维设计编码提供理论基础；可以为初级设计提供方法。因此，双层药型罩形成串联 EFP 的机理研究以及一维模型的建立，对于实现大长径比的 EFP 和前后分离的双 EFP 具有重要的学术价值，其成果对于深侵彻战斗部以及反潜、反舰、反导和直升机具有重要的理论指导意义。

本节首先用数值仿真的方法研究双层药型罩串联 EFP 的成型过程，进而对双层药型罩串联 EFP 形成的影响因素进行分析，在此基础上找出了双层药型罩分离的原因，最终给出了双层罩形成串联 EFP 的分析模型。

3.3.1　双层药型罩 EFP 的成型过程

图 3.10 所示是通过仿真得到的同种罩材双层药型罩起爆后变形过程的几个典型状态。

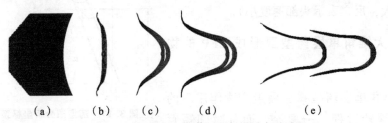

（a）　　（b）　（c）　　（d）　　　（e）

图 3.10　同种罩材双层药型罩起爆后变形过程

从图中可以看出，双层药型罩串联毁伤元形成的物理过程是：爆轰波扫过药型罩后，靠近轴线的微元（称为碰撞微元）因为具有足够的径向速度，可以运动到轴线上［图 3.10（b）］，此后在轴线发生碰撞并产生厚度方向（垂直于药型罩外表面法线方向）的速度差，内、外微元因速度差且相互之间没有牵连而首先产生分离［图 3.10（c）、图 3.10（d）］。

远离轴线的微元（称为翻转微元）没有足够的径向速度，无法运动到轴线，因此在开始阶段翻转微元的内、外层速度相同，无法分离。当碰撞微元在轴线上碰撞并分离后，内罩的碰撞微元和翻转微元之间会产生牵连作用，使翻转微元得到加速，并逐渐与外罩微元分离［图 3.10（e）］，在这个阶段，内、外罩之间会因为摩擦力而产生动量交换，但此时摩擦力很小且作用时间短暂，对两罩的速度影响不大。此后，内、外罩的翻转和变形过程和单 EFP 的成型过程是类似的。

除了厚度方向的速度差外，内、外罩材料冲击阻抗的不同以及微元在压垮过程中初始速度的变化都将对内、外罩的分离产生影响。下面将对这些因素进行分析，之后建立串联 EFP 速度的分析模型。

3.3.2　双层药型罩 EFP 形成理论分析

3.3.2.1　厚度方向速度差的影响

大锥角和球缺形的双层药型罩都可形成串联 EFP 毁伤元。而球缺罩可以看作变锥角的大锥罩，因此在理论分析时仅对大锥角双层药型罩进行分析，在建立模型时仅需将每个微元的锥角改为相应的函数形式即可得到球缺罩的分析模型。

如图 3.11 所示，微元径向速度用 v_y^i 表示，轴向速度用 v_x^i 表示，微元径向位置用 y_i 表示，微元轴向位置用 x_i 表示，微元厚度方向速度差的最大值用 ξ_{hd} 表示（ξ_{hd} 为正表示头部速度大，反之表示头部速度小）。

1. 大锥角单层药型罩形成 EFP 的物理图像

大锥角单层药型罩在爆轰产物作用下的压垮和翻转过程十分复杂，而且时间短暂

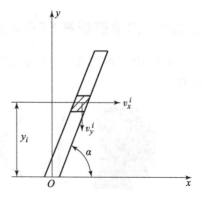

图 3.11　药型罩分析坐标系

（仅有几十微秒）。仅靠试验手段无法把握其全貌，本书借助形成过程数值仿真结果，在对物理图像进行分析和总结后，归纳出大锥角单层药型罩成型过程中厚度方向速度差的成因。

对大锥角单层药型罩中心点起爆形成 EFP 的过程进行数值计算。数值模型及测量点位置如图 3.12 所示。药型罩的半锥角 $\alpha = 75°$，壁厚为 3 mm。图 3.13 所示为大锥角单层药型罩前期形成 EFP 过程中几个典型的形状。

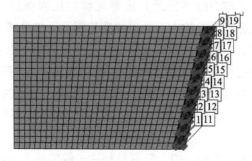

图 3.12　大锥角单层药型罩的数值模型及测量点位置

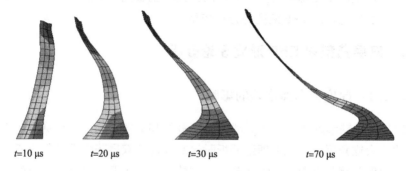

$t=10\ \mu s$　　　$t=20\ \mu s$　　　$t=30\ \mu s$　　　　$t=70\ \mu s$

图 3.13　大锥角单层药型罩（150°）的前期形成 EFP 过程

　　从仿真结果可以看出：罩顶部分压垮到轴线上，在厚度方向产生了很大的压缩变形；药型罩的中间部分没有压垮到轴线上，但产生了一定的压缩变形；罩底部分则产生了拉伸变形，事实上这部分经常以崩落环的形式与药型罩脱离。压缩变形与拉伸变形的产生是由药型罩在厚度方向速度差 ξ_{hd} 造成的。

2. 厚度方向速度差 ξ_{hd} 与径向位置 y_i 的关系

　　对于图 3.12 所示的例子，从起爆开始 50 μs 内，不同径向位置的微元头、尾速度曲线如图 3.14 所示。图中，r_z 表示药型罩底端半径，虚线为头部速度曲线，实线为尾部速度曲线。

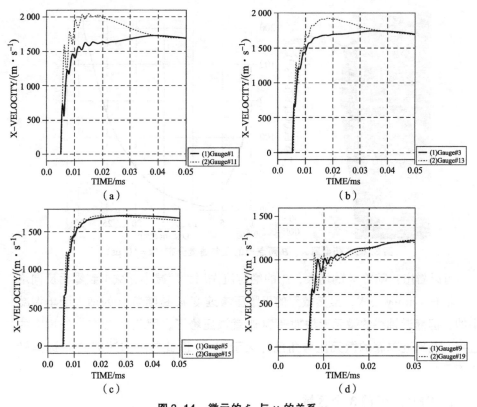

图 3.14　微元的 ξ_{hd} 与 y_i 的关系

（a）$y_i = 0$；（b）$y_i = 0.35 r_z$；（c）$y_i = 0.55 r_z$；（d）$y_i = 0.9 r_z$

从仿真结果可以看出：

（1）随着 y_i 的增大，微元的 ξ_{hd} 在减小，在减小到零后，会反向增大，即出现尾部速度大于头部速度的现象。

（2）当 y_i 大于一定值后，微元的 ξ_{hd} 数值很小，可以忽略。

（3）随着 y_i 的增大，微元出现 ξ_{hd} 的时间变化不大，说明每个微元的最大头、尾速度差几乎是同时出现的。

本书认为，微元厚度方向速度差 ξ_{hd} 的产生是由药型罩的径向压缩造成的，而径向压缩是由药型罩的径向速度 v_y^i 引起的。

3. 径向速度 v_y^i 与径向位置 y_i 的关系

爆轰波开始作用于药型罩一段时间后，爆轰波阵面越过了药型罩的尾部，经典的 PER 理论假设，此时药型罩大部分微元获得了压垮速度 v_0^i。数值仿真得到的 v_0^i 的径向分量 v_y^i 的分布如图 3.15 所示。

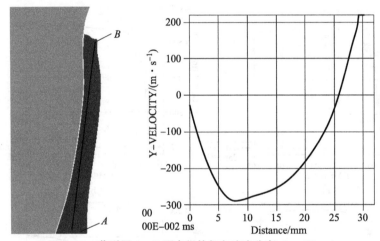

图 3.15　药型罩 A、B 两点间的径向速度分布（$t = 10$ μs）

可以看出：随着 y_i 的增大，v_y^i 的绝对值先增大后减小，减小到零后反向增大。根据 Gurney 公式，虽然微元的极限压垮速度 v_0^i 是随着 y_i 的增大而单调减小的，但靠近轴线的微元无法加速到 v_0^i 就被压垮了，因此 v_y^i 会有个先增大的过程。而靠近罩底的微元压垮角已经大于 90°，因此其径向速度 v_y^i 是远离轴线的。

4. EFP 变形的 3 个区域

对大锥角单层药型罩形成 EFP 现象进行仿真和试验研究，结果表明：大锥角单层药型罩在形成 EFP 时既有压垮过程，也有翻转过程。翻转过程是因为微元的径向速度不足以克服材料的动态屈服强度 σ_{yd}，无法压垮到轴线上。如图 3.16 所示，假设大锥角单层药型罩可以被分为 3 个区域：压垮区域 F_{YK}，压缩区域 F_{YS} 和拉伸区域 F_{LS}。

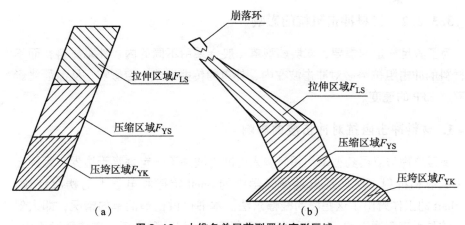

图 3.16 大锥角单层药型罩的变形区域

（a）药型罩变形前；（b）药型罩变形中

（1）当微元的径向速度 v_y^i 的绝对值大于临界值 v^* 时，足够克服材料的屈服强度 σ_{yd}，这些微元对应压垮区域 F_{YK}，F_{YK} 内的材料将被压垮到轴线上，此后的运动状态与小锥角药型罩射流压垮类似，而由此产生的轴向的速度差 ξ_{hd} 可由流体动力学理论对其进行解析。

（2）当 $v^* < v_y^i < 0$ 时，对应压缩区域 F_{YS}，此区域药型罩的运动过程比较复杂，材料屈服强度 σ_{yd} 不能被忽略，力学行为接近热塑性体。材料的径向速度除了克服 σ_{yd} 转变成塑性变形能和热能外，剩余部分转变为轴向的速度，这个区域的厚度方向速度差可以通过动量守恒和能量守恒获得。但从图 3.14（c）可以看出，这部分的厚度方向速度差并不大。

（3）当 $v_y^i > 0$ 时，对应拉伸区域 F_{YS}，此时厚度方向速度差 $\xi_{hd} < 0$，即微元头部速度小于尾部速度，此区域将发生拉伸变形，变得很细长。当材料的拉伸应力大于其屈服强度以后，会发生断裂，从而形成崩落环。对于双层药型罩来说，在拉伸区域，虽然开始阶段外罩微元的轴向速度大于内罩微元，但经过动量交换最终速度会相等，因此，仅从双层药型罩的最终速度来看，对这一区域可以不予考虑。

从上面的分析可以看出：爆轰波作用后药型罩变形过程当中，在压垮区域和压缩区域产生了厚度方向速度差 ξ_{hd}。此后，随着微元头部对尾部的牵连作用，ξ_{hd} 逐渐减小。假设厚度方向速度差 ξ_{hd} 出现后，在药型罩内、外轮廓之间产生一个与内轮廓或外轮廓平行的自由表面，即此时产生一个假想的内罩和外罩，则两罩将因厚度方向速度差 ξ_{hd} 而逐渐分离。本书认为，压垮区域和压缩区域产生的厚度方向速度差 ξ_{hd} 是导致双层药型罩前、后 EFP 分离的主要原因之一。

3.3.2.2　材料冲击阻抗的影响

为了满足一定的需要，双层药型罩一般会采用不同的内、外罩材料，而不同材料的冲击阻抗势必对冲击波在内、外罩的传播造成一定影响，从而最终影响双层 EFP 的速度。

1. 材料冲击阻抗对冲击波的影响

爆轰产物与双层药型罩作用时，入射冲击波并不一定垂直于边界，因此会发生反射和折射，这些现象遵循光学中的 Snell 定律和电学中的楞次定律，Rinehart 的工作给出了这些波的振幅求法。本书仅讨论最简单的情况，即入射冲击波是垂直于边界的。冲击波从一种介质传入另一种介质，在传播过程中，冲击波的压力和波速在不同的介质中会发生变化。本书研究的材料厚度不大，因此假设冲击波在材料中传播时没有衰减。

分析冲击波在不同介质中传播问题的原则与一维杆中弹性波的讨论类似，要求不同介质界面上要满足压力和速度均连续。但与线性弹性波不同的是：（1）当反射冲击波是进一步压缩加载的冲击波时，反射冲击波的终态点应落在以反射冲击波前方状态为初态点，即新的心点的 Hugoniot 冲击曲线上，而不是落在以入射冲击波的初态点为心点的 Hugoniot 冲击曲线上。（2）当反射波是膨胀卸载的稀疏波时，其卸载曲线由材料的等熵膨胀线确定。

定义冲击阻抗为初始密度和冲击波波速的乘积，可以近似用材料的初始密度和声速之乘积来表示。设外层材料冲击阻抗为 R_A，内层材料冲击阻抗为 R_B；外层材料初始密度为 ρ_1，声速为 C_1；内层材料初始密度为 ρ_2，声速为 C_2；外层与内层材料的冲击阻抗则为 $R_A = \rho_1 C_1$，$R_B = \rho_2 C_2$，$\alpha = \dfrac{R_A}{R_B}$。

先讨论冲击波从低阻抗材料入射到高阻抗材料的情况，如图 3.17 所示，即压力值为 p_1 的平面冲击波 D_0 从材料 A 中右行传播入射到材料 B 中（$R_A > R_B$）。设材料 A、B 原来都处于未扰动状态，对应于 $p-u$ 图中的 0 点，入射冲击波使材料 A 从 0 点沿 Hugoniot 冲击曲线运动到 1 点，入射冲击波到达两材料的界面时由于冲击波阻抗的不同将发生反射和透射。根据不同介质界面上满足压力 p 和质点速度 u 均连续的要求，可以推导出，反射波 D_R 使材料 A 从状态 1 进一步压缩加载到状态 2，而透射波 D_T 则使材料 B 从未扰动状态 0 压缩加载到状态 2 的冲击。而 2 点是材料 B 以 0 为心点的正向 Hugoniot 冲击曲线，与材料 A 以 1 为心点的负向 Hugoniot 冲击曲线的交点。显然，透射冲击波的强度高于入射冲击波。

再讨论冲击波从高阻抗材料入射到低阻抗材料的情况，如图 3.18 所示，p_1 的平面冲击波 D_0 从材料 A 中右行传播入射到材料 B 中（$R_A < R_B$）。A、B 对应于 $p-u$ 图中的 0 点，入射冲击波使材料 A 从 0 点沿 Hugoniot 冲击曲线运动到 1 点，当冲击波传播到分界面后，根据不同介质界面上满足压力 p 和质点速度 u 均连续的要求，可以得出：两材料的界面上将发生卸载反射。反射波 D_R 使材料 A 从状态 1 卸载到状态 2，而透射波 D_T 则使材料 B 从未扰动状态 0 加载到状态 2。根据前面的分析可知，材料 A 经由点 1 的负向等熵线与材料 B 的正向 Hugoniot 冲击曲线相交确定 2 点。

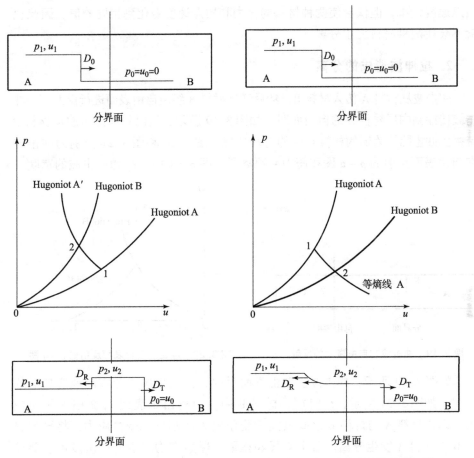

图 3.17 冲击波从低阻抗材料入射
到高阻抗材料的反射和透射

图 3.18 冲击波从高阻抗材料入射
到低阻抗材料的反射和透射

从理论分析可以看出：

（1）冲击波在不同材料中的传播，与弹性波的传播不同，如图 3.17 所示，当冲击波从低阻抗材料传播到高阻抗材料时，虽然应力升高，但质点速度下降。当反射波是膨胀卸载的稀疏波时，其状态由卸载等熵线确定，如图 3.18 所示，当冲击波从高阻抗材料传播到低阻抗材料时，虽然应力降低，但质点速度上升。

（2）对于弹性波，声阻抗是恒值，而对于冲击波的冲击阻抗，则随着压力而变化，大部分材料的冲击阻抗随着压力的增大而增大，甚至可能出现这种情况：某个临界压力之下，材料 A 的冲击阻抗大于材料 B，而当压力大于临界压力后，材料 A 的冲击阻抗会小于材料 B。

（3）两种材料的冲击声阻抗失配，会影响冲击波在两种材料中的压力和质点速度大小，但仅会使两种材料的压力和质点速度变化到相同的值，因此也就不会使两种材料发生分离。

2. 拉伸波造成的分离

冲击波从材料 A 传入材料 B，然后又从材料 B 经由自由表面进行反射。当冲击波传播到内层材料 B 的自由面时，如图 3.19 所示，可以看作冲击波从材料 B 传播到冲击阻抗为零的材料 C 中的特殊情况。图 3.20 和图 3.21 分别为冲击波在自由表面反射的 $p-u$ 图和压力－距离图。图 3.21 中，L_b 为冲击波的宽度。

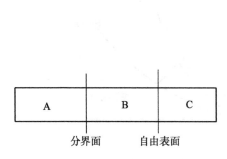

图 3.19 冲击波在自由表面的反射

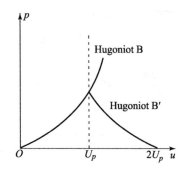

图 3.20 冲击波自由表面反射的 $p-u$ 图

如图 3.20 所示，冲击波在自由表面反射，会发生应力为零而速度加倍的情况。如图 3.21 所示，t_3 时刻，材料 B 中，距离自由表面 $L_b/2$ 出现了拉应力，因为材料 A 与材料 B 之间只能承受压应力而不能承受拉应力，将导致材料 B 与材料 A 发生分离。对于双层药型罩，爆轰产物产生的冲击波可以假设为三角形压力脉冲，其作用时间一般在 20 μs 以上，在这个作用时间内，虽然内罩瞬间会因为拉伸波的作用而短暂离开外罩，但此后爆轰产物会继续作用于外罩，因此外罩会很快追上内罩并发生新的冲击波的传播。正如 Nesterenko 等人描述的那样，冲击波的衰减不能看作头波单独与界面之间相互作用的结果，这种相互作用完全由事件的规模决定，即取决于层状材料中各层的相对厚度以

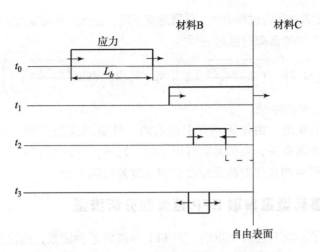

图 3.21　冲击波自由表面反射的压力 – 距离图

及它们与冲击波脉冲宽度的关系。实际上，直到爆轰波与药型罩作用的终了时刻，自由表面反射产生的卸载波才会对内罩和外罩的速度差产生细微的影响，但在整个作用过程当中，可以看作内、外罩是始终贴合在一起的。

3.3.2.3　初始速度在压垮过程中变化的影响

除了压垮区域和压缩区域形成的厚度方向速度差外，因为材料体积是不可压缩的，势必引起微元在闭合过程中的内表面速度高于外表面速度，本节研究体积不可压缩导致的厚度方向速度差。

设微元 i 在闭合的锥面上任一时刻，长度 dL_i 不变，内、外壁初始半径分别为 Y_{i0} 和 y_{i0}，在压垮过程中的半径分别为 Y_{i1} 和 y_{i1}，如图 3.22 所示。

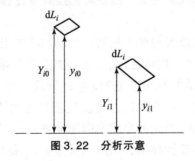

图 3.22　分析示意

由体积不变条件：

$$Y_{i0}^2 - y_{i0}^2 = Y_{i1}^2 - y_{i1}^2 \tag{3.32}$$

在微元的任一断面处均满足：

$$Y_i v_{Yi} = y_i v_{yi} \tag{3.33}$$

上式说明微元在闭合过程中内、外层速度不同，显然内层速度大于外层速度。根据一些几何关系即可推导出[77]：

$$v_0^n = v_0^i/2\left(\sqrt{1 + \frac{Y_{j0}^2 - y_{j0}^2}{r_j^2}} + 1\right), \quad v_0^w = v_0^i/2\left(\sqrt{1 - \frac{Y_{j0}^2 - y_{j0}^2}{r_j^2}} + 1\right) \quad (3.34)$$

式中，r_j 为射流初始半径。

从上式可以看出，由体积不变引起的内、外层速度差与微元初始位置的内、外壁径向距离有关，当微元取得很小时，$Y_{j0} \approx y_{j0}$，此时 $v_0^n \approx v_0^w$，因此初始速度在压垮过程中的变化对微元厚度方向速度差影响不大。

3.3.3　双层药型罩串联 EFP 速度的分析模型

上节分析了影响双层药型罩前、后 EFP 分离的各种因素，指出压垮区域和压缩区域形成的厚度方向速度差是导致分离 EFP 形成的主要原因。本节在前面工作的基础上，建立双层药型罩串联 EFP 速度的分析模型。

3.3.3.1　基本假设

双层药型罩形成串联 EFP 的过程当中，药型罩的物态变化非常复杂。在爆轰产物作用于药型罩的第一阶段，靠近轴线的压垮部分可以不考虑材料强度，作为理想流体进行处理，而压缩区域和拉伸区域的材料强度则不能忽略。当爆轰产物作用完毕，药型罩开始翻转时，材料温度下降，应变增大，动态强度逐渐变大，此时所有区域都不能当作流体处理，药型罩处于热塑性体阶段，而且双层药型罩之间因为冲击阻抗不同，还会发生复杂的应力波反射和透射过程，这些情况使双层药型罩形成串联 EFP 的过程异常复杂。

为了获得串联 EFP 的成型速度，需要简化其成型过程，结合之前小节的工作，作如下假设：

（1）双层药型罩在与爆轰波作用期间，材料的冲击阻抗不会导致内、外罩的分离，两层罩在与爆轰波作用时始终贴合在一起，当作单层罩来考虑。仅是双层药型罩压垮过程当中形成的厚度方向速度差 ξ_{hd} 导致了前、后 EFP 的分离。

（2）双层药型罩形成的厚度方向速度差 ξ_{hd} 主要是由压垮区域 F_{YK} 和压缩区域 F_{YS} 产生的，拉伸区域 F_{YS} 产生的厚度方向速度差 ξ_{hd} 忽略不计。

（3）药型罩材料为刚塑性模型，动态屈服强度 σ_{yd} 是定值。

3.3.3.2　初始速度、压垮角和偏转角

小锥角药型罩形成射流的理论分析已比较成熟。很多学者做了大量工作来研究大锥角单层药型罩在爆轰产物作用下的运动规律，在增加了一些辅助方程

以后，比较成功地将经典的 PER 理论移植到了大锥角药型罩和球缺形药型罩的压垮分析上。

根据假设，本节求取大锥角双层药型罩的微元初始速度 v_y^i 和压垮角 β_i 时，将双层药型罩当作单层药型罩考虑，并且将 PER 理论拓展应用到大锥角药型罩上。各微元的压垮速度 v_0^i 的求取依然使用 Gurney 公式，在 3.2.2 节已有详细叙述，而 β_i 和 δ_i 的求取方法也在 3.2.3 节给出。

3.3.3.3　压垮区域的确定

从上面的分析可以看出，3 个变形区域的确定取决于微元的径向速度 v_y^i 以及材料的动态屈服强度 σ_{yd}。而 v_y^i 是由微元的压垮速度 v_0^i 决定的，本书定义区分压垮区域与压缩区域的径向速度为临界压垮速度 v_{yk}^c。

根据前面的分析，当径向速度 v_y^i 太小时，微元无法克服材料的强度从而撞击到轴线上，此时材料强度不能忽略，临界状态时，碰撞速度 v_{zj} 应为 v_y^i 的两倍，即

$$v_{zj} = 2v_y^i \qquad (3.35)$$

而当动压稍大于 σ_{yd} 时，材料不能当作流体处理，根据对半无限厚靶板的侵彻研究发现，当冲击压力达到 10 倍 σ_{yd} 时，材料强度的影响已经降到了 10% 以下，此时材料可以当作流体处理，即

$$\frac{1}{2}\rho_z v_{zj}^2 > 10\sigma_{yd} \qquad (3.36)$$

式中，ρ_z 为药型罩材料的密度。

微元的径向速度 v_y^i 与 v_0^i 的关系为

$$v_y^i = v_0^i \sin\theta \qquad (3.37)$$

式中，θ 为微元的压垮速度与水平轴的夹角，如图 3.23 所示。

根据几何关系得：

$$\theta_i = \frac{\pi}{2} - \beta_i + \delta_i \qquad (3.38)$$

将式（3.37）和式（3.38）代入式（3.36）得：

$$\frac{1}{2}\rho_z v_0^{i2} \cos^2(\beta_i - \delta_i) > \sigma_{yd} \qquad (3.39)$$

由此定义临界压垮速度为

$$v_{yk}^c = \sqrt{\frac{2\sigma_{yd}}{\rho_z}}\cos(\beta_i - \delta_i) \qquad (3.40)$$

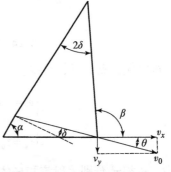

图 3.23　微元压垮后角度关系

当微元的压垮速度大于 v_{yk}^c 时，即压垮区域与压缩区域的分界点。

当内、外罩材料不同时，动态屈服强度 σ_{yd} 不同，则内、外罩对应的压垮区域和压缩区域也不同，材料的 σ_{yd} 越大，对应的压垮区域就越小。对于两种不同材料的组合，当 σ_{yd} 较大的材料作为外罩材料时，外罩形成的 EFP 速度较小，而当 σ_{yd} 较大的材料作为内罩材料时，内罩形成的 EFP 速度较大。

3.3.3.4 内、外罩动量

从前面的分析可知，压垮区域和压缩区域的内、外罩动量确定了内、外罩最终速度。

1. 压垮区域的内、外罩动量

对于压垮区域的任一微元，其压垮路径如图 3.24 所示，图中，S_1 和 S_2 分别为外罩和内罩的外轮廓面，S_G 为内、外罩分界面，S_{sj} 为杆体和射流的分界面，L_2 为 S_G 到 S_1 的距离（即压垮后的外罩厚度），L_3 为 S_{sj} 到 S_1 的距离。双层药型罩微元获得初始速度 v_0^i 后，沿压垮路径 L_1 运动到轴线上，此后发生压垮。

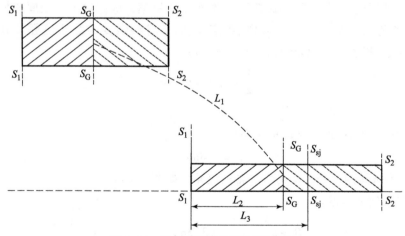

图 3.24 双层药型罩微元的压垮路径

根据流体动力学，可得：

$$
\begin{cases}
v_j^i = v_0^i \cos\left(\alpha + \delta_i - \dfrac{\beta_i}{2} \right) \Big/ \sin \dfrac{\beta_i}{2} \\[2ex]
v_s^i = v_0^i \sin\left(\alpha + \delta_i - \dfrac{\beta_i}{2} \right) \Big/ \cos \dfrac{\beta_i}{2}
\end{cases}
\tag{3.41}
$$

式中，v_j^i 和 v_s^i 分别为射流和杆体的速度。

在根据动量守恒原理，可得：

$$\begin{cases} m_{\mathrm{j}}^i = m_i \sin^2 \dfrac{\beta_i}{2} \\[3mm] m_{\mathrm{s}}^i = m_i \cos^2 \dfrac{\beta_i}{2} \end{cases} \tag{3.42}$$

式中，m_{j}^i 和 m_{s}^i 分别为射流和杵体的质量，m_i 为微元质量。

$$m_i = 2\pi\rho_c x_i (\varepsilon_{\mathrm{w}} + \varepsilon_{\mathrm{n}}) \, \mathrm{d}x / \sin\alpha \tag{3.43}$$

根据式（3.42）确定出 L_3 的大小，即可得到 S_{sj} 相对于 S_1 的位置。随着 x 的增大，微元压垮角 β_i 不断增大。开始时 $L_3 > L_2$；到了临界点 x_{sj} 时，$L_3 = L_2$，射流和杵体的分界面 S_{sj} 与内、外罩分界面 S_1 重合；此后 $L_3 < L_2$。

（1）当 $L_3 \geqslant L_2$ 时，外罩微元全为杵体，而内罩微元则部分为杵体，部分为射流。此时外罩微元的动量 I_{w}^i 为

$$I_{\mathrm{w}}^i = m_i \eta_{\mathrm{w}} v_{\mathrm{s}}^i / (1 + \eta_{\mathrm{w}}) \tag{3.44}$$

内罩微元的动量 I_{n}^i 为

$$I_{\mathrm{n}}^i = m_{\mathrm{j}}^i v_{\mathrm{j}}^i + \left[m_{\mathrm{s}}^i - m_i \eta_{\mathrm{w}} / (1 + \eta_{\mathrm{w}}) \right] v_{\mathrm{s}}^i \tag{3.45}$$

（2）当 $L_3 < L_2$ 时，外罩微元的一部分为杵体，其他为射流，而内罩微元全为射流。此时外罩微元的动量 I_{w}^i 为

$$I_{\mathrm{w}}^i = m_{\mathrm{s}}^i v_{\mathrm{s}}^i + \left[m_{\mathrm{j}}^i - m_i / (1 + \eta_{\mathrm{w}}) \right] v_{\mathrm{j}}^i \tag{3.46}$$

内罩微元的动量 I_{n}^i 为

$$I_{\mathrm{n}}^i = m_i v_{\mathrm{j}}^i / (1 + \eta_{\mathrm{w}}) \tag{3.47}$$

压垮区域的内、外罩总动量为

$$\begin{aligned} I_{\mathrm{w}}^{\mathrm{yk}} = & \int_{x_0}^{x_{\mathrm{sj}}} \frac{2\pi\rho_c x_i (\varepsilon_{\mathrm{w}} + \varepsilon_{\mathrm{n}}) \eta_{\mathrm{w}} v_{\mathrm{s}}^i}{(1 + \eta_{\mathrm{w}}) \sin\alpha} \mathrm{d}x + \\ & \int_{x_{\mathrm{sj}}}^{x_{\mathrm{yk}}} 2\pi\rho_c x_i (\varepsilon_{\mathrm{w}} + \varepsilon_{\mathrm{n}}) \left[\cos^2 \frac{\beta_i}{2} v_{\mathrm{s}}^i + \sin^2 \frac{\beta_i}{2} v_{\mathrm{j}}^i - m_i / (1 + \eta_{\mathrm{w}}) v_{\mathrm{j}}^i \right] \csc\alpha \, \mathrm{d}x \\ I_{\mathrm{n}}^{\mathrm{yk}} = & \int_{x_0}^{x_{\mathrm{sj}}} 2\pi\rho_c x_i (\varepsilon_{\mathrm{w}} + \varepsilon_{\mathrm{n}}) \left[\sin^2 \frac{\beta_i}{2} v_{\mathrm{j}}^i + \cos^2 \frac{\beta_i}{2} v_{\mathrm{s}}^i - 1 / (1 + \eta_{\mathrm{w}}) v_{\mathrm{s}}^i \right] \csc\alpha \, \mathrm{d}x + \\ & \int_{x_{\mathrm{sj}}}^{x_{\mathrm{yk}}} \frac{2\pi\rho_c x_i (\varepsilon_{\mathrm{w}} + \varepsilon_{\mathrm{n}}) v_{\mathrm{j}}^i}{(1 + \eta_{\mathrm{w}}) \sin\alpha} \mathrm{d}x \end{aligned} \tag{3.48}$$

式中，$I_{\mathrm{w}}^{\mathrm{yk}}$ 和 $I_{\mathrm{n}}^{\mathrm{yk}}$ 分别代表压垮区域内罩和外罩动量，x_{yk} 为压垮区域和压缩区域的分界点。

2. 压缩区域的内、外罩动量

根据假设，药型罩材料符合刚塑性模型，瞬间进入塑性状态，且屈服强度

恒定。对于刚塑性材料，材料中形成的冲击波不会引起额外的增熵，内能的增加全部等于塑性变形功。当药型罩微元的径向速度最终为零时，根据能量守恒原理：材料的径向速度动能，除了因克服材料屈服强度转化为材料的塑性变形能外（图 3.25 中的阴影部分），其余全部转化成为轴向的动能。

对于压缩区域内的任一微元 i，在以轴向速度 v_x^i 为牵连速度的动坐标系上，其压缩过程中，径向速度向轴向速度的转化如图 3.26 所示。

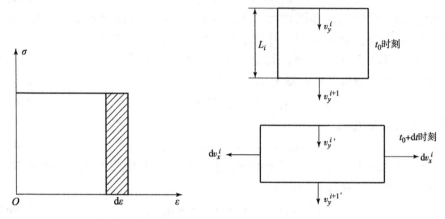

图 3.25 刚塑性材料的塑性变形能   图 3.26 压缩区域的微元径向速度变化

t_0 时刻，微元 i 获得了压垮速度 v_0^i，其上表面和下表面的径向速度分别为 v_y^{i+1} 和 v_y^i，在一个极短时间 dt 内，因速度差而产生了压缩，其应变为

$$d\varepsilon_i = \frac{\left(v_y^{i+1} + \frac{1}{2}\frac{\partial v_y^{i+1}}{\partial t}dt - v_y^i - \frac{1}{2}\frac{\partial v_y^i}{\partial t}dt \right)}{\Delta L_i}dt$$

因为是在极短的时间 dt 内，可以认为 $\frac{\partial v_y^{i+1}}{\partial t} = \frac{\partial v_y^i}{\partial t}$，因此可化为

$$d\varepsilon_i = \frac{(v_y^{i+1} - v_y^i)}{\Delta L_i}dt \tag{3.49}$$

式中，ΔL_i 为微元的初始母线长度。

$$v_y^{i+1} = v_y^i + \frac{\partial v_y}{\partial L}\Delta L \tag{3.50}$$

代入式（3.49）得

$$d\varepsilon_i = \frac{\partial v_y}{\partial L}dt \tag{3.51}$$

假设在压缩区域，微元的径向速度沿母线方向线性分布，则有

$$\frac{\partial v_y}{\partial L} = k_v \tag{3.52}$$

式中，k_v 为微元径向速度分布系数。

微元 i 产生的塑性变形能为

$$W_p^i = \int_{t_0}^{t_1^i} dW_p^i = \int_{t_0}^{t_1^i} \sigma_{yd} V_i d\varepsilon_i = \int_{t_0}^{t_1^i} \sigma_{yd} V_i k_v dt \tag{3.53}$$

式中，W_p^i 为塑性变形能，V_i 为微元体积，t_1^i 是微元 i 径向速度减为零的时刻。

$$t_i^i = \frac{v_y^i m_i dL}{\sigma_{yd} V_i} \tag{3.54}$$

根据能量守恒原理，有：

$$E_y^i = W_p^i + E_x^i \tag{3.55}$$

式中，E_y^i 为微元 i 变形前径向速度的动能，E_x^i 为微元 i 变形后的轴向速度动能。

$$E_y^i = \frac{1}{2} m_i v_y^{i2}, \qquad E_x^i = \frac{1}{2} m_i dv_x^{i2}$$

可推出：

$$dv_x^i = \sqrt{v_y^{i2} - \frac{2}{m_i} \int_{t_0}^{t_1^i} \sigma_{yd} V_i k_v dt} \tag{3.56}$$

为了简化问题，认为压缩后，外层微元轴向速度为 $v_{xw}^i = v_x^i - dv_x^i$，内层微元轴向速度为 $v_{xn}^i = v_x^i + dv_x^i$。

最终可以得到外罩和内罩在压缩区域的动量 I_w^{ys} 和 I_n^{ys}：

$$I_w^{ys} = \int_{x_{yk}}^{x_{ls}} \frac{2\pi\rho_c x_i (\varepsilon_w + \varepsilon_n) \eta_w v_{xw}^i}{(1 + \eta_w)} dx$$

$$I_n^{ys} = \int_{x_{yk}}^{x_{ls}} \frac{2\pi\rho_c x_i (\varepsilon_w + \varepsilon_n) v_{xn}^i}{(1 + \eta_w)} dx \tag{3.57}$$

式中，x_{ls} 为压缩区域和拉伸区域的分界点。

3.3.3.5　内、外罩最终速度

当双层药型罩在压垮区域出现了最大厚度方向速度差后，内、外罩即发生分离，此后两罩因为相互运动而产生相互摩擦，但此时摩擦力仅由重力和摩擦系数决定，内、外罩的动量分配的影响可以忽略。之后，两罩各自运动，顶部和尾部发生轴向的动量交换，最终各自形成稳定的 EFP，假设外罩和内罩在形成过程当中没有质量损失，则最终的速度可以通过动量守恒原理获得。

根据假设，忽略双层药型罩在拉伸区域产生的轴线速度差，此区域的外罩和内罩动量为

$$I_w^{ls} = \int_{x_{ys}}^{x_n} 2\pi\rho_w x_i \varepsilon_w v_x^i \csc\alpha dx, \quad I_n^{ls} = \int_{x_{ys}}^{x_n} 2\pi\rho_n x_i \varepsilon_n v_x^i \csc\alpha dx \tag{3.58}$$

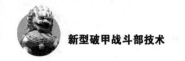

因此，外罩和内罩的 x 方向总动量为

$$\begin{cases} I_{\mathrm{w}} = I_{\mathrm{w}}^{\mathrm{yk}} + I_{\mathrm{w}}^{\mathrm{ys}} + I_{\mathrm{w}}^{\mathrm{ls}} \\ I_{\mathrm{n}} = I_{\mathrm{n}}^{\mathrm{yk}} + I_{\mathrm{n}}^{\mathrm{ys}} + I_{\mathrm{n}}^{\mathrm{ls}} \end{cases} \qquad (3.59)$$

外罩和内罩的总质量为

$$\begin{cases} m_{\mathrm{w}} = \int_{x_0}^{x_{\mathrm{n}}} 2\pi\rho_{\mathrm{w}}x_i\varepsilon_{\mathrm{w}}\csc\alpha\,\mathrm{d}x \\ m_{\mathrm{n}} = \int_{x_0}^{x_{\mathrm{n}}} 2\pi\rho_{\mathrm{n}}x_i\varepsilon_{\mathrm{n}}\csc\alpha\,\mathrm{d}x \end{cases} \qquad (3.60)$$

根据 x 方向的动量守恒，有：

$$v_x^{\mathrm{w}} = \frac{I_{\mathrm{w}}}{m_{\mathrm{w}}}, \quad v_x^{\mathrm{n}} = \frac{I_{\mathrm{n}}}{m_{\mathrm{n}}} \qquad (3.61)$$

式中，v_x^{w} 和 v_x^{n} 分别为外罩和内罩的最终速度。

为了定量研究双层药型罩的分离程度，定义无量纲量 η_v 表示内罩形成的 EFP 与外罩形成的 EFP 的最终速度比：

$$\eta_v = \frac{v_{\mathrm{n}}}{v_{\mathrm{w}}} \qquad (3.62)$$

式（3.35）~式（3.62）构成了解析双层药型罩串联 EFP 速度的封闭方程组。通过该方程组即可获得串联 EFP 的最终速度。以上的推导是基于大锥角双层药型罩的，球缺罩、锥弧结合罩和所有已知药型罩形状函数的双层药型罩都可以进行类似的推导，本书不再重复。

|3.4　双层药型罩 EFP 战斗部设计方法|

3.4.1　双层药型罩 EFP 形成的影响因素

本节对影响双层球缺形药型罩 EFP 形成的各种因素进行分析。大量研究表明，双层药型罩战斗部的装药、几何结构、材料选择以及起爆方式都极大地影响了 EFP 的性能。对于双层药型罩来说，除了上述因素以外，不同材料的冲击阻抗以及不同的动态屈服强度对于最终串联 EFP 的形成也有一定的影响。为便于讨论，本章将影响双层药型罩 EFP 形成的因素归纳为以下几类。

1. 药型罩的结构

为了达到不同的目的，药型罩的结构形状差别很大，根据学者对单 EFP 的研究结果，并考虑到双层药型罩的独特性，影响其毁伤元形成的主要结构因素包括总壁厚、厚度比、曲率、锥角、装药长度、装药直径等。本书以球缺形药型罩为研究对象，仅考虑总壁厚、厚度比、曲率这 3 个因素对 EFP 形成的影响。

2. 双层药型罩成型装药的起爆方式

众多学者研究了起爆方式对单层药型罩的影响，理论和试验都证明了这种影响的重要性。起爆方式改变了爆轰波与药型罩的接触关系，改变了药型罩变形的先后顺序，从而从根本上改变了药型罩的成型规律。

3. 药型罩材料

由理论模型可以看出，内、外罩材料的密度和动态屈服强度对最终形成 EFP 的速度和形状都有很大影响。而理论模型忽略了材料的阻抗效应，而且假设材料的动态屈服强度是不变的，而数值仿真是可以对这些因素的影响进行研究的。

串联 EFP 是一种新型毁伤元，本节借助传统 EFP 的研究思路，就以上因素对双层球缺形药型罩串联 EFP 的形成进行系统的分析讨论，以期为串联 EFP 的优化设计和作战使用提供参考和理论依据。

3.4.2　双层药型罩结构的影响

3.4.2.1　药型罩曲率半径的影响

从双层球缺形药型罩毁伤元形成机理分析可知，双层球缺形药型罩毁伤元的形成过程中，很重要的一个因素是压垮区域、压缩区域和拉伸区域的确定。一旦确定这个条件，即可分别使用成熟的射流形成理论和 EFP 翻转理论求出各微元的速度并最终得到内、外罩的整体速度，并可以得出战斗部最终的形状。而球缺形药型罩曲率半径的变化，会改变爆轰波对药型罩作用力的大小与方向，从而改变药型罩不同位置的压垮速度，而碰撞微元与翻转微元正是由压垮速度决定的，曲率半径是决定微元压垮速度的重要因素之一，对于双层药型罩串联 EFP 的形成至关重要。

图 3.27 所示为双层药型罩的结构，装药高度为 45 mm，装药口径为 60 mm，船尾结构圆柱部长度为 29 mm。内、外罩材料均为紫铜，其状态方程为 Shock 形式，屈服模型为 Steinberg – Guinan 形式。炸药材料为 8701，状态方程为 JWL 形式。

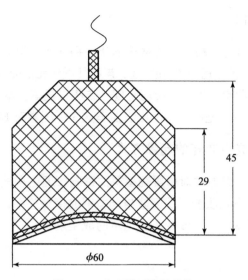

图 3.27　双层药型罩的结构

研究曲率半径的影响时，仅改变外罩外轮廓的曲率半径 R_z，取 $R_z = 30$，50，55，60，65，70，75，即 $R_z/D_y = 0.5$，0.8，0.9，1.0，1.1，1.2，1.3（D_y 为装药直径），进行一系列仿真，据此得到曲径比 R_z/D_y 对内、外罩速度，长径比的影响。仿真计算结果如图 3.28 和图 3.29 所示。

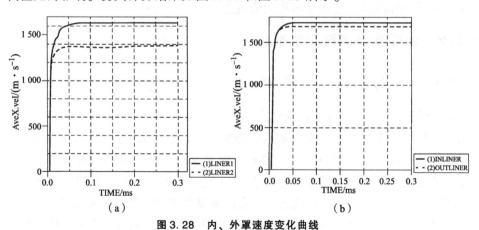

图 3.28　内、外罩速度变化曲线

（a）$R = 0.83D$；（b）$R = 1.25D$

从结果可以看出：随着 R 的增大，前、后 EFP 的速度都在增大。而外罩形成的 EFP 速度增幅较大，因此前、后 EFP 的速度差在减小。毁伤元形态由前、后串联的两个 EFP，逐渐过渡到首尾相连、增大长径比的单一 EFP 的形式。

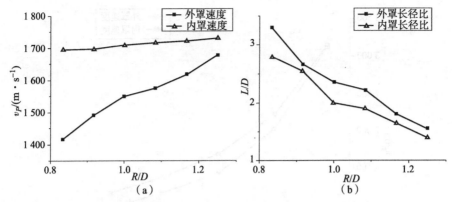

图 3.29　药型罩曲径比对侵彻体速度和长径比的影响

(a) 毁伤元速度与药型罩曲径比的关系；(b) 毁伤元长径比与药型罩曲径比的关系

从图 3.29 (a) 可以看出，当曲率半径较小时（$R = 0.83D$），内罩速度历程服从指数规律，而外罩速度先增大到极值，然后略微下降一些，造成这种现象的原因是曲率半径较小时，外罩形成的 EFP 与内罩形成的 EFP 发生了碰撞，当曲率半径增大时，碰撞现象消失，且内、外罩的速度差随着曲率半径的增加而减小。

从图 3.29 (b) 可以看出，随着曲率半径 R 的增大，内、外罩形成的战斗部长径比都在减小，形成的 EFP 空腔逐渐变大，重心逐渐前移，当 R/D 大于 1.1 时，战斗部形式为首尾相连的单一 EFP，此时战斗部的长径比介于 3 和 4.2 之间。在内、外罩厚度相同的前提下，如果希望形成前、后串联的两个战斗部，则 R/D 要小于 1.1，如果希望形成首尾相连的单一战斗部则 R/D 要大于 1.1。

3.4.2.2　药型罩壁厚的影响

药型罩壁厚对 EFP 的速度和侵彻能力的影响很大。在一定范围内，随着壁厚的增加，EFP 的长径比减小，侵彻能力下降。本节针对双层药型罩进行壁厚的影响研究，取厚度比 $\eta_\varepsilon = 1$，内、外罩材料都为紫铜。对曲率半径的研究发现当 $R_z/D_y = 0.9$ 时毁伤元的形状较好。研究总壁厚 ε_a 的影响时，取 $R_z/D_y = 0.9$，装药高度和装药直径等其他条件不变。图 3.30 所示为毁伤元速度和长径比与药型罩壁厚的关系曲线。

从仿真结果可以看出：随着总壁厚的增加，串联 EFP 的速度和长径比都在减小，而两个 EFP 的速度差在增大。当 $\varepsilon_a/D_y = 1.7\%$，即壁厚仅有 1 mm 时，可以认为两个 EFP 无法分开。造成这种现象的原因是：随着总壁厚的增加，每个微元的压垮速度 v_0^i 都在下降，因此最终形成的 EFP 速度减小。但微元的

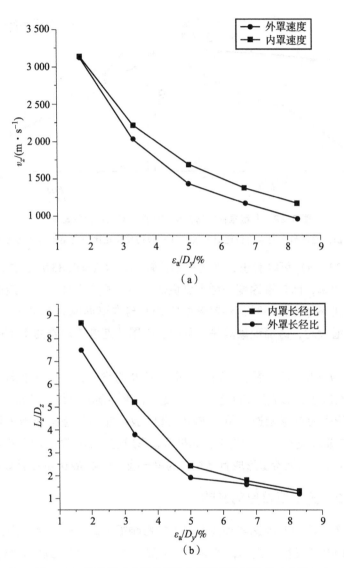

图 3.30 毁伤元速度和长径比与药型罩壁厚的关系曲线

（a）毁伤元速度与药型罩壁厚的关系曲线；（b）毁伤元长径比与药型罩壁厚的关系曲线

径向速度分量 v_y^i 大于压垮临界速度的部分有所增加，则进入压垮区域的部分增多了，最终导致两罩的轴向速度差增大。

3.4.2.3 药型罩厚度比的影响

对于双层药型罩来说，厚度比是一个非常关键的因素。对小锥角双层药型罩的研究表明，厚度比可以影响毁伤元最终的速度和射流杆体的成分。对钽铁双层球缺形药型罩的试验研究发现，改变两罩的厚度比可以改变弹丸之间的速度差，在保证总动能不变的前提下改变能量的传输比例。本节研究内、外罩材料相同，总壁厚相等的情况下，内、外罩厚度比对双层药型罩形成毁伤元的影响。毁伤元速度和长径比与药型罩厚度比的关系曲线如图 3.31 所示。

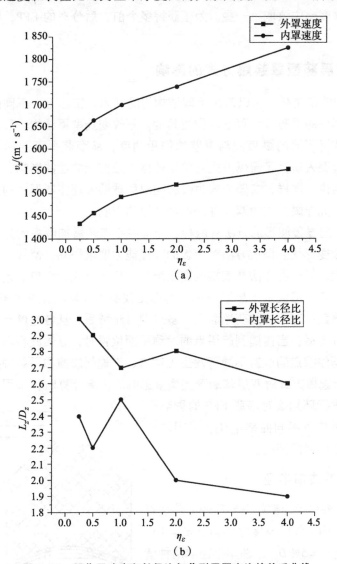

图 3.31　毁伤元速度和长径比与药型罩厚度比的关系曲线

（a）毁伤元速度与药型罩厚度比的关系曲线；（b）毁伤元长径比与药型罩厚度比的关系曲线

从仿真结果可以看出，随着厚度比的增大，双层药型罩形成的串联 EFP 的速度都在增大，且 EFP 之间的速度差也在增大。这与分析模型预测的趋势一

致。随着厚度比的增大，EFP 的长径比变化比较曲折，但总的趋势是不断减小的。造成这些曲折的原因是，部分算例的 EFP 发生了断裂，造成 EFP 的长径比急剧变化。

由上面的分析可知，为了获得增大长径比而前、后不分离的串联 EFP，双层药型罩的厚度比应该取小一些。为了获得多个前、后分离的 EFP，则厚度比要取大一些。

3.4.3 双层药型罩起爆方式的影响

药型罩的曲率变化，可以产生不同结构的侵彻体。实际上，不同曲率的药型罩对应着不同的爆轰波与罩壁的作用角度。不改变药型罩结构，只改变爆轰波，也可以获得不同的爆轰波与罩壁的作用角度，从而获得不同形状的毁伤元。众多学者深入研究了起爆方式对单层药型罩毁伤元的性能影响，得出了许多有意义的结论。同样，起爆方式也会影响双层球缺形药型罩形成的毁伤元类型，本节即研究起爆方式对双层球缺形药型罩的影响。

改变主装药爆轰波形的方法有两种：一是中心点起爆加隔板的方式，爆轰波通过隔板改变形状。但该方法对隔板的隔爆能力要求很高，使战斗部的破甲能力波动较大。另一种方法是直接改变主装药的起爆方式，由单点起爆改为装药端面起爆、环起爆或多点起爆方式。其中比较易于实现的是多点起爆方式。多点起爆的爆轰机理为：装药端面上，多点同时起爆后，从各起爆点产生的球形爆轰波向外传播，当传播到起爆点的对称平面位置时，爆轰波将两两发生相互作用，根据碰撞点的位置不同可发生正碰撞、正规斜碰撞和马赫碰撞。

本书进行起爆方式对双层球缺形药型罩影响的仿真计算时，采用二维轴对称算法。在进行环起爆对串联 EFP 的影响研究时，分别讨论了不同曲率半径、不同总厚度和不同厚度比时的情况。

1. 不同的曲率半径

仍以内、外层都为铜的双层球缺形药型罩为研究对象，内、外层厚度比相同（$\eta_\varepsilon = 1$），总壁厚相同（$\varepsilon_a = 5\% D_y$）。曲率半径取两种情况：$R_z/D_y = 0.9$，$R_z/D_y = 1.3$。在起爆位置的选择上，参考多模战斗部中的研究结论，设置起爆环的位置如图 3.32 所示。仿真计算结果如表 3.1 所示。

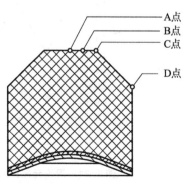

图 3.32 双层球缺形药型罩的起爆环位置

表 3.1 起爆位置对不同曲率双层球缺形药型罩的影响

起爆点	$R_z/D_y = 0.9$	$R_z/D_y = 1.3$
A 点	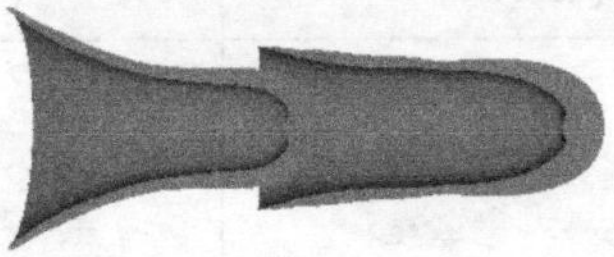	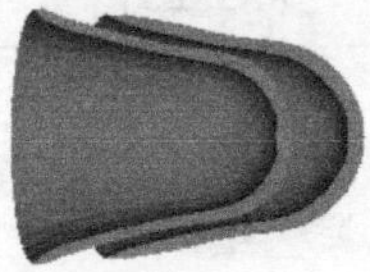
B 点	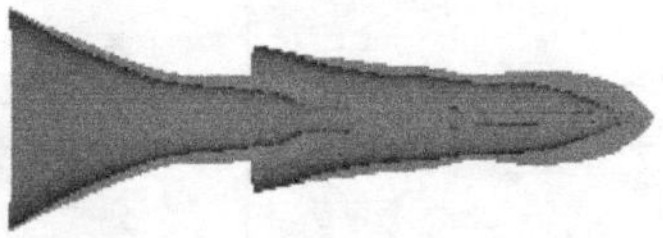	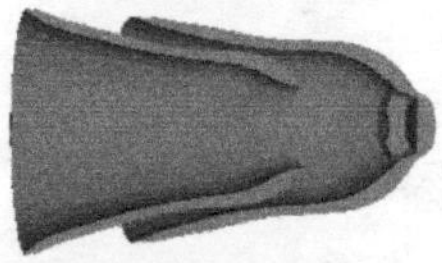
C 点	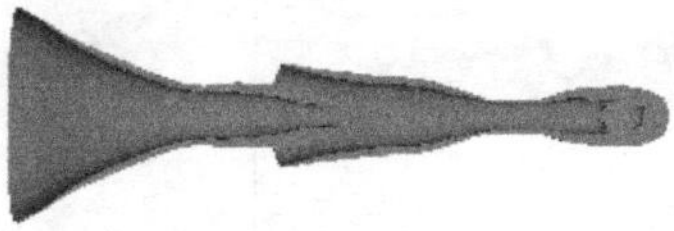	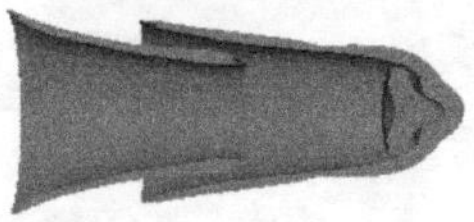
D 点		

从仿真计算结果可以看出：

（1）当起爆环半径增大时，形成毁伤元的长径比增大，速度增大，形态从 EFP 向 JPC 过渡。当起爆环位置在 C 点时，$R_z/D_y = 0.9$ 的内罩产生了严重的颈缩，实际上已经断裂。当起爆环位置在 D 点时，$R_z/D_y = 1.3$ 的内罩已经断裂成了 3 截。

（2）当不是中心点起爆时，外罩形成的毁伤元的头部都会发生断裂。这是因为多点同时起爆后，从各起爆点产生的球形爆轰波向外传播，当传播到起爆点的对称平面位置时，爆轰波将两两发生相互作用，之后在爆轰波内部形成超压区，而这个超压区将首先作用于药型罩的顶部，因此形成的毁伤元的头、尾速度差会很大，最终造成了毁伤元头部的断裂。

2. 不同的厚度

进行厚度比相同（$\eta_\varepsilon = 1$）、曲率相同（$R_z/D_y = 0.9$）、不同厚度的仿真计算。仿真计算结果如表 3.2 所示。

表3.2　起爆位置对不同厚度双层球缺形药型罩的影响

起爆点	$\varepsilon_{\mathrm{a}}/D_{y} = 5\%$ (R55E3)	$\varepsilon_{\mathrm{a}}/D_{y} = 6.7\%$ (R55E4)	$\varepsilon_{\mathrm{a}}/D_{y} = 8.3\%$ (R55E5)
A 点			
B 点			
C 点			
D 点			

从仿真结果可以看出，随着壁厚的增大，内罩形成的毁伤元断裂的趋势有所下降。当环起爆时，外罩形成的毁伤元会出现头部断裂的情况。随着起爆环半径的增大，形成毁伤元的长径比增大，速度增大，毁伤元形态由 EFP 向 JPC 过渡。

3. 不同的厚度比

从前面的仿真结果可以看出，厚度比相同时，外罩形成的毁伤元易出现头部断裂的情况，据分析这是由于外罩壁较薄，因此进行厚度比影响的仿真计算时，仅取 $\eta_{\varepsilon} > 1$ 的情况。仿真计算结果如表3.3所示。

表3.3　起爆位置对不同厚度比双层球缺形药型罩的影响

起爆点	$\eta_{\varepsilon} = 1$	$\eta_{\varepsilon} = 2$	$\eta_{\varepsilon} = 5$
A 点			

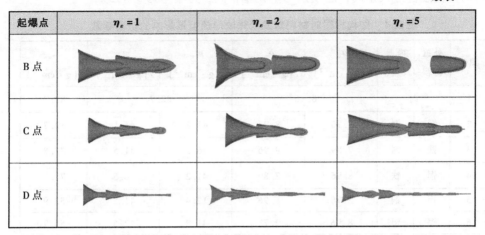

起爆点	$\eta_e = 1$	$\eta_e = 2$	$\eta_e = 5$
B 点			
C 点			
D 点			

从仿真结果可以看出，随着厚度比的增大，内罩形成的毁伤元断裂的趋势有所下降。但当不是中心点起爆的时候，外罩形成的毁伤元仍然有头部断裂的情况。

综合以上仿真结果，可以看出：

（1）当起爆环半径增大时，形成毁伤元的长径比增大，速度增大，形态从 EFP 向 JPC 过渡，但同时毁伤元发生断裂的趋势越来越明显。

（2）改变起爆环半径的同时，改变双层球缺形药型罩的其他结构参数，比如曲率半径、总厚度和厚度比，可以有效减小毁伤元断裂的趋势。

3.4.4　双层球缺形药型罩材料的影响

在上一节的理论模型中，假设不同材料的冲击阻抗对双层 EFP 形成的影响可以忽略，并假设材料服从刚塑性模型，动态屈服应力是恒值。但这些假设使理论模型无法准确研究材料对串联 EFP 形成的影响，因此本节采用数值模拟方法研究材料对双层球缺形药型罩的影响。

3.4.4.1　数值仿真参数

考察材料对双层球缺形药型罩的影响时，数值仿真对象的结构如图 3.32 所示。考察结构相同和质量相同两种情况。第一种情况，内、外罩壁厚都为 1.5 mm，曲率半径为 55 mm；第二种情况，双层罩总质量相同，壁厚相同，曲率半径也为 55 mm。对于第一种情况，设计 8 种仿真方案，如表 3.4 所示。其中方案 1 为单层药型罩，壁厚为 3 mm。表中 ρ_w、ρ_n、m_w 和 m_n 分别代表外罩和内罩的密度和质量，m_z 代表内、外罩总质量。对于第二种情况，同质量双层罩的材料组合方式相同，总质量与单铜罩相同，方案号为 9 ~ 15。

表 3.4　结构相同时材料对双层球缺形药型罩影响的仿真参数

编号	外罩材料	内罩材料	ρ_w /(g·cm^{-3})	ρ_n /(g·cm^{-3})	m_w /(g·cm^{-3})	m_n /(g·cm^{-3})	m_z /(g·cm^{-3})
1	铜		8.96		82.7		82.7
2	铜	铜	8.96	8.96	41.2	41.5	82.7
3	铁	铜	7.89	8.96	36.3	41.5	77.8
4	铜	铁	8.96	7.89	41.2	36.5	77.7
5	铝	铜	2.78	8.96	12.4	41.5	53.9
6	铜	铝	8.96	2.78	41.2	12.5	53.7
7	铁	钽	7.89	16.65	36.3	77.0	113.3
8	钽	铁	16.65	7.89	76.6	36.5	113.1

其中所有金属的状态方程均为 Mie – Gruneisen 形式。除铜外，所有金属的屈服模型取 Johnson – Cook 形式，铜的屈服模型为 SCG 形式。所有金属的状态方程和屈服模型参数均取自文献。

为了比较各种方案的侵彻能力，在进行了双层球缺形药型罩毁伤元形成的数值模拟之后，对半无限厚靶板进行侵彻仿真。靶板材料取为 45 钢，材料参数取自文献。

3.4.4.2　结构相同时材料的影响

通过数值仿真得到的毁伤元形状和侵彻半无限厚靶板的图像如表 3.5 所示。

表 3.5　结构相同时的毁伤元形状和侵彻半无限厚靶板的图像

编号	$t = 200$ μs 时毁伤元形状	侵彻图像
1		

编号	$t = 200\ \mu s$ 时毁伤元形状	侵彻图像
2		
3		
4		
5		
6		

续表

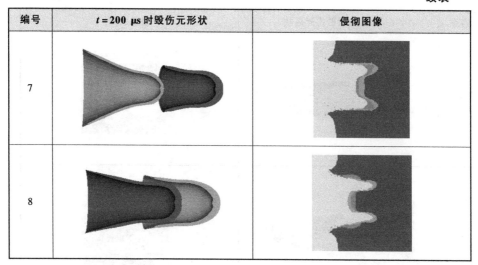

编号	$t=200~\mu s$ 时毁伤元形状	侵彻图像
7		
8		

结构相同时毁伤元的速度和长径比以及侵彻结果如表3.6所示。

表3.6　结构相同时毁伤元的速度和长径比以及侵彻结果

编号	$v_w/(\text{m} \cdot \text{s}^{-1})$	$v_n/(\text{m} \cdot \text{s}^{-1})$	k_w	k_n	p_{mat}/D_y	A_{mat}/D_y
1	1 586	#	2.4		0.52	0.87
2	1 492	1 698	2.7	2.6	0.55	0.68
3	1 558	1 778	3.5	2.8	0.57	0.70
4	1 565	1 767	2.7	2.1	0.57	0.72
5	1 829	2 307	破碎	4.5	0.68	0.68
6	2 116	2 381	4	破碎	0.62	0.67
7	1 096	1 316	2.3	1.8	0.47	0.60
8	1 184	1 299	2.4	1.6	0.43	0.72

从各方案对靶板的侵彻结果可以看出，在双层罩结构相同的情况下：

（1）从形态上来看，除了有铝合金参与的方案5和6外，其他方案都形成了形态较好的串联EFP。铝合金罩发生了断裂，是因为铝合金的延展性不佳。因此可以判定，双层球缺形药型罩总可以前后分离，只要材料具有一定的延展性，就可以形成两个明显的EFP。

（2）材料的密度是影响串联EFP速度的主要因素。在尺寸相同的情况下，材料的密度越大，最终形成的EFP的速度就越小，而且两个EFP的速度差也越小。

（3）与几何尺寸相同的单层铜罩相比，除金属钽参与的方案外，其他方案的内罩形成的 EFP 速度更高，长径比更大，最终的侵彻能力都有提高：方案 2（外铜内铜结构），与单铜罩的总质量相同，但侵彻深度提高了 6%；方案 3 和 4（铜铁组合），质量为单铜罩的 94%，但侵彻深度却提高了 10%；方案 5 和 6（铜铝组合），虽然铝罩发生了断裂，但高速的内罩使侵彻深度提高了 30%。对于方案 7 和 8（铁钽组合），钽的密度太大，导致相同尺寸条件下形成的 EFP 速度太小，因此最终的侵彻能力较差。虽然铜铝组合的双层球缺形药型罩的侵彻能力最好，但过早断裂的铝罩会破坏另一种金属罩的形状，并对其飞行稳定性造成极坏的影响，因此这种方案不可取。而其他组合，特别是铁钽组合被试验验证具有良好的飞行稳定性，因此更具有研究价值。

3.4.4.3 质量相同时材料的影响

双层药型罩质量相同条件下的数值仿真结果如表 3.7 所示。

表 3.7 质量相同时的毁伤元形状和侵彻图像

编号	$t=200~\mu s$ 时毁伤元形状	侵彻图像
1		
2		
9		

编号	$t=200~\mu s$ 时毁伤元形状	侵彻图像
10		
11		
12		
13		
14		

双层药型罩总质量相同时各方案的毁伤元的速度和长径比以及侵彻结果如表 3.8 所示。

表 3.8　质量相同时毁伤元的速度和长径比以及侵彻结果

编号	$v_w/(\text{m} \cdot \text{s}^{-1})$	$v_n/(\text{m} \cdot \text{s}^{-1})$	k_w	k_n	p_{mat}/D_y	A_{mat}/D_y
1	1 586	—	2.4	—	0.52	0.87
2	1 492	1 698	2.7	2.6	0.55	0.68
9	1 477	1 700	2.7	2.2	0.50	0.73
10	1 517	1 709	1.9	2.4	0.50	0.72
11	1 394	1 689	破碎	1.3	0.35	0.88
12	1 577	1 741	1.32	1.0	0.25	0.95
13	1 375	1 600	5.7	4.7	0.57	0.50
14	1 516	1 530	4.5	4.0	0.60	0.58

从结果可以看出，在双层药型罩质量相同的情况下：

（1）所有内罩形成的前级 EFP 速度都比单铜罩要高，双层药型罩总动量与单铜罩动量大体相当。

（2）在侵彻能力上，只有铜铜结构的双层药型罩和金属钽参与的双层药型罩的侵彻能力优于单铜罩。而所有方案中，外钽内铁结构的双层药型罩的侵彻能力最好，外铜内铝的双层药型罩的侵彻能力最差。在质量相同的条件下，密度越大的药型罩最终的侵彻能力越强。

|3.5　典型算例分析|

3.5.1　双层药型罩射流形成的理论计算实例及分析

通过对双层药型罩压垮以及汇聚的分析和模型的建立，获得了封闭的方程组。使用 Visual Basic 语言对该分析模型编制相应的程序，进行计算和分析。图 3.33 所示为小锥角双层药型罩的算例结构。

装药直径为 $D_y = 50$ mm，炸药的爆速 $U_D = 8\,400$ m/s，炸药密度 $\rho_y = 1.7$ g/cm³，双层药型罩的外罩和内罩材料分别为铝和铜，其密度分别为 $\rho_1 = 2.7$ g/cm³，$\rho_2 = 8.9$ g/cm³。厚度比 η_g 取 0、1、2、3 四种情况。

将算例的已知条件代入分析模型计算程序，得到的结果如下。

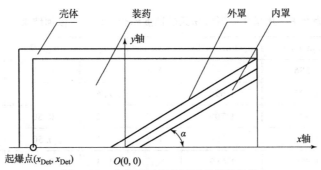

图 3.33　小锥角双层药型罩的算例结构

1. 双层药型罩的微元初始速度

考察厚度比和总壁厚的变化对双层药型罩微元初始速度的影响，结果如图 3.34 和图 3.35 所示，图中横坐标 x 表示微元距离药型罩顶的轴向相对距离。

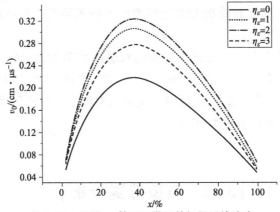

图 3.34　不同 η_ε 情况下微元的极限压垮速度

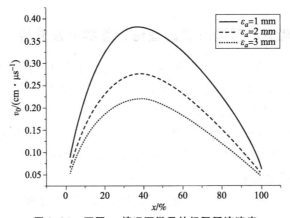

图 3.35　不同 ε_a 情况下微元的极限压垮速度

由计算结果可以看出，双层药型罩的最大极限速度位置在顶部及罩口部之间，这是靠近轴线的顶部没有足够的加速时间造成的。η_ε 和 ε_a 对于极限压垮速度的影响较大，随着 η_ε 的增加，双层药型罩的极限压垮速度不断增大，但增大的程度不断减小；而随着 ε_a 的增加，双层药型罩的极限压垮速度下降很快。这表明双层药型罩的总壁厚和厚度比对射流头部速度及射流的延展影响很大。

2. 双层药型罩的偏转角

　　考察厚度比和总壁厚的变化对双层药型罩微元偏转角的影响，结果如图 3.36 和图 3.37 所示。

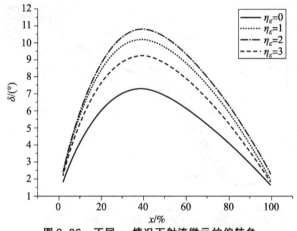

图 3.36　不同 η_ε 情况下射流微元的偏转角

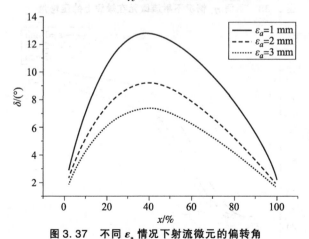

图 3.37　不同 ε_a 情况下射流微元的偏转角

　　由计算结果可以看出，与极限压垮速度的情况类似，双层药型罩的最大偏转角出现在罩顶部及罩口部之间；η_ε 和 ε_a 对极限压垮速度的影响也很大，这

意味着双层药型罩总壁厚对形成的射流的偏转角影响明显。

3. 双层药型罩在轴线上的压垮角

从计算结果可以看出，双层药型罩顶部微元压垮角小且变化平缓，边缘微元压垮角大；η_ε 对压垮角的影响较小，而 ε_a 对压垮角的影响相对大些，ε_a 越大，压垮角越小；罩顶部附近由于微元的加速时间十分有限，所以 η_ε、ε_a 对顶部附近微元的压垮角影响不敏感，而在双层药型罩边缘的影响相对较大。厚度比和总壁厚的变化对双层药型罩微元在轴线上的压垮角的影响如图 3.38 和图 3.39 所示。

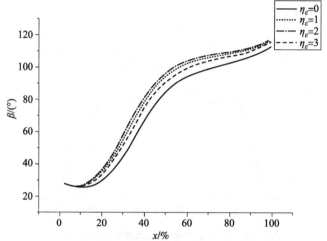

图 3.38　不同 η_ε 情况下射流微元在轴线上的压垮角

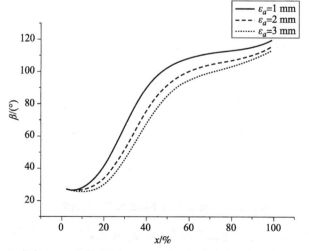

图 3.39　不同 ε_a 情况下射流微元在轴线上的压垮角

4. 双层药型罩的射流速度

由仿真结果可以看出，双层药型罩的最大射流速度在顶部及罩口部之间。随着 η_ε 的增加，双层药型罩的射流速度不断增大，但增大的程度不断减小；而随着 ε_a 的增加，双层药型罩的射流速度下降很快。厚度比和总壁厚的变化对双层药型罩的射流速度的影响如图 3.40 和图 3.41 所示。

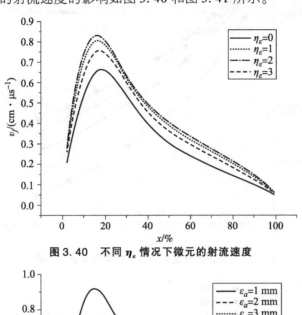

图 3.40　不同 η_ε 情况下微元的射流速度

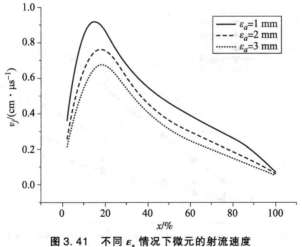

图 3.41　不同 ε_a 情况下微元的射流速度

5. 双层药型罩射流的头部速度和有效质量

从计算结果可以看出，厚度比相同时，随着总壁厚的增加，射流的头部速度减小而射流的有效质量增加。总壁厚相同时，随着厚度比的增大，射流的头部速度增大，而射流的有效质量减小。头部速度对侵彻深度贡献大，但为了增大孔径及后效，需保证一定的有效质量。具体设计时可由设计者酌情对两者进行加权处理。总壁厚和厚度比对双层药型罩射流的头部速度和有效质量的影响如图 3.42 和图 3.43 所示。

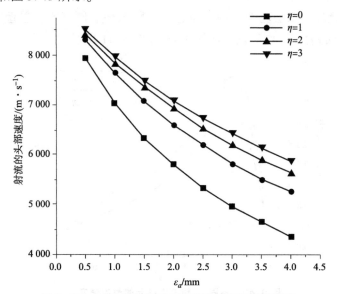

图 3.42 总壁厚和厚度比对射流的头部速度的影响

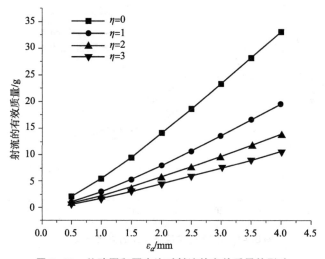

图 3.43 总壁厚和厚度比对流的有效质量的影响

3.5.2 双层药型罩 EFP 形成的理论计算实例及分析

大锥角双层药型罩的结构如图 3.44 所示，本节仅以等壁厚的双层药型罩为例。图中，D_y 为装药直径，H_y 为罩顶药厚高度，ε_w 和 ε_n 分别为外罩和内罩的壁厚，ε_a 为内、外罩的总壁厚，α 为药型罩锥角。

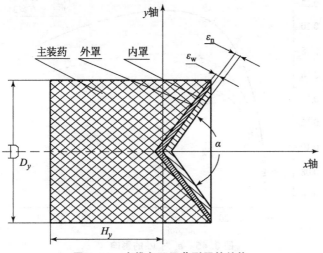

图 3.44　大锥角双层药型罩的结构

在算例中，研究药型罩结构和材料组合对内、外罩最终速度的影响。其他参数为：$D_y = 60$ mm，$H_y = 40$ mm，主装药采用 8701 炸药。药型罩材料的动态屈服强度取为 $\sigma_{yd} = 150$ MPa。

3.5.2.1　锥角和总壁厚对过程量的影响

为了研究 α 和 ε 对过程量的影响，设计计算方案如表 3.9 所示，药型罩内、外罩材料都为紫铜。

表 3.9　计算方案

方案　　　总壁厚/cm ^^^^^^^^^^ 锥角/(°)	0.2	0.3	0.4
130	1	2	3
150	—	4	—
170	—	5	—

1. 双层药型罩各微元的初始速度

从仿真结果可以看出，最大初始速度出现在药型罩的中间部位。初始速度随总壁厚 ε_a 的增大而减小。随着锥角 α 的增大，初始速度有所增大，而速度曲线从上凸形式向渐近线形式变化，如图 3.45 和图 3.46 所示。

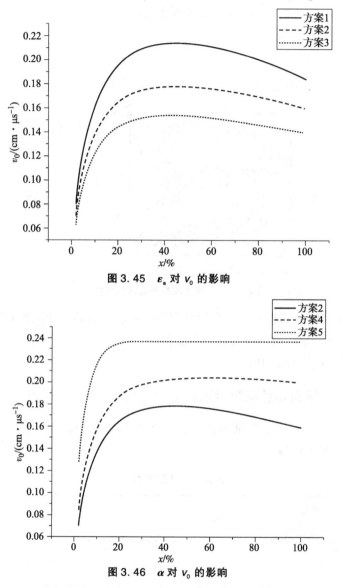

图 3.45 ε_a 对 v_0 的影响

图 3.46 α 对 v_0 的影响

2. 双层药型罩各微元的径向速度

从计算结果可以看出，各微元的径向速度先增大，后减小，与有限元仿真软件得出的结果相比，在变化趋势上是一致的。本书取材料的动态屈服强度 $\sigma_{yd} = 150$ MPa，代入算式得出微元恰好压垮的径向速度值 $v_y^c = 289$ m/s。随着总壁厚 ε_a 的增大，不仅进入压垮区域的微元逐渐减少，而且进入压垮区域的微元的径向速度也在减小，最终的效果就是两罩的速度差不断减小。而随着锥角 α 的增大，进入压垮区域的微元减少，但进入压垮区域的微元的径向速度在增大，因此存在最佳的锥角 α_b，使得在其他条件不变的情况下，两罩的速度差最大，如图 3.47 和图 3.48 所示。

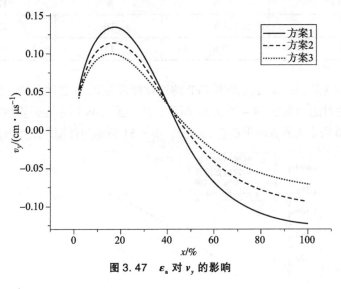

图 3.47　ε_a 对 v_y 的影响

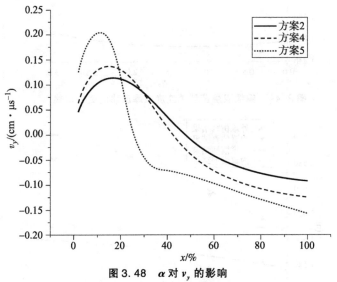

图 3.48　α 对 v_y 的影响

3.5.2.2　双层药型罩形成串联 EFP 的最终速度

为了研究厚度比和材料组合的影响，设计计算方案如表 3.10 所示。

表 3.10　计算方案

方案　　　　材料 η_ε	外铜内铜	外铁内铜	外铜内铁
0.33	6	9	12
1	7	10	13
3	8	11	14

由理论模型得到的双层药型罩 EFP 的速度随厚度比的变化曲线，以及与数值模拟结果的对比如图 3.49 ~ 图 3.51 所示，其中图 3.49 所示为外铜内铜组合的情况，图 3.50 所示为外铁内铜组合的情况，图 3.51 所示为外铜内铁组合的情况。

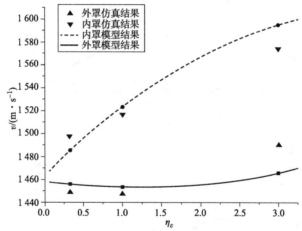

图 3.49　铜铜双层药型罩速度随厚度比的变化曲线

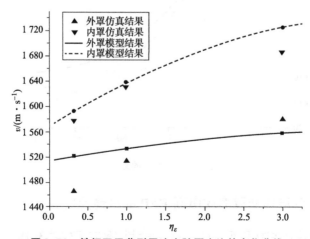

图 3.50　铁铜双层药型罩速度随厚度比的变化曲线

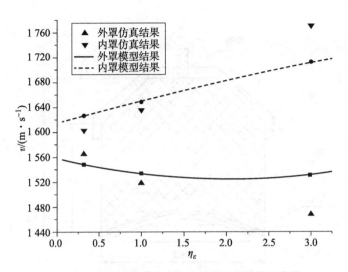

图 3.51　铜铁双层药型罩速度随厚度比的变化曲线

对图 3.49～图 3.51 进行分析，可以得出以下结论：

（1）就内、外罩的速度变化趋势的预测而言，理论分析与数值仿真结果是一致的。但模型结果与数值仿真结果存在一定的误差，且当内、外罩材料不同时，误差较大。造成这种现象的原因是，分析模型对双层药型罩的形成过程作了一些假设和简化处理，忽略了材料冲击阻抗的影响，材料的动态屈服强度被假设成定值。

（2）理论计算和仿真结果均表明：厚度比对双层药型罩 EFP 的速度影响显著。随着厚度比的增大，内罩的速度单调增大，而外罩的速度变化不大，因此内、外罩速度差不断增大，最终形成的 EFP 分离的趋势增大。

3.5.3　双层药型罩形成 EFP 仿真和试验实例分析

3.5.3.1　试验方案

试验中药型罩设计成锥弧结合的双层药型罩，装药及内、外罩的结构如图 3.52 所示。

所有方案如表 3.11 所示，都为中心点起爆，内、外罩壁厚都为 1.5 mm。装药为 8701，装药密度为 1.69 g/cm^3。t_1 和 t_2 为起爆后的 X 光拍摄时间，由数值仿真的结果确定。因为条件限制，实际加工时纯铁的药型罩都以软钢代替。

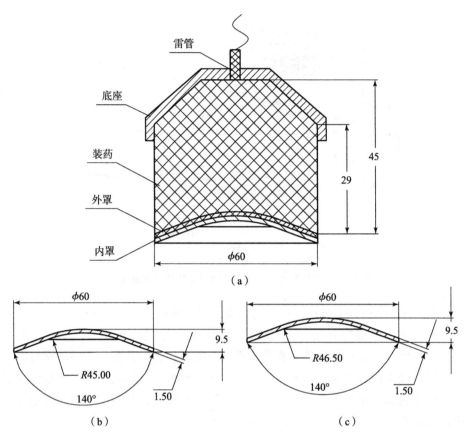

图 3.52　试验方案的装药及药型罩结构

（a）装药结构；（b）内罩结构；（c）外罩结构

表 3.11　试验方案

方案	外罩材料	内罩材料	外罩质量	内罩质量	$t_1/\mu s$	$t_2/\mu s$
1	20#钢	紫铜	35.1	39.8	230	280
2	20#钢	紫铜	35.1	39.8	260	300
3	20#钢	紫铜	35.1	39.8	130	180
4	紫铜	20#钢	39.9	34.9	90	130
5	紫铜	20#钢	39.9	34.9	200	240
6	紫铜	紫铜	39.9	39.8	200	240
7	铝合金	紫铜	12.1	39.8	100	150
8	铝合金	紫铜	12.1	39.8	260	300

3.5.3.2　试验结果及分析

1. 铁铜方案

方案 1、2、3 为第一组试验，测试铁铜组合的双层药型罩能否形成串联 EFP。试验的 X 光照片和数值仿真结果如图 3.53～图 3.55 所示，测得的数据如表 3.12 所示。作为对比，给出了分析模型的结果。

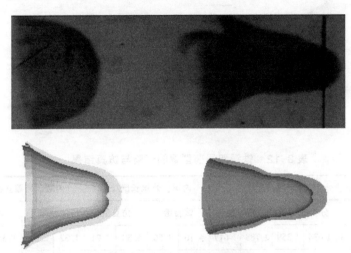

图 3.53　方案 1 的 X 光照片和数值仿真结果（$t=280\ \mu s$）

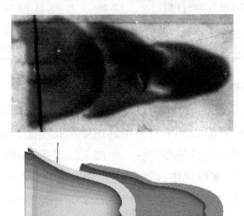

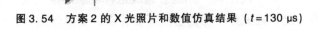

图 3.54　方案 2 的 X 光照片和数值仿真结果（$t=130\ \mu s$）

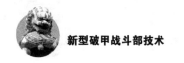
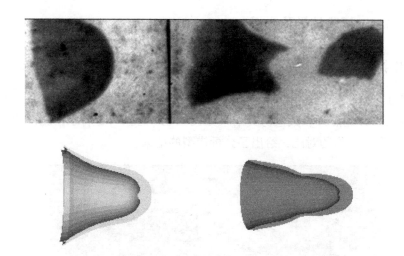

图 3.55　方案 3 的 X 光照片和数值仿真结果（$t = 300\ \mu s$）

表 3.12　铁铜双层药型罩的试验与仿真结果

方案	内罩、外罩速度/(m·s⁻¹)						内罩、外罩长度/cm				内罩、外罩直径/cm			
	试验值		分析模型值		仿真值		试验值		仿真值		试验值		仿真值	
1	1 592	未拍到	1 634	1 359	1 783	1 617	4.16	2.56	4.33	3.21	1.32	2.93	1.55	1.90
2	1 672	1 354	1 634	1 359	1 783	1 617	2.6 + 1.9	2.58	4.33	3.21	1.28	2.91	1.55	1.90
3	1 736	1 421	1 634	1 359	1 783	1 617	4.48	2.43	4.33	3.21	1.30	3.03	1.55	1.90

从试验与仿真结果得出：

（1）3 种方案都形成了明显的两个毁伤元，说明外铁内铜结构可以形成串联 EFP。作为内罩的铜形成的 EFP 有一定的速度和长径比，具有较好的侵彻能力。设计试验时，外罩材料拟采用纯铁，而加工时因条件限制，外罩材料采用 20#软钢，可以看出，仿真结果中纯铁形成的 EFP 具有较好的外形，而试验时作为外罩的软钢形成了"馒头"状的 EFP，速度低，长径比小。进一步的试验中要使用工业纯铁来代替软钢。

（2）试验时，方案 1 和方案 3 的铜 EFP 都出现了断裂现象。从仿真结果也可以看出，在铜 EFP 的中间出现了颈缩。造成这种现象的原因有 3 个：一是锥弧结合的设计不合理，锥弧结合部的过渡不够光滑，壁厚也太小，造成这个区域附近的药型罩速度变化剧烈，导致了最终的断裂。二是与加工方式有关，因为条件限制，加工药型罩时采用了传统的车削加工方式，这种加工方式不可避免地在锥弧结合部分带来了很大的应力集中，此外，车削加工使药型罩的同轴度误差也较大。三是采用雷管起爆时，仅靠胶布固定的方法保证雷管端面与药柱的重合，必然会带来一定的误差，使爆轰波与药型罩作用时出现不对称的情况。这些因素都将导致毁伤元的不对称和断裂，从而降低了毁伤元的威力。

2. 铜铁方案试验结果

方案 4、5 为第二组试验，测试铜铁组合的双层药型罩能否形成串联 EFP。试验的 X 光照片和数值仿真结果如图 3.56 和图 3.57 所示，测得的数据如表 3.13 所示。

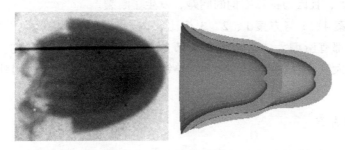

图 3.56　方案 4 的 X 光照片和数值仿真结果（t = 90 μs）

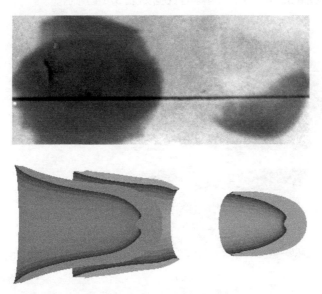

图 3.57　方案 5 的 X 光照片和数值仿真结果（t = 200 μs）

表 3.13　铁铜双层药型罩的试验与仿真结果

方案	内罩、外罩速度/(m·s⁻¹)						内罩、外罩长度/cm				内、外罩直径/cm			
	试验值		分析模型值		仿真值		试验值		仿真值		试验值		仿真值	
4	1 693	1 612	1 618	1 559	1 855	1 656	2.6	3.1	4.6	3.3	3.2	2.4	2.6	2.8
5	1 773	1 531	1 618	1 559	1 830	1 638	2.9 + 1.3	2.9	2.2 + 1.9	3.3	2.4	1.9	2.6	2.8

从试验结果可以看出：

（1）外铜内铁的结构可以产生两个毁伤元。内罩产生的铁 EFP 因为头、尾速度差较大，且因为锥弧结构的问题，发生了断裂。

（2）方案 4、5 与方案 1、2、3 相比，内、外罩的材料调换以后，内、外罩的速度都有所增大，这与第 3.3 节的分析模型预测是一致的。但 EFP 的长径比大大减小，据此可以判断，外铜内铁方案的侵彻能力比外铁内铜方案差。

3. 铜铜方案

方案 6 测试铜铜组合的双层药型罩能否形成串联 EFP。试验的 X 光照片和数值仿真结果如图 3.58 所示，测得的数据如表 3.14 所示。

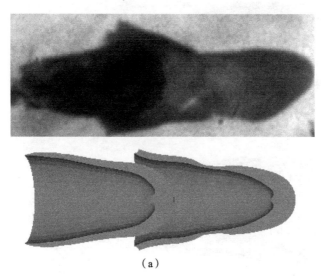

（a）

图 3.58　方案 6 的 X 光照片和数值仿真结果

（a）$t_1 = 200\ \mu s$

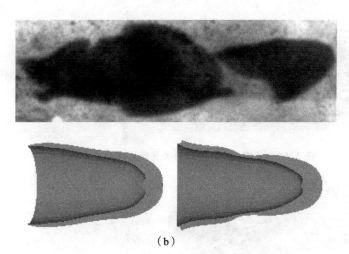

（b）

图 3.58　方案 6 的 X 光照片和数值仿真结果（续）

（b）$t_2 = 240~\mu s$

表 3.14　铜铜双层药型罩的试验与仿真结果

方案	内罩、外罩速度/(m·s⁻¹)						内罩、外罩长度/cm				内罩、外罩直径/cm			
	试验值		分析模型值		仿真值		试验值		仿真值		试验值		仿真值	
6	1 609	1 500	1 603	1 331	1 723	1 514	5.3	3.8	4.0	3.7	1.6	1.8	1.6	1.9

从试验结果可以看出：

（1）同种材料的双层药型罩也可以形成前、后分离的 EFP，再次证明了材料的冲击阻抗匹配对双层药型罩串联 EFP 形成的影响不是很大。

（2）形成的 EFP 的速度与第一组和第二组结果相比都略小。第 3.3 节的分析模型表明，材料的密度对最终的 EFP 速度影响较大，因为第三组方案的药型罩平均密度较大，因此造成了这种结果。

（3）就长径比而言，方案 6 的两个 EFP 的长径比大于第一组和第二组的结果，这是因为紫铜的延展性好于软钢，而动态屈服强度则小于软钢，因此形成的毁伤元长径比要大。

4. 铝铜组合的试验结果

方案 7 和方案 8 为第四组试验，测试铝铜组合的双层药型罩能否形成串联 EFP。试验的 X 光照片如图 3.59 和图 3.60 所示。测得的数据如表 3.15 所示。

图 3.59　铝铜双层药型罩的 X 光照片（$t = 100\ \mu s$）

图 3.60　铝铜双层药型罩的 X 光照片（$t = 260\ \mu s$）

表 3.15　铝铜双层药型罩的试验与仿真结果

方案	内罩头部速度/(m · s⁻¹)			内罩长度/cm		内罩直径/cm	
	试验值	分析模型值	仿真值	试验值	仿真值	试验值	仿真值
7	2 360	1 810	2 640	3.7	4.0	1.7	1.6
8	2 310	1 810	2 510	4.7	5.2	1.6	1.4

从试验结果得出：

（1）作为内罩的铜药型罩形成了 EFP，而作为外罩的铝药型罩被击碎了，因此没有形成两个明显的毁伤元。铝外铜内的结构不能产生串联的 EFP。造成铝药型罩破碎的原因是：铝熔点很低，在高温高压的爆轰产物作用下，铝罩发生了汽化。铝罩声速较低，铝罩中的射流压垮速度的母线方向分量可能高于铝罩的声速，根据射流形成条件，此时在闭合点处形成了冲击波，致使来流不能顺畅地转折，从而使铝质杆体不能正常形成。

（2）虽然铝没有形成 EFP 而碎掉了，但形成的铜 EFP 形状完整，头部速度为 2 360 m/s，为所有方案中最高的。头部速度较高是因为铝铜方案的平均密度在所有方案中最低。采用熔点低、密度小的金属（如铝、铅）和延展性好、密度高的金属（如铜）构成外罩和内罩结构，通过调整外罩的厚度和形状，可以使内罩 EFP 获得不同的形状和速度。分析模型得出的速度值和试验值有很大差距，原因是分析模型仅能得出毁伤元的平均速度，试验中的毁伤元有很大的头、尾速度差，而测得的速度仅是其头部速度，因此两者有较大不同。

第 4 章
串联破甲战斗部技术

|4.1 概述|

近年来，装甲防护技术已经由最初的均质装甲发展到爆炸反应装甲、间隙装甲、结构装甲和电磁装甲等新型装甲技术，防护能力大幅度提升，串联聚能装药战斗部以其破甲威力大的特点成为高效毁伤装甲防护的重要手段，其发展受到广泛重视。

4.1.1 串联破甲战斗部的概念

串联战斗部是将两种以上（包括两种）相同类型或不同类型的单一功能战斗部合理地组合起来形成的复合战斗部系统，根据不同类型战斗部的终点毁伤特点，使不同形式的串联战斗部发挥出对典型目标最佳的毁伤效果，毁伤威力得到较大程度的提高。串联破甲战斗部是串联战斗部的一种形式，选取两种或三种聚能装药战斗部组合形成，主要用于对付装甲目标。

串联破甲战斗部有多种形式，目前使用较多的包括破－破式、破－爆式、穿－爆式、穿－破式、破－穿式，此外还有多级式、多用途式串联破甲战斗部等，多种形式的串联破甲战斗部不仅能够有效对付装甲目标，在反机场跑道、地下工事、障碍物、建筑物和掩体等硬目标与深层目标方面也发挥了重要的作用，同时随着空中与海上各种目标的不断升级，串联破甲战斗部在反飞机、舰船、潜艇等目标方面也得到了一定的应用。

4.1.2　串联破甲战斗部的形式

1. 传统破 – 破式串联破甲战斗部

其前面的第一级装药（或称前置装药，战斗部口径通常为 20～50 mm）主要用以引爆或击穿反应装甲，以消除其对主装药射流的干扰。第二级装药为主装药（战斗部口径通常为 100～175 mm），用于侵彻主装甲。其前级装药口径一般较小，后级装药口径较大，前级装药产生的射流用于击爆反应装甲，经一定延迟时间，待反应装甲前、后板飞离装药轴线后，主装药的主射流在没有干扰的情况下侵彻主装甲。破 – 破式串联破甲战斗部结构示意如图 4.1 所示。

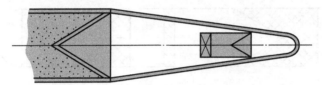

图 4.1　破 – 破式串联破甲战斗部结构示意

破 – 破式串联破甲战斗部对反应装甲的作用过程示意如图 4.2 所示。

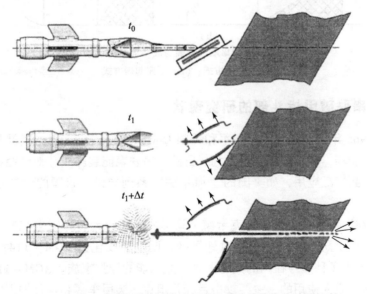

图 4.2　破 – 破式串联破甲战斗部对反应装甲的作用过程示意

2. 同口径串联破甲战斗部

其前、后级采用相同的装药口径，典型的同口径串联聚能装药战斗部分为逆序起爆与顺序起爆两种方式，其结构示意如图4.3所示。当采用图4.3（a）所示的结构时，后级装药先起爆，形成的高速射流快速通过前级装药的中心孔道，前级装药在一定延迟时间后起爆形成聚能毁伤元，两个毁伤元对目标进行接力侵彻。逆序起爆方式具有延迟时间短的优势，但也存在一些不足，如前级装药孔道的孔径取决于后级射流的直径，中心孔道大大降低了前级射流的质量，导致后期串联接力侵彻的效果减弱，此外，由于后级射流的杆体较粗，为防止前级装药受到后级杆体的影响，需要设计可靠的杆体截断装置。图4.3（b）所示为顺序起爆方式的同口径串联聚能装药战斗部，其作用过程为前级装药先起爆形成射流对目标侵彻，为后级射流的侵彻开辟通道，后级装药经过合理的延迟时间起爆形成高速射流对目标接力侵彻。

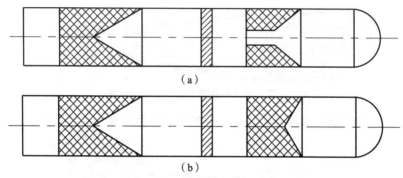

图4.3 典型的串联聚能装药战斗部结构示意
（a）逆序起爆方式；（b）顺序起爆方式

4.1.3 串联破甲战斗部的研究现状

早在1965年，美国陆军、海军和美国Lawrence Livermore实验室就开始研究串联聚能装药，并申请了一项专利。目前，串联聚能装药战斗部已经在反坦克导弹上得到广泛应用，如美国的"海尔法"系列导弹、我国的"红箭"系列导弹等。

"海尔法"导弹是由美国洛克希德·马丁公司在"大黄蜂"电视制导空对地导弹的基础上研究的新一代空对地导弹，已发展成包括AGM-114A/B/C/D/K/L/M/N等多种型号在内的具有多种作战功能的导弹家族。AGM-114A型是最早研制并投入使用的，主要攻击目标为坦克、装甲车辆和各种加固的点目标，其战斗部采用串联式聚能破甲战斗部，最大破甲深度能够达到1 400 mm。美国于1990年开始研制AGM-114K型，被称为"海尔法2"，其结构剖视图如图4.4所示，其战斗部体积更大，威力更强，采用了双前置战斗部用于攻击爆炸反应装甲，如图4.5所示，两个先炸的前置装药在主装药起爆前按顺序起爆，前置药型罩的材料选择钼，这种结构的战斗部能够成功击毁多层爆炸反应装甲，提高了击穿装甲的能力。

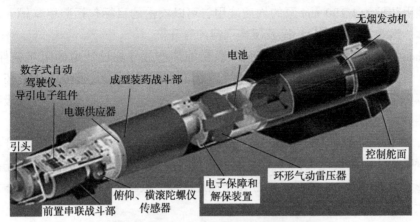

图 4.4　AGM-114K 型导弹结构剖视图

图 4.5　AGM-114K 型导弹实物图

　　法国陆军研制了一种近程可供单兵携带便携式反坦克导弹——"沙蟒"（ACCP），该导弹射程为 300~600 m，配用了两级串联聚能装药战斗部，战斗部装药直径大于 140 mm，重量为 3.5 kg，装药位于弹体后部，静止状态下炸高可以达到装药直径的 3.4 倍。它可以穿透均质装甲 900~950 mm，能穿透俄罗斯 T-72 和 T-80 坦克的复合装甲，也能击穿贫铀装甲。

　　我国研制的"红箭-9"反坦克导弹具有三代先进水平的激光指令制导，其结构如图 4.6 所示，战斗部采用破-破两级串联结构，主装药采用双锥形紫铜药型罩，在串联战斗部前端配有可伸缩式双节炸高棒，平时受发射筒的束缚而叠套在一起，发射后内炸高棒在弹簧力的推动下弹出并锁定。

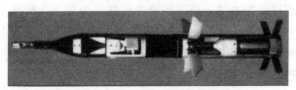

图 4.6　"红箭-9"反坦克导弹结构

"红箭 – 12"反坦克导弹于 2014 年 6 月底首度亮相法国"欧洲萨托里 2014"国际武器展,"红箭 – 12"仍采用串联聚能装药战斗部,能穿透有爆炸反应装甲防护的 1 100 mm 厚的均质装甲,可以攻击的目标包括装甲车辆、各种掩体、建筑物、水下目标以及缓慢飞行的直升机。

Chen Meiling 等人分析了小口径串联聚能装药战斗部设计中的限制条件,基于大量的试验研究提出了这些条件的确定方法,炸高应该小于 6.5 倍装药直径,隔爆装置应该合理地布置在两级装药之间,有必要设置泄爆装置,一级装药起爆装置应尽可能小且简便,延迟时间不宜过长。

A. V. Malygin 等研制了一种逆序起爆式串联装药战斗部,利用 $x – t$ 图分析了串联毁伤元形成及侵彻的作用过程,开展了串联毁伤元形成的脉冲 X 光高速摄影试验,如图 4.7 所示,通过 X 光照片获得了截断装置对一级射流杆体的切断效果。

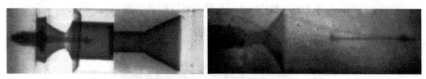

图 4.7　串联聚能装药战斗部作用过程的 X 光试验

姬龙研究了分离式反爆炸反应装甲串联装药战斗部的作用原理,建立了分离式反爆炸反应装甲理论模型,分析了分离式反爆炸反应装甲方法的分离距离、分离时间、相对分离速度等不同工况下的匹配关系,为了使分离式反爆炸反应装甲方法能够应用于各种武器平台,分离距离要大于 10 m,分离时间应控制在毫秒量级以内,相对分离速度应大于 150 m/s。

张先锋等根据反钢筋混凝土目标的特点,提出了一种高速杆流与低速杆流相结合的串联聚能装药结构,实现前级高速杆流开孔形成穿深,后级低速杆流扩孔增大穿深的接力侵彻过程。但是从试验回收的射流残体可以看出后置装药形成的杆式射流直径偏细,有必要对后级装药进一步优化,以获得更好的扩孔效果。

目前破 – 破式结构串联破甲战斗部的关键技术主要包括两方面:第一,主装药延期起爆时间及前、后级装药间隔距离的确定,目的是使前置装药引爆反应装甲后产生的破片和冲击波不至于影响主装药的效能。主装药必须控制在反应装甲的内层和外层飞板刚刚飞离射流通道后引爆,并保持在离主装甲最佳的距离上。第二,两级装药之间的隔爆技术。若隔爆结构不当,前置装药爆炸后,对后级主装药会产生破坏作用。

为了解决上述问题,很多串联破甲战斗部都采用了在两级之间加一个长探杆的方案，如图 4.8 所示，这样能增大前级装药和主装药之间的距离，从而减少前级装药与爆炸反应装甲作用对主装药的影响。法国和德国联合研制的"米兰 2T"和"米兰 3"型单兵反坦克导弹、德国的"铁拳 3"单兵火箭弹、120 mm 反坦克火箭弹及"红箭 8E"及"红箭 9"反坦克导弹、美国的"陶 2"及"陶 2A"反坦克导弹都采用了这种结构。

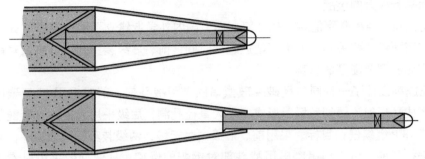

图 4.8　伸出杆破－破式串联破甲弹结构示意

120 mm 反坦克火箭弹串联战斗部结构示意如图 4.9 所示。其战斗部由前置装药、引信体、主装药和发动机组成。前置小口径一级装药用于引爆反应装甲，在两级装药之间没有设置专门的隔爆体，因为单兵火箭弹大炸高下的破甲余量不大，在两级装药间加装隔爆体会"吃掉"一部分主装药射流，因此主要通过结构本身保证一、二级之间的隔爆。在一、二级之间设置引信体，当一级装药作用后，引信体一方面起到隔离爆轰产物的作用，同时本身又在爆轰波作用下向后飞，而起到隔爆体的作用。其向后飞离的速度与引信体质量和前级装药作用到引信体上的有效质量有关。实际中，引信体向后飞离的速度约为 140 m/s，在 300 μs 延迟时间内，引信体向后飞离的距离约为 42 mm，实际值为 48 mm，因此只要保证引信体与主装药之间的距离 $L \geqslant 48$ mm，引信体便不会对主装药产生破坏作用。主装药药型罩采用双锥等壁厚紫铜罩，并采用聚氨酯发泡塑料小隔板结构以增大罩顶有效装药。

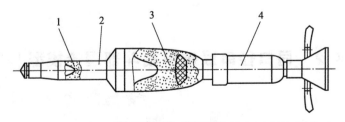

图 4.9　120 mm 反坦克火箭弹串联战斗部结构示意

1—前置装药；2—引信体；3—主装药；4—发动机

综上所述，目前串联破甲战斗部的前级装药口径一般较小，后级较大，其中破 – 破式串联破甲战斗部的缺点是：射流形成的孔径比较小，后级主装药射流在孔中容易产生感生冲击波，削弱主装药射流的侵彻能力，不适合对付均质装甲和复合装甲。而穿 – 破式串联破甲战斗部，由于使装甲反应层只穿不爆的技术难度较大，可靠性较差。随着爆炸反应装甲的不断发展，串联破甲战斗部技术面临着极大的挑战。

而在同口径串联聚能装药战斗部方面，国内外学者建立了逆序起爆方式的串联装药两级匹配关系，分析了延迟起爆时间，前、后级装药间距等参量对串联毁伤元成型及侵彻的影响。

王成等设计了一种同口径破 – 破型串联破甲战斗部，前级采用 W 型聚能装药形成环形射流侵彻目标，形成一个大直径孔洞，后级采用大锥角罩聚能装药形成 EFP 继续侵彻目标。采用前、后级同时起爆，两级装药间距为 100 mm。分别进行了前、后级与串联破甲战斗部对钢靶的侵彻，从侵彻效果可以看出前、后级同轴度较好，但侵彻深度没有明显提高，这是由于起爆能量不足，导致部分炸药没有完全爆轰。试验证明了此结构的可行性，但前级 W 装药还有待于进一步优化，以便于后级 EFP 顺利地进入。

顾文彬等设计了一种串联聚能装药结构，该结构前、后级采用同口径的 EFP 装药，用于解决在大块度障碍物上快速开孔且孔深与孔径匹配。他们分析了不同装药间距下后级 EFP 成型过程，获得了 6 种间隔条件下后级 EFP 成型的最佳延迟时间及后级 EFP 的最大速度、长径比。通过侵彻钢靶试验对最佳延迟时间下串联 EFP 的侵彻威力随装药间距的变化规律进行了验证，结果表明装药间距过大会造成后级 EFP 侵彻孔径减小，装药间距太小会导致侵彻深度与孔径都不理想，发现两级装药间距为 200 mm 时，既能保证侵彻威力，又能缩短装药结构尺寸。

为此，本书主要针对同口径顺序起爆串联聚能装药战斗部，重点阐述前、后级装药的时序匹配及威力匹配，前、后级战斗部设计以及高效隔爆技术。

4.2　同口径串联破甲战斗部理论模型

4.2.1　同口径串联破甲战斗部的作用原理

根据反装甲武器的特点，以提高战斗部毁伤效应为目标，本书选择顺序起爆方式串联聚能装药战斗部。首先介绍顺序起爆方式串联聚能装药战斗部的作用原理。

顺序起爆方式串联聚能装药战斗部对装甲目标的作用过程可以通过 $x-t$ 图表示，如图 4.10 所示。t 为时间坐标，以前级装药起爆时刻为 t 的坐标原点，x 为串联毁伤元的运动方向，以后级装药顶部为 x 的坐标原点。

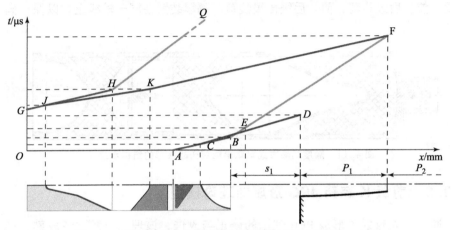

图 4.10　顺序起爆方式串联聚能装药战斗部作用过程 $x-t$ 图

由时间原点起，前级装药起爆后爆轰波从 A 点开始以炸药爆速传播，率先到达前级药型罩顶部 C 点处，形成 JPC 的头部，前级射流头部将沿着 CD 运动，可以看出 JPC 的头部速度小于炸药的爆速，当头部到达 D 点时 JPC 开始对钢靶进行侵彻，前级炸高为 s_1。当爆轰波传至药型罩口部最后一个微元，即达到 B 点时，开始向轴线压垮，在 E 点形成射流的尾部，至此前级射流全部形成，尾部将沿着 EF 方向运动，尾部速度远低于头部速度，因此 EF 段斜率小于 CD 段。当前级射流尾部到达 F 点时，前级射流侵彻结束，侵彻深度为 P_1。

后级装药在 G 点开始作用，GH 为后级爆轰波的传播方向，G 点的时刻即后级装药的延迟起爆时间，爆轰波在后级装药中以爆速传播，当爆轰波到达 J 点时后级射流形成头部，当爆轰波到达 H 点药型罩最后一个微元时开始压垮。JK 化为后级射流的运行方向，后级射流速度可以超过炸药的爆速，运动到 K 点时射流与隔爆装置开始作用，穿过隔爆装置后，后级射流的头部速度有一定的衰减，因此 KF 的斜率将小于 JK 的斜率，后级射流的尾部沿 HQ 方向运动。当后级射流头部到达 F 点，即到达前级射流侵彻的孔底时，开始继续对钢靶进行侵彻，侵彻深度为 P_2。

通过对不同形状药型罩形成聚能毁伤元特点的分析，前级采用带隔板偏心亚半球罩成型装药，后级选择双锥罩聚能装药结构，与传统的射流相比，双锥罩射流在大炸高下具有较强的侵彻能力。本书提出的顺序起爆方式串联聚能装药战斗部的结构示意如图 4.11 所示，主要包括前级装药、后级装药、前级壳体、后级壳体、隔爆装置、传爆装置和起爆装置。前、后级壳体通过螺纹连接，利用导爆索控制前、后级延迟起爆时间，隔爆装置采用金属/非金属多层介质。前、后级装药，前、后级传爆装置，隔爆装置在同一轴线上，以保证同轴性。

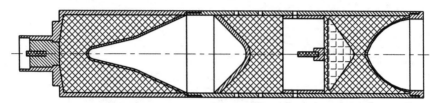

图 4.11　顺序起爆方式串联聚能装药战斗部的结构示意

4.2.2　前级 K 装药 JPC 形成的理论模型

通过前人对射流形成 PER 理论的修正与改进，该理论已经比较成熟，能够解决一般形状药型罩在不同波形的爆轰波作用下射流形成的问题。但是药型罩在爆轰波作用下的压垮速度的计算还没有得到统一。本节将爆轰波碰撞理论引入改进的 PER 模型，对串联聚能装药战斗部前级 JPC 的成型特性进行研究。

4.2.2.1　毁伤元形成过程描述

带隔板偏心亚半球罩装药射流的形成伴随着高温、高压和高应变率等复杂的物理过程。炸药起爆后爆轰波以一定的速度将药型罩压垮，药型罩各微元在有限的时间内依次从零速度加速到绝对压垮速度，并伴有一定的偏转角。当药型罩微元运动到轴线处时发生碰撞，形成毁伤元的射流和杆体两部分，药型罩各微元形成的射流存在速度梯度。为了满足串联战斗部前级装药的大开孔兼顾侵彻深度的要求，通过药型罩和隔板结构的优化设计，调整 JPC 的速度梯度和质量分布来获得最佳聚能杆式毁伤元。

以下为 JPC 形成过程作出基本假设：

（1）爆轰波作用于药型罩的压力远远超过药型罩材料的屈服强度，可以忽略药型罩材料的强度，计算中将药型罩考虑为无黏性不可压缩流体。

（2）忽略药型罩压垮过程中相邻单元之间的相互作用，各微元形成射流的部分以不变的速度运行。

（3）药型罩微元加速压垮过程采用指数形式，压垮速度和偏转角均以指数形式变化。

本章成型装药采用带隔板偏心亚半球罩结构，药型罩压垮过程示意如图 4.12 所示，药型罩的压垮和射流的形成过程中涉及的参数主要包括极限压垮速度 v_0、绝对压垮速度 v、绝对偏转角 δ、压垮角 β_0、射流速度 v_j、射流质量 m_j 及射流半径 r_j。

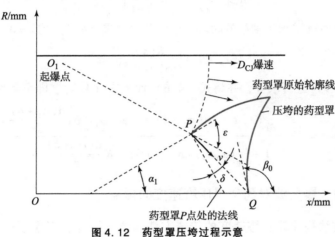

图 4.12　药型罩压垮过程示意

4.2.2.2　药型罩压垮过程的模型

药型罩微元压垮过程中极限偏转角通过泰勒公式的非定常形式确定：

$$\delta_0 = \frac{v_0}{2U} - \frac{1}{2}\tau_0\frac{dv_0}{dx} + \frac{1}{4}\frac{d\tau_0}{dx}v_0 \tag{4.1}$$

式中，U 为爆轰波扫过药型罩的速度；v_0 为药型罩的极限压垮速度；τ_0 为药型罩加速度的时间常数。

$$U = \frac{D_{CJ}}{\cos\varepsilon} \tag{4.2}$$

式中，ε 为爆轰波法线与药型罩切线的夹角，可以根据几何关系获得；D_{CJ} 为炸药的爆速。

根据基本假设（3），药型罩微元的绝对偏转角可以表示为

$$\delta(t) = \delta_0\left[1 - \exp\left(-\frac{t-T}{\tau_0}\right)\right] \tag{4.3}$$

式中，T 为爆轰波到达药型罩微元 x 的时间。

确定药型罩压垮角 β_0 需要知道微元碰撞到轴线处压垮外形的斜率，图 4.12 中 P 点为药型罩的一原始位置，在 t 时刻，P 点运动到 Q 点，Q 点可以表

示为

$$\begin{cases} z = x + l(x, t)\sin(\alpha_1 + \delta) \\ r = R - l(x, t)\cos(\alpha_1 + \delta) \end{cases} \tag{4.4}$$

式中，z 为轴向坐标；r 为径向坐标；R 为药型罩的初始半径；$l(x, t)$ 为微元 x 在 t 时间内从 P 点运动到 Q 点的距离；α_1 为药型罩微元切线与轴线的夹角。

$$\tan\beta_0 = \left.\frac{\partial r}{\partial z}\right|_{t=t_c} = \left.\frac{\partial x}{\partial z}\frac{\partial r}{\partial x}\right|_{t=t_c} \tag{4.5}$$

式中，t_c 为药型罩碰撞到轴线的时刻。t_c 可以通过式（4.4）的 $r=0$ 来获得：

$$l(x, t_c) = \frac{R(x)}{\cos(\alpha_1 + \delta)} \tag{4.6}$$

对式（4.4）进行求导，并将式（4.6）代入式（4.5），即可得到压垮角：

$$\tan\beta_0 = \frac{\dfrac{\mathrm{d}R}{\mathrm{d}x} - \dfrac{\partial l}{\partial x}(x, t_c)\cos(\alpha_1 + \delta) + R\tan(\alpha_1 + \delta)\dfrac{\mathrm{d}(\alpha_1 + \delta)}{\mathrm{d}x}}{1 + \dfrac{\partial l}{\partial x}(x, t_c)\sin(\alpha_1 + \delta) + R\dfrac{\mathrm{d}(\alpha_1 + \delta)}{\mathrm{d}x}} \tag{4.7}$$

4.2.2.3 爆轰波对药型罩压垮速度的影响

Gurney 方法是计算压垮速度的传统方法。该方法综合考虑了药型罩、炸药、壳体等因素，将药型罩压垮速度分解为药型罩微元对应轴向炸药产生的压垮速度与对应径向炸药产生的压垮速度，并分别利用 Gurney 平板压垮公式与 Chanteret 管柱压垮公式计算。

但是，Gurney 方法存在一定的局限性，没有考虑起爆方式对压垮速度的影响，由不同的起爆方式计算出来的压垮速度是一致的。然而，成型装药中的隔板会改变爆轰波波形，由原来的点起爆发散形爆轰波变为汇聚爆轰波，从而提高爆轰载荷，提高压垮速度。

对称两点同时起爆爆轰波碰撞过程示意如图 4.13 所示。对称两点同时起爆形成的爆轰波在对称面上经历正碰撞、正规斜碰撞和非正规斜碰撞过程。起爆点为 O_1 和 O_2，对称两点同时起爆后，爆轰波将以相同爆速向炸药内部传播，爆轰波最先在 A 点处发生正碰撞，随着爆轰波在炸药中的传播，爆轰波之间将产生一夹角，碰撞点逐渐向右移动，AB 之间即正规斜碰撞。当碰撞点到达 B 点时，爆轰波碰撞后形成马赫波，产生马赫杆，从图中可以看出马赫杆两端沿着 BE_1、BE_2 移动。

带隔板偏心亚半球罩装药射流的成型过程是通过隔板控制爆轰波在炸药中的传播形状，从而改变爆轰波对药型罩的入射角，增大压垮速度，提高射流质量。装药起爆后，爆轰波绕过隔板向药型罩传播，在此过程中爆轰波将在轴线

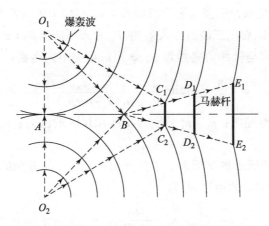

图 4.13　对称两点同时起爆爆轰波碰撞过程示意

处发生碰撞，根据碰撞时爆轰波之间夹角的不同可以分为正规斜碰撞和马赫碰撞，爆轰波对药型罩的作用示意如图 4.14 所示。

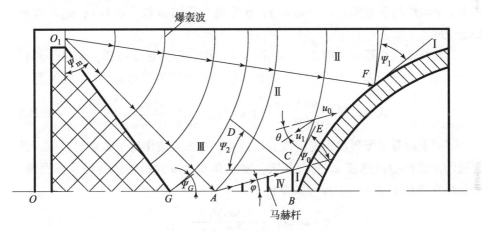

图 4.14　爆轰波对药型罩的作用示意

当装药在 O 点起爆后，爆轰波绕过隔板到达 O_1 点，这时可以看作以 O_1 点为圆心形成环起爆爆轰波在炸药中传播，爆轰波最先在轴线上的 G 点发生碰撞，入射角为爆轰波阵面与轴线的夹角 Ψ_G，碰撞点沿轴线从 G 点移动到 A 点的过程中入射角逐渐增大，Duune 等通过试验发现当入射角增大到约 44.5°时反射波将与固壁脱离，在固壁附近形成马赫波。图 4.14 中 A 点的入射角 Ψ_m 等于 44.5°，入射角达到临界值，A 点即正规斜碰撞与马赫碰撞的分界点。

发生马赫反射后，反射波逐渐脱离装药轴线，图中 AC 代表马赫杆端部的移动方向，三波点 C 点为爆轰波传到 C 点时入射波波阵面 CE、反射波波阵面

CD 和马赫杆 CB 的交点，三波点附近流场被 CA、CB、CD、CE 分为 4 个区域。

从图 4.14 中可以看出三波点处入射角 Ψ_0 为入射波阵面 CE 和 CA 的夹角，马赫杆端部运动方向与轴线的夹角为 φ，φ 可以根据下式得到：

$$\varphi = \frac{\pi}{2} - \arcsin\left[\frac{1}{u_0}\sqrt{\frac{p_4 - p_1}{\rho_1(1 - \rho_1/\rho_4)}}\right] \tag{4.8}$$

式中，u_0 为 I 区质点速度；p_1、p_4 分别为 I 区和 IV 区的压力；ρ_1、ρ_4 分别为 I 区和 IV 区的密度。

选择和 C 点一起运动的坐标系。I 区介质在垂直于波阵面的方向具有速度 D_{CJ}，在马赫杆运动方向的速度 u_0 为

$$u_0 = \frac{D_{CJ}}{\sin\Psi_0} \tag{4.9}$$

ρ_1 与 ρ_4 的关系可以通过下式求得：

$$\frac{\rho_1}{\rho_4} = \frac{\gamma - 1}{\gamma + 1} + \frac{\eta}{\gamma + 1} \cdot \frac{p_{CJ}}{p_4} \tag{4.10}$$

式中，γ 为炸药多方指数，一般取 3；η 为过度压缩系数，取 1.1；p_{CJ} 为炸药 CJ 压力。

马赫杆传播过程中入射角 Ψ_0 逐渐增大，相应压力逐渐降低，通过马赫杆两侧爆轰产物流动基本方程及状态方程可以求出 IV 区的压力 p_4 与 Ψ_0 的关系：

$$p_4 = p_{CJ}\frac{\sin^2(90° - \varphi)}{\sin^2\Psi_0}\left(1 + \sqrt{1 - \frac{\eta\sin^2\Psi_0}{\sin^2(90° - \varphi)}}\right) \tag{4.11}$$

下面求解 III 区爆轰波正规斜碰撞压力 p_3，当爆轰波作用于 F 点时，穿入爆轰波阵面后产物以速度 u_1 流入 II 区，发生角度为 θ 的折转。根据波阵面前、后质量守恒和动量守恒方程可以得到 θ：

$$\theta = \arctan\left(\frac{\tan\Psi_1}{\gamma\tan^2\Psi_1 + \gamma + 1}\right) \tag{4.12}$$

式中，Ψ_1 为正规斜碰撞入射角，即爆轰波在 F 点切线与药型罩在 F 点切线的夹角。

当爆轰产物继续运动到反射波阵面时，爆轰产物到达 III 区的压力 p_3 即正规斜碰撞后的压力。由反射波阵面处质量和动量守恒方程及相关几何关系可知：

$$p_3 = \frac{2\gamma}{\gamma + 1}p_{CJ}\left[1 + \left(1 + \frac{1}{\gamma}\right)^2\cot^2\Psi_1\right]\sin^2(\theta + \Psi_2) - \frac{\gamma - 1}{\gamma + 1}p_{CJ} \tag{4.13}$$

式中，Ψ_2 为反射角。

其中 Ψ_1、Ψ_2 与 θ 的关系可以表示为

$$\frac{\tan \Psi_2}{\tan(\Psi_2 + \theta)} = \frac{\gamma - 1}{\gamma + 1} + \frac{2\gamma^2}{\gamma + 1} \cdot \frac{1}{[\gamma^2 + (\gamma + 1)^2 \cot^2 \Psi_1] \sin^2(\theta + \Psi_1)} \quad (4.14)$$

爆轰波对药型罩的作用压力 p 包括了罩顶部马赫压力 p_4 作用区域及罩中部到口部部分受到的正规斜碰撞压力 p_3，根据马赫杆运动与药型罩几何形状求解出两部分压力。

根据假设（3），药型罩压垮速度 v 的计算采用兰德 – 皮尔逊速度历程曲线：

$$v(t) = v_0 \left[1 - \exp\left(-\frac{t - T}{\tau_0} \right) \right] \quad (4.15)$$

利用牛顿第二定律可以推出时间常数 τ_0 与极限压垮速度的关系如下：

$$\tau_0 = \frac{2m(a_1 v_0 + a_2 v_0^2 + a_3 v_0^3)}{(\sqrt{2E})^2 \rho_0 (\gamma - 1)} \quad (4.16)$$

式中，a_1、a_2、a_3 为拟合得到的系数；$\sqrt{2E}$ 为炸药的格尼常数；ρ_0 为炸药的初始密度；m 为药型罩微元质量。

药型罩微元满足运动方程 $pS_0 = Ft$，将式（4.11）（马赫反射超压）、式（4.13）（正规斜反射压力）和式（4.15）代入上式可以得到：

$$pS_0 = m \int \frac{v_0 [1 - \exp(-(t - T)/\tau_0)]}{t} \mathrm{d}t \quad (4.17)$$

式中，S_0 为微元面积。由式（4.17）可以计算出不同区域药型罩微元极限压垮速度 v_0。

以上公式构成了求解压垮速度、偏转角和压垮角的封闭方程组，将装药结构参数及起爆点坐标代入即可求出药型罩各微元的压垮过程。

利用式（4.8）～式（4.17）对美国陆军弹道研究所（BRL）标准成型装药的药型罩绝对压垮速度进行计算，标准成型装药的结构如图 4.15 所示。标准成型装药的装药直径为 81.3 mm，采用单锥药型罩，药型罩的锥角为 42°，壁厚为 1.9 mm。分别选取中心点起爆和环起爆两种起爆方式进行计算，对 Gurney 算法、本书算法及仿真得到的结果进行对比，对比结果如图 4.16 所示，横坐标表示药型罩罩顶到罩口部位置的变化。

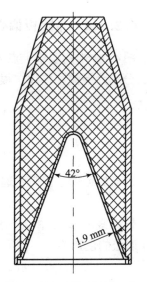

图 4.15　标准成型装药的结构

从图 4.16 可以看出，Gurney 算法计算得到的中心点起爆和环起爆方式下的药型罩压垮速度是一致的，而基于爆轰波碰撞的压垮速度算法的计算结果表明，环起爆方式的绝对压垮速度大于中心点起爆方式，且环起爆方式下最大绝对压垮速度的位置与药型罩顶部更接近。图4.16中还给出了两种起爆方式下压垮速度的仿真结果，仿真结果略低于基于爆轰波碰撞的压垮速度算法的计算结果，两者计算结果吻合较好，这说明基于爆轰波碰撞的压垮速度算法能更好地预测药型罩压垮过程。

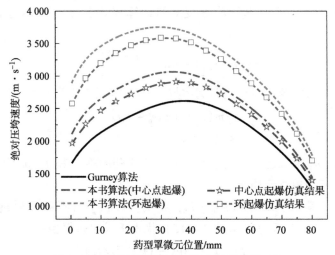

图4.16　绝对压垮速度的理论与仿真结果对比

4.2.2.4　带隔板偏心亚半球罩装药射流的形成

图4.12中药型罩上点P在轴线上的碰撞点为Q，在碰撞点处来流分成两股，分别为射流和杆体，根据坐标变换，可以得到射流和杆体的速度分别为

$$v_j = v\csc\frac{\beta_0}{2}\cos\left(\alpha_1 + \delta - \frac{\beta_0}{2}\right) \tag{4.18}$$

$$v_s = v\sec\frac{\beta_0}{2}\sin\left(\alpha_1 + \delta - \frac{\beta_0}{2}\right) \tag{4.19}$$

射流的运动过程需要追踪射流单元的位置，碰撞点的位置可以表示为

$$z(x) = x + R\tan(\alpha_1 + \delta) \tag{4.20}$$

根据假设（2），微元形成射流的部分将以v_j的速度向前运动，单元x在时刻t射流的位置为

$$\xi(x,t) = z(x) + (t - t_c)v_j, \quad t \geqslant t_c \tag{4.21}$$

射流的半径可以表示为

$$r_j = \left[\frac{2Rb}{\cos\alpha_1} \cdot \frac{\sin^2(\beta_0/2)}{|\partial\xi/\partial x|}\right]^{0.5} \tag{4.22}$$

式中，b为药型罩的壁厚。根据式（4.21）和式（4.22）即可确定任一时刻

射流的形状。由于药型罩顶部的单元不能达到极限压垮速度，在这个区域内，后面单元的速度大于其前面单元的速度，形成反速度梯度效应，微元形成的射流之间发生干扰，质量堆积起来形成射流的头部。射流头部堆积点的位置可以通过动量守恒求出，即直到发现第一个速度小于组合颗粒速度的射流单元为止，头部组合颗粒的速度表示为

$$\overline{v_j}(x_{tip}) = \frac{\int_0^{x_{tip}} v_j(x) \dfrac{\mathrm{d}m_j}{\mathrm{d}x}\mathrm{d}x}{\int_0^{x_{tip}} \dfrac{\mathrm{d}m_j}{\mathrm{d}x}\mathrm{d}x} \tag{4.23}$$

式中，$\mathrm{d}m_j$ 为单位长度的射流单元的质量。

通过逐步积分，直到某一点 x_{tip} 满足下式：

$$v_j(x_{tip}) \leqslant \overline{v}_j(x_{tip}) \tag{4.24}$$

求出的 x_{tip} 值即头部形成停止并开始形成正常射流的那一点。

考虑到药型罩环形单元的质量为 M_i，当微元被压垮到轴线时，分裂成了质量为 m_j 的射流单元和质量为 m_s 的杆体单元。根据碰撞点处的质量守恒方程和动量守恒方程，可以得到射流质量和杆体质量分别为

$$m_j = M_i \sin^2 \frac{\beta_0}{2} \tag{4.25}$$

$$m_s = M_i \cos^2 \frac{\beta_0}{2} \tag{4.26}$$

M_i 可以表示为

$$M_i = \frac{2\pi R b \rho_L \mathrm{d}x}{\cos\alpha_1} \tag{4.27}$$

式中，ρ_L 为药型罩的密度。

4.2.3　小炸高条件下带隔板偏心亚半球罩装药射流对钢靶的侵彻模型

由于后级装药是在前级侵彻完的基础上进行的，因此后级射流的实际炸高较大。为了保证后级射流在有利炸高下侵彻靶板，将前级装药的炸高降低，选择炸高范围为 $1.5D_k \sim 2.5D_k$，研究小炸高下 JPC 对钢靶的侵彻。

JPC 存在头、尾速度差，并基本呈线性分布，因此小炸高下 JPC 侵彻可以采用连续射流非定常侵彻的计算方法。Allison 和 Vitali 假设存在一虚拟原点，射流各部均从此点出发，虚拟原点即 t 时刻过射流上各点 (ξ, t) 斜率为该点射流速度的直线的交点，式（4.21）获得了 t 时刻射流各微元的位置，将射流速度表示为 $v_j = a\xi + c$ 的形式，由此可以得到虚拟原点的坐标为

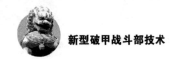

$$\begin{cases} l_A = -\dfrac{c}{a} \\ t_A = t_0 - \dfrac{1}{a} \end{cases} \tag{4.28}$$

式中，t_0 为射流着靶时间。

根据射流侵彻理论，JPC 轴向侵彻方程可以表示为

$$P = (t_0 - t_A) v_j \mathrm{e}^{-\int_{v_p}^{v_j} \frac{\mathrm{d}v_j}{v_j - v_p}} - s + l_A \tag{4.29}$$

式中，v_{j0} 为射流头部速度；s 为炸高；v_p 为射流侵彻速度，可以由伯努利方程求出。

由于 JPC 头部速度较高，侵彻过程中会产生冲击波，在计算中将侵彻过程分为两个阶段，第一阶段当侵彻速度 v_p 大于靶板材料的声速 c_0 时，利用冲击波 Hugoniot 关系修正伯努利方程得到 v_p 和 v_j 的关系为

$$\frac{1}{2}\rho_j (v_j - v_p)^2 = \frac{1+\lambda}{2\lambda}\rho_t v_p^2 - \frac{1}{2\lambda}\rho_t v_p c_0 + \sigma_t \tag{4.30}$$

式中，ρ_j 为射流的密度；ρ_t 为靶板的密度；σ_t 为靶板的强度；λ 为与靶板材料有关的常数；c_0 为靶板材料的声速。随着侵彻速度的逐渐下降，冲击波逐渐消失，进入第二阶段，侵彻方程转变为 A – T 方程：

$$\frac{1}{2}\rho_j (v_j - v_p)^2 = \frac{1}{2}\rho_t v_p^2 + \sigma_t \tag{4.31}$$

利用式（4.28）~ 式（4.31）可以得到射流的轴向侵彻深度。为了验证射流小炸高下的断裂情况，利用 X 光拍摄 5 倍炸高下 JPC 的成型形态，如图 4.17 所示，从图中可以看出只有杆体发生断裂，而杆体部分不参与侵彻，因此小炸高下侵彻深度计算模型可以忽略射流的断裂。

图 4.17　5 倍炸高下 JPC 的成型形态

射流侵彻靶板形成的孔径是由两部分共同作用形成的，其一是射流头部消耗自身能量用来克服靶体阻力产生一孔径，另一部分为向四周流动的靶板材料的惯性作用。王静等推导了侵彻孔道孔径 r_p 随侵彻深度的变化关系：

$$r_p = r_{j0} \left(\frac{B}{B+P}\right)^{\frac{1}{2}} \left(\frac{9}{4} + \frac{\rho_t \left(\dfrac{v_{j0}}{1+\omega_1}\left(\dfrac{1}{\frac{P}{B}+1}\right)^{\omega_1}\right)^2}{\rho_t \left(\dfrac{v_{j0}}{1+\omega_1}\left(\dfrac{1}{\frac{P}{B}+1}\right)^{\omega_1}\right)^2 + \sigma_t}\right)^{\frac{1}{2}} \left(1 + \frac{\rho_t \left(\dfrac{v_{j0}}{1+\omega_1}\left(\dfrac{1}{\frac{P}{B}+1}\right)^{\omega_1}\right)^2}{\rho_t \left(\dfrac{v_{j0}}{1+\omega_1}\left(\dfrac{1}{\frac{P}{B}+1}\right)^{\omega_1}\right)^2 + 4\sigma_t}\right)^{\frac{1}{2}}$$

$$\tag{4.32}$$

式中，r_{j0} 为射流头部半径；B 为虚拟原点到靶板表面的距离；$\omega_1 = (\rho_t/\rho_j)^{-0.5}$。

4.2.4　后级双锥罩射流侵彻深度模型

　　针对双锥罩装药结构形成射流的理论分析模型较成熟，而后级双锥罩射流在大炸高下侵彻涉及断裂等问题。下面分析双锥罩射流侵彻钢靶的过程，采用双虚拟原点方法，建立考虑断裂影响的双锥罩射流侵彻深度模型。

4.2.4.1　双锥罩射流侵彻钢靶的过程分析

　　典型的双锥罩射流侵彻钢靶过程可以分为 4 个阶段：第一阶段，自射流头部着靶时刻开始至冲击波转变为声波；第二阶段，自冲击波转变为声波开始至射流到达双线性速度分界点；第三阶段，自射流到达双线性速度分界点开始至射流开始断裂；第四阶段，自射流开始断裂至射流速度达到堆积临界速度。4 个阶段的分界点分别为冲击波影响分界点、双线性速度分界点、连续射流与断裂射流分界点。侵彻过程 3 个分界点出现的先后顺序与射流的头部速度、速度分布、射流断裂时间及侵彻的炸高有关。当射流速度较低时，侵彻过程中不会产生冲击波，因此不存在第一阶段。当炸高较大时，射流头部着靶时已经断裂，即侵彻过程不存在连续射流与断裂射流分界点，侵彻全程均采用断裂射流侵彻模型。

　　将着靶前的射流分成 BE、EC、CF、FD 四个部分，射流四个部分对应的侵彻深度分别用 P_1、P_2、P_3、P_4 表示，侵彻过程示意如图 4.18 所示。

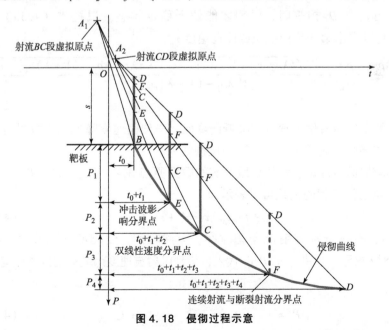

图 4.18　侵彻过程示意

在第一阶段，射流侵彻钢靶的速度 v_p 超过靶板材料的声速 c_0，在靶板与射流内部都将产生冲击波，因此靶板材料在冲击波的影响下状态参数将发生改变。由于射流直径较小，侧面稀疏波迅速传入射流导致冲击波在射流中较快衰减，因此可以忽略冲击波对射流的影响。

冲击波在靶板中传播波阵面前、后介质满足质量守恒方程与动量守恒方程：

$$\rho_0 (D_t - u_0) = \rho_1 (D_t - u_1) \tag{4.33}$$

$$p_1 - p_0 = \rho_0 D_t (u_1 - u_0) \tag{4.34}$$

式中，D_t 为冲击波传播的速度；p_0 为冲击波波阵面前介质的应力；p_1 为冲击波波阵面后介质的应力；u_0 为冲击波波阵面前质点速度；u_1 为冲击波波阵面后质点速度；ρ_0 为冲击波波阵面前材料密度；ρ_1 为冲击波波阵面后材料密度。其中 $u_0 = 0$，$p_0 = p_t$，$\rho_0 = \rho_t$。p_t、ρ_t 为靶板的强度和密度。冲击波传播速度 D_t 满足介质 Hugoniot 关系：

$$D_t = c_0 + \lambda u_1 \tag{4.35}$$

式中，λ 为与靶板材料有关的常数。

在冲击波基本方程式（4.33）~式（4.35）的基础上，对 Bernoulli 方程进行修正，得到：

$$\frac{1}{2} \rho_j (v_j - v_p)^2 = \frac{1}{2} \rho_1 (v_p - u_1)^2 + p_1 \tag{4.36}$$

式中，ρ_j、v_j 分别为射流的密度、速度。

只有当 v_p 与 D_t 相等时，侵彻才能处于稳定状态。根据式（4.33）~式（4.36）可以求出第一阶段射流的侵彻速度 v_p：

$$v_p = \frac{(2\lambda\rho_j v_j - \rho_t c_0) - \sqrt{4\lambda\rho_j\rho_t v_j [(1 + \lambda)v_j - c_0] + 8\lambda p_t [\lambda\rho_j - (1 + \lambda)\rho_t] + \rho_t^2 c_0^2}}{2[\lambda\rho_j - (1 + \lambda)\rho_t]} \tag{4.37}$$

冲击波强度随着侵彻速度的降低而降低，当侵彻速度降低到靶板材料的声速后，冲击波作用将消失，第一阶段侵彻结束。

根据虚拟原点理论，利用此段射流的虚拟原点 A_1：(l_{A1}, t_{A1})，BE 段射流侵彻深度与射流速度的关系可以表示为

$$(t_0 + t - t_{A1})v_j = P + s - l_{A1} \tag{4.38}$$

式中 t_0、t、P、s 分别为射流着靶时间、侵彻时间、侵彻深度与炸高。将式（4.38）对 t 求导，并将 $v_p = dP/dt$ 代入，得到以射流速度为变量的侵彻深度方程为

$$P = (t_0 - t_{A1})v_j e^{-\int_{v_{jB}}^{v_j} \frac{dv_j}{v_j - v_p}} - s + l_{A1} \tag{4.39}$$

将式（4.38）代入式（4.39）可以得到 BE 段射流侵彻深度随时间的变化。当射流速度达到 E 点速度 v_{jE} 时，BE 段射流侵彻结束，第一段侵彻时间与侵彻深度分别为 t_1 和 P_1。

在第二阶段，冲击波对射流侵彻的作用已经消失，但射流仍处于连续状态，虚拟原点与第一阶段相同。此阶段 v_p 与 v_j 的关系为

$$v_p = \frac{v_j - \sqrt{\dfrac{\rho_t}{\rho_j}v_j^2 + \left(1 - \dfrac{\rho_t}{\rho_j}\right)\dfrac{2p_t}{\rho_j}}}{1 - \dfrac{\rho_t}{\rho_j}} \qquad (4.40)$$

利用第一阶段计算射流侵彻深度的方法，直到射流速度达到 C 点射流速度 v_{jC}。此阶段射流经历的侵彻时间与最终的侵彻深度分别为 t_2 与 P_2。至此由虚拟原点 A_1 发出的射流 BC 段侵彻结束，射流侵彻即将进入 CD 段。

射流侵彻进入第三阶段，射流虚拟原点为 A_2：(l_{A2}, t_{A2})。此阶段的侵彻时间由连续射流与断裂射流分界点决定，当侵彻时间达到射流断裂时间 t_b，即射流速度达到 v_{jF} 时射流断裂，此段侵彻结束。此阶段射流经历的侵彻时间与最终的侵彻深度分别为 t_3 与 P_3。

第三阶段与第四阶段以射流断裂时间 t_b 作为分界点，如果 $t_0 - t_{A1} > t_b$，射流在着靶前就已经断裂，侵彻全程采用断裂射流侵彻公式；如果 $t_0 - t_{A1} < t_b$，侵彻初始阶段采用连续射流侵彻模型，当射流运动到 t_b 时刻，射流发生断裂，侵彻深度按照断裂模型进行计算。射流断裂主要是由材料的塑性失稳所造成，而塑性失稳主要由材料强度与射流的流动应力决定。根据 Chou 和 Carleone 提出的射流断裂模型，t_b 可以表示为

$$t_b = \frac{r_0}{c_p}\left(3.75 - 0.125\frac{\eta_0 r_0}{c_p} + \frac{c_p}{\eta_0 r_0}\right) \qquad (4.41)$$

式中，r_0 为射流无扰动初始半径；$c_p = Y/\rho_j$，Y 为射流屈服强度；η_0 为射流初始应变率。

此阶段从射流的 F 点计算到 D 点，按照断裂射流侵彻模型假设：射流在断裂时间后同时断裂，并且射流断裂后各段长度与速度均不变，将断裂射流的侵彻考虑为长度不再增加的连续射流的侵彻深度。假设 FD 段射流长度为 b_j，在此阶段射流侵彻时间与射流长度满足关系式：

$$db_j = (v_j - v_p)dt \qquad (4.42)$$

最终得到断裂射流侵彻深度计算公式：

$$dP = -\frac{(t_0 + t_1 + t_2 + t_3 - t_{A2})v_p}{v_j - v_p}dv_j \qquad (4.43)$$

本阶段计算出的射流侵彻时间与侵彻深度分别为 t_4 与 P_4。将 4 个阶段的 P 和 t 组合在一起即得到射流的侵彻深度随时间的变化曲线。

4.2.4.2 双虚拟原点的确定方法

由于双锥罩上、下锥的角度不同，其形成的射流速度分布是非线性的，在射流侵彻钢靶的过程中考虑这种非线性速度分布。可以把双锥罩形成的射流速度分布简化为双线性分布，如图 4.19 所示。其中速度较高的 BC 段射流速度梯度较小，而 CD 段射流的速度梯度较大。相比于线性分布的射流，双线性速度分布射流在 BC 段与 CD 段存在不同的虚拟原点。双线性速度分布射流的双虚拟原点可以利用线性分布射流的计算方法得到。

利用 $l-t$ 图可以求出射流不同阶段的虚拟原点，如图 4.20 所示。l 为射流轴向方向，射流运动的方向为正方向，以药型罩罩底为零。t 为射流运动时间，以射流头部到达药型罩底部为零。虚拟原点即 t 时刻过射流上各点 (t, l) 与斜率为该点射流速度的直线的交点。线性分布的射流速度可以表示为

$$v_j = a_i l + c_i \tag{4.44}$$

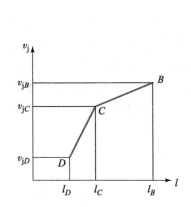

图 4.19 双锥罩射流双线性速度分布

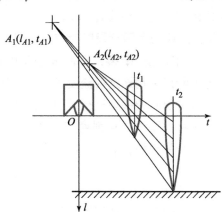

图 4.20 双虚拟原点

由上面虚拟原点的求法可以得到虚拟原点的坐标为

$$
\begin{cases}
l_{Ai} = -\dfrac{c_i}{a_i} \\[2mm]
t_{Ai} = t_2 - \dfrac{1}{a_i}
\end{cases}
\tag{4.45}
$$

式中，t_2 为着靶时刻。射流 BC 段与 CD 段的虚拟原点分别为 A_1：(l_{A1}, t_{A1})，A_2：(l_{A2}, t_{A2})。第一阶段与第二阶段利用虚拟原点 A_1，第三阶段与第四阶段利用虚拟原点 A_2。

4.2.5　前、后级隔爆效应

4.2.5.1　炸药与隔爆结构分界面处爆炸冲击波初始参量的理论计算

串联聚能装药战斗部前级装药爆轰产生的爆炸冲击波传播至炸药与隔爆结构分界面时，在隔爆结构中将会产生冲击波，同时向爆轰产物中传入一反射波。反射波的类型取决于炸药和介质的冲击阻抗 $\rho_0 D$（ρ_0 为介质密度，D 为介质冲击波波速），当炸药的冲击阻抗大于隔爆材料的冲击阻抗时，反射波为稀疏波，界面处初始压力 p_x 小于炸药的 CJ 压力 p_{CJ}，反之，反射波类型为冲击波，界面处初始压力 p_x 大于炸药的 CJ 压力 p_{CJ}。

由爆轰波基本理论可知，爆轰波 CJ 面上的爆轰产物状态参数为：

$$p_{CJ} = \frac{1}{\gamma+1}\rho_0 D_{CJ}^2, \quad \rho_{CJ} = \frac{\gamma+1}{\gamma}\rho_0, \quad u_{CJ} = \frac{1}{\gamma+1}D_{CJ}, \quad c_{CJ} = \frac{\gamma}{\gamma+1}D_{CJ} \qquad (4.46)$$

式中，p_{CJ}，ρ_{CJ}，u_{CJ}，c_{CJ} 分别为爆轰产物压力、密度、质点速度和声速；ρ_0 为炸药的初始密度；γ 为炸药多方指数。

首先讨论反射波类型为稀疏波的情况，爆轰产物在稀疏波作用下发生等熵膨胀，质点速度增大，用 u_r 表示爆轰产物获得的附加速度，分界面的初始质点速度 u_x 表示为

$$u_x = u_{CJ} + u_r \qquad (4.47)$$

根据稀疏波传播过程中的动量守恒方程，有：

$$u_r = \int_{p_x}^{p_{CJ}} \frac{\mathrm{d}p}{\rho c} \qquad (4.48)$$

式中，p_x 为分界面处初始压力。由爆轰产物等熵方程可以得到：

$$\frac{c}{c_{CJ}} = \left(\frac{\rho}{\rho_{CJ}}\right)^{\frac{\gamma-1}{2}}, \quad \frac{\rho}{\rho_{CJ}} = \left(\frac{p}{p_{CJ}}\right)^{\frac{1}{\gamma}} \qquad (4.49)$$

将式（4.46）和式（4.49）代入式（4.48）求出 u_r，将其代入式（4.47）得：

$$u_x = \frac{D_{CJ}}{\gamma+1}\left\{1 + \frac{2\gamma}{\gamma-1}\left[1 - \left(\frac{p_x}{p_{CJ}}\right)^{\frac{\gamma-1}{2\gamma}}\right]\right\} \qquad (4.50)$$

利用隔爆材料中透射冲击波前、后质量守恒与动量守恒方程可以得到界面处初始冲击波压力与质点速度的关系为

$$p_x = \rho_{0m} D_x u_x \qquad (4.51)$$

式中，ρ_{0m} 为隔爆材料的初始密度；D_x 为隔爆材料中初始冲击波速度。根据固体中冲击压缩规律，用线性 Hugoniot 关系表示介质中冲击波速度与质点速度的

关系：

$$D_x = c_0 + \lambda u_x \tag{4.52}$$

式中，c_0 为材料压力为零时的声速；λ 为与材料性质有关的常数。

将式（4.52）代入式（4.51）得到 $p-u$ 形式下的冲击波 Hugoniot 方程，并联立式（4.50）即可算出反射波为稀疏波时界面处冲击波初始压力、初始质点速度、冲击波初始速度。

下面分析反射冲击波时界面处初始参量的计算方法，反射波经过爆轰产物后质点速度将会由 u_{CJ} 下降到 u_x，根据冲击波基本方程得：

$$u_{CJ} - u_x = \sqrt{(p_x - p_{CJ}) \left(\frac{1}{\rho_{CJ}} - \frac{1}{\rho_x} \right)} \tag{4.53}$$

式中，ρ_x 为分界面处初始密度。根据冲击波 Hugoniot 方程可以得到：

$$e_x - e_{CJ} = \frac{1}{2}(p_x + p_{CJ}) \left(\frac{1}{\rho_{CJ}} - \frac{1}{\rho_x} \right) \tag{4.54}$$

式中，e_x 为反射冲击波过后爆轰产物内能；e_{CJ} 为化学反应区末端面化学反应结束后内能。凝聚体的状态方程可以表示为

$$p = A\rho^{\gamma}, \quad e = \frac{A}{\gamma - 1} \rho^{\gamma - 1} \tag{4.55}$$

式中，A 为常数。通过对式（4.54）和式（4.55）的变换可以得到：

$$\frac{p_x}{(\gamma - 1)\rho_x} - \frac{p_{CJ}}{(\gamma - 1)\rho_{CJ}} = \frac{1}{2}(p_x + p_{CJ}) \left(\frac{1}{\rho_{CJ}} - \frac{1}{\rho_x} \right) \tag{4.56}$$

将式（4.56）代入式（4.53），并结合式（4.46）可以得到：

$$u_x = \frac{D_{CJ}}{\gamma + 1} \left[1 - \frac{\left(\frac{p_x}{p_{CJ}} - 1 \right) \sqrt{2\gamma}}{\sqrt{(\gamma + 1)\frac{p_x}{p_{CJ}} + (\gamma - 1)}} \right] \tag{4.57}$$

根据式（4.57）、式（4.51）和式（4.52）可以求得反射冲击波时界面处冲击波初始压力、初始质点速度、冲击波初始速度。基于上述理论模型对不同隔爆材料与 8701 炸药接触爆炸作用下产生的爆炸冲击波进行计算，选取 3 种隔爆材料——45 钢、Ly-12 铝和有机玻璃，隔爆材料参数及冲击波初始参量计算结果如表 4.1 所示。8701 炸药的密度为 1.69 g/cm^3，爆速为 8 425 m/s，爆压为 29.6 GPa，多方指数为 3。

表 4.1　隔爆材料参数及冲击波初始参量计算结果

隔爆材料	材料参数			冲击波初始参量计算结果		
	$c_0/(\mathrm{m \cdot s^{-1}})$	λ	$\rho_{0m}/$ $(\mathrm{g \cdot cm^{-3}})$	$D_x/$ $(\mathrm{m \cdot s^{-1}})$	$u_x/$ $(\mathrm{m \cdot s^{-1}})$	p_x/Gpa
45 钢	3 570	1.92	7.8	5 495	1 002	42.97
Ly – 12 铝	5 480	1.3	2.7	7 579	1 614	33.04
有机玻璃	2 870	1.88	1.18	7 520	2 473	24.2

通过计算可以看出，3 种不同隔爆材料与 8701 炸药接触爆炸产生冲击波初始压力关系为：$D_{x_{铝}} > D_{x_{有}} > D_{x_{钢}}$，$u_{x_{有}} > u_{x_{铝}} > u_{x_{钢}}$，$p_{x_{钢}} > p_{x_{铝}} > p_{x_{有}}$。

4.2.5.2　冲击波在隔爆结构中的衰减

前级装药爆炸后在隔爆结构中产生冲击波，此冲击波受波后传来稀疏波的作用而衰减，隔爆结构中冲击波衰减过程示意如图 4.21 所示。在 $t = 0$ 时刻，爆轰波前沿冲击波阵面传播至炸药与隔爆结构的接触面，在隔爆结构中产生速度为 D_1 的透射冲击波。实际的爆轰波结构是带有一定厚度的化学反应区，如图 4.22 所示。

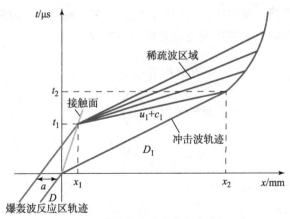

图 4.21　隔爆结构中冲击波衰减过程示意

反应区从开始到终了，其压力由 von Neumann 压力降低到 CJ 压力，von Neumann 压力为 CJ 压力的 1.5 ～ 2 倍。而 CJ 面后爆轰产物的压力将随着离开 CJ 面的距离而逐渐下降，此波称为泰勒波。在这种结构爆轰波的作用下，材料中的冲击波结构将产生类似的变化，材料中冲击波峰值压力将随传播距离发生变化。设炸药反应区的宽度为 a，t_1 时刻反应区末端面传播至接触面，此

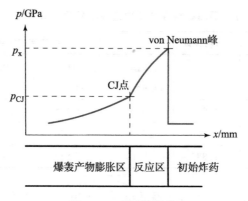

图 4.22   爆轰波结构

时接触面位于 x_1。从（x_1，t_1）点将发出一系列稀疏波，该波的波头速度为 $u_1 + c_1$，波头在（x_2，t_2）点追上冲击波，此后冲击波将受到稀疏波的作用而不断衰减。根据图 4.21 中的几何关系可以得到以下方程：

$$x_1 = u_1 t_1, \ x_1 + a = D_{CJ} t_1, \ x_2 = D_1 t_2, \ x_2 - x_1 = (u_1 + c_1)(t_2 - t_1) \quad (4.58)$$

由上述方程可以推得：

$$x_2 = a[D_1 c_1 / (D_{CJ} - u_1)(u_1 + c_1 - D_1)] \quad (4.59)$$

从式（4.59）可以看出冲击波开始衰减的位置与隔爆结构中冲击波速度、波后质点速度、声速、反应区宽度和炸药爆速有关。根据冲击波关系式以及隔爆材料状态方程可以得到冲击波后介质的状态参数。

$$\rho_1 = \rho_0 \frac{D_1}{D_1 - u_1} \quad (4.60)$$

$$\omega = 2\lambda\left(1 + \frac{c_0}{D_1}\right) - 1 \quad (4.61)$$

$$c_1 = \sqrt{\omega \frac{p_1}{\rho_1} + \frac{\rho_0 c_0^2}{\rho_1}} \quad (4.62)$$

式中，ω 为凝聚介质状态方程的系数；ρ_1 为波后介质密度。

当稀疏波在（x_2，t_2）点赶上冲击波后，波后介质的状态将沿着 $p - u$ 形式 Hugoniot 曲线自（u_1，p_1）点往下变化，假设冲击波的衰减过程为一等熵过程，冲击波的衰减不会影响稀疏波区域。根据冲击波关系与稀疏波区域的解可以得到冲击波衰减的轨迹为

$$x = c_0(t - t_1) + [(x_2 - x_1) - c_0(t_2 - t_1)]\left(\frac{t - t_1}{t_2 - t_1}\right)^{0.5} + x_1 \quad (4.63)$$

对式（4.63）求导即可得到冲击波衰减过程中的速度：

$$D_{\mathrm{m}} = c_0 + \frac{1}{2}\left[\frac{x_2 - x_1}{t_2 - t_1} - c_0\right]\left(\frac{t_2 - t_1}{t - t_1}\right)^{0.5} \tag{4.64}$$

根据式（4.51）、式（4.52）并联立式（4.63）和式（4.64）可求得介质中压力随传播距离的变化。

4.2.5.3　前级装药与隔爆结构界面处反射波的判据

串联聚能装药战斗部前级装药爆炸后，爆轰波传播至炸药与隔爆结构的交界面，将向隔爆结构中透射一冲击波，也会向爆轰产物中传入反射波，反射波可能为稀疏波，也可能为冲击波。可根据冲击波的冲击阻抗来判定反射波的类型，隔爆结构中产生的冲击波的冲击阻抗用隔爆材料的密度与冲击波速度的乘积表示，即 $\rho_{0\mathrm{m}}D$，爆轰波的冲击阻抗为 $\rho_0 D_{\mathrm{CJ}}$，其中 ρ_0 为炸药初始密度，D_{CJ} 为炸药爆速。

利用介质的 $p-u$ 曲线分析反射波情况，当前级装药与隔爆结构界面处压力大于 CJ 压力 p_{CJ} 时，即隔爆结构的 $p-u$ 曲线位于爆轰产物的 $p-u$ 曲线的左边，产物中的反射波为冲击波，此时 $\rho_{0\mathrm{m}}D > \rho_0 D_{\mathrm{CJ}}$。反之，当 $\rho_{0\mathrm{m}}D < \rho_0 D_{\mathrm{CJ}}$ 时，产物中反射波为稀疏波。根据式（4.46），可以得到爆轰产物 $p-u$ 曲线关系为

$$p_{\mathrm{CJ}} = (\gamma + 1)\rho_0 u_{\mathrm{CJ}} \tag{4.65}$$

将凝聚介质状态方程代入冲击波基本方程得到隔爆结构中的 $p-u$ 曲线关系：

$$p = \rho_{0\mathrm{m}}(c_0 + \lambda u)u \tag{4.66}$$

c_0 和 λ 的选取参见表 4.1。

假设在式（4.66）中取 $u = u_{\mathrm{CJ}}$，若得到的 p 大于 p_{CJ}，说明隔爆结构的 $p-u$ 曲线位于爆轰产物 $p-u$ 曲线的左边，若 p 小于 p_{CJ}，则爆轰产物的 $p-u$ 曲线位于隔爆结构的 $p-u$ 曲线的左边。将 p 与 p_{CJ} 的比值记为 ξ_1，当 $u = u_{\mathrm{CJ}}$ 时，有：

$$\xi_1 = \frac{\rho_{0\mathrm{m}}(c_0 + \lambda u_{\mathrm{CJ}})}{\rho_0(\gamma + 1)u_{\mathrm{CJ}}} \tag{4.67}$$

当炸药和隔爆结构的材料确定，即可根据计算得到的 ξ_1 判断爆轰产物中反射波的类型。根据表 4.1 中的数据计算得到 45 钢、Ly - 12 铝和有机玻璃中的 ξ_1 分别为 6.33、1.87 和 0.53。因此，当隔爆结构的材料采用 45 钢或 Ly - 12 铝时，反射波为冲击波，而选择有机玻璃时，反射波为稀疏波。

4.2.5.4　隔爆效果的评价方法

串联聚能装药战斗部前级起爆后，形成的冲击波可能引爆后级装药，造成

后级射流不能正常成型。因此设计隔爆结构的目的是保证后级装药的安定性，使其能够在合理的延迟时间下通过设定的方式正常起爆。炸药在冲击波作用下的响应反映在其起爆阈值、起爆判据和爆轰建立过程。利用非均质炸药的冲击起爆判据来评价隔爆效果，并通过数值模拟的方法获得炸药中冲击波的成长迹线。

非均质炸药冲击起爆判据的建立大多数基于测量炸药冲击起爆特性的试验，主要有平面撞击试验和隔板试验。Walker 和 Wasley 通过对大量的试验数据的系统分析，发现非均质炸药的起爆与入射到炸药单位面积上的能量有关，提出了等能量平面一维短脉冲冲击起爆判据为

$$E_{cr} = pu_e\tau \tag{4.68}$$

式中，E_{cr} 为作用在炸药单位面积上的临界起爆能量；p 为加载在炸药上的压力；u_e 为炸药质点速度；τ 为冲击波的持续时间。

下面利用介质的 $p-u$ 关系曲线阐述作用在后级炸药上冲击波压力及质点速度的计算过程，如图 4.23 所示。曲线 1 代表前级炸药爆轰产物的 $p-u$ 曲线，A 点为 CJ 爆轰的解，对应的 $p_A = p_{CJ}$，$u_A = u_{CJ}$。曲线 2 为与前级炸药相邻的第一层隔爆材料的 $p-u$ 曲线，此处隔爆材料的冲击阻抗大于爆轰产物的冲击阻抗，爆轰波到达前级装药与隔爆结构界面处将产生冲击波，介质状态为图中的 B 点，B 点既在曲线 2 上，又在爆轰产物中反射波的 $p-u$ 曲线 1′ 上。冲击波在隔爆结构第一层介质中经过一定的衰减，到达第一层与第二层介质分界面时冲击波状态处于 C 点，压力和质点速度分别变为 p_C、u_C。假设第二层介质阻抗大于第一层介质，将在第二层介质中反射一冲击波，冲击波状态由 C 点沿曲线 2′ 上升到 D 点，D 点为曲线 2′ 和第二层介质透射波的 $p-u$ 曲线 3 的交点，冲击波在第二层介质中从 D 点衰减到 E 点，此时冲击波到达第二层介质与后级炸药的分界面，再次发生反射，状态由 E 点变化到 F 点。加载到后级炸药上的冲击波压力 p_F 和质点速度 u_F 即冲击起爆判据中的 p 和 u_e。曲线 1 和 1′、2 和 2′、3 和 3′ 分别关于 $u = u_A$、$u = u_C$、$u = u_E$ 对称。从图中可以看出单层材料反射一次得到的状态为 G 点，明显高于 F 点的状态。

爆轰波到达前级装药与隔爆结构界面处产生透射冲击波及反射波状态的计算在 4.2.5.1 节中已求解，此处不再重复列出。冲击波压力在隔爆结构中的衰减系数为

$$\alpha_m = 1.246 \frac{\rho_{0m}c_0}{\rho_0 D_{CJ}} + 2.092 \tag{4.69}$$

当冲击波传至隔爆结构不同层分界面或隔爆结构与后级炸药分界面时，按照冲击波的质量守恒方程、动量守恒方程和界面连续条件可以得到：

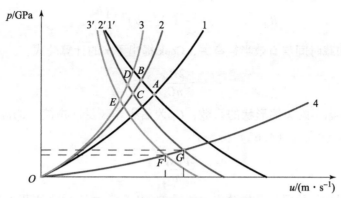

图 4.23　后级炸药冲击状态图解

$$\rho_2 \big[c_2 + \lambda_2 (2u_C - u_D) \big] (2u_C - u_D) = \rho_3 (c_3 + \lambda_3 u_D) u_D \tag{4.70}$$

$$p_D = \rho_3 (c_3 + \lambda_3 u_D) u_D \tag{4.71}$$

根据线性 Hugoniot 关系，隔爆材料和后级炸药中冲击波速度 D 与质点速度 u 的关系可以表示为

$$D_2 = c_2 + \lambda_2 u_2, \ \ D_3 = c_3 + \lambda_3 u_3 \tag{4.72}$$

$$D_4 = c_4 + \lambda_4 u_F \tag{4.73}$$

联立以上两式即可解得入射到后级炸药的冲击波压力 p_F 及质点速度 u_F。

隔爆结构中冲击波从形成到传播至隔爆结构与后级装药分界面处持续的时间 T_m 可以表示为

$$T_m = \frac{h_m}{D_m} \tag{4.74}$$

式中，h_m 为各层隔爆结构的初始厚度。

冲击波过后隔爆结构受到压缩，材料密度增大，根据质量守恒原理，隔爆结构的厚度将减小为

$$h'_m = \frac{h_m (D_m - u)}{D_m} \tag{4.75}$$

隔爆结构中冲击波产生的瞬时，从前级炸药与隔爆结构界面的边沿处形成稀疏波向隔爆结构内传播，在 T_m 时间内稀疏波的传播距离为 CT_m，C 为隔爆材料受冲击后的高压声速。稀疏波以界面边沿为中心，以 CT_m 为半径向外传播，稀疏波和隔爆结构与后级炸药界面的交点决定了冲击波开始传入后级炸药时的有效半径 R_{eff}。多层介质的隔爆结构需要分别计算冲击波到达各层的有效半径，计算时第二层介质的 R_{0m} 为第一层介质的 R_{eff1}，根据几何关系可以得到：

$$h_m^2 + (R_{0m} - R_{eff})^2 = (CT_m)^2 \tag{4.76}$$

式中，R_{0m} 为隔爆结构的半径。联立式 (4.74)～式 (4.76) 得：

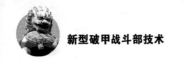

$$R_{eff} = R_{0m} - [C^2 - (D_m - u)^2]^{\frac{1}{2}} \frac{h_m}{D_m} \qquad (4.77)$$

冲击波加载时间与有效半径有关，Cook 提出了 τ 的计算公式：

$$\tau = \frac{2R_{eff}}{nC_4} \qquad (4.78)$$

式中，n 为考虑不同头部形状的系数；C_4 为后级炸药受冲击波后的高压声速。将式（4.78）代入式（4.68）得到 E：

$$E = \frac{2p_F u_F R_{eff}}{nC_4} \qquad (4.79)$$

当计算得到的后级炸药的冲击波能量 $E < E_{cr}$ 时，表明后级炸药不会被冲击起爆，具有足够的安定性。式（4.77）和式（4.79）中材料的高压声速可以用下式计算得到：

$$C^2 = \frac{c_0^2 (1 - \zeta)^2}{(1 - \lambda\zeta)^3}(1 + \lambda\zeta - \lambda\gamma_0\zeta^2) \qquad (4.80)$$

式中，c_0 为零压时材料的声速；γ_0 为材料的 Grüneisen 系数；ζ 为材料的比容比，可以表示为

$$\zeta = \frac{V_0 - V}{V_0} \qquad (4.81)$$

式中，V 为冲击波波后材料比容，$V = 1/\rho$；V_0 为初始比容。V 可以根据冲击波压力求出：

$$p = \frac{c_0^2 (V_0 - V)}{[V_0 - \lambda(V_0 - V)]^2} \qquad (4.82)$$

|4.3 同口径成型装药串联匹配设计方法|

针对装甲技术的快速发展给反装甲弹药带来的巨大威胁，本节提出了同口径顺序起爆方式串联聚能装药战斗部设计方法。首先针对这种类型的战斗部研究了前、后级匹配的条件，建立了延迟起爆时间、总侵彻深度与系统各参量的匹配关系模型，获得系统各参量合理的选取范围，然后根据匹配关系，确定前、后级的装药结构，研究前、后级毁伤元的成型及侵彻，最后分析了前级装药爆炸产生冲击波在隔爆结构中的衰减规律、单层与多层介质的隔爆效应，进行前、后级隔爆设计。

4.3.1　同口径成型装药串联匹配关系

前、后级匹配关系是影响同口径串联聚能装药战斗部高效毁伤效能的关键因素。为了形成互不干扰的前、后级射流对目标进行接力侵彻，需要开展串联匹配关系的研究。串联匹配关系涉及串联聚能装药战斗部结构参数、毁伤元成型参数、延迟时间、两级装药间距、侵彻威力之间相应的时间和空间关系。

4.3.1.1　延迟起爆时间与系统各参量的匹配关系

对顺序起爆方式串联聚能装药战斗部作用过程进行分析，需要建立延迟时间与装药结构等参量的匹配关系，为串联聚能装药战斗部的总体优化设计提供依据。为了便于开展两级装药的时序匹配分析，将系统各参量用符号表示在图 4.24 中。

从图 4.24 中可以看出，合理的延迟时间需要保证前级射流的尾部侵彻完靶板之前，后级射流头部不会追上前级射流的尾部。由此可见，影响延迟起爆时间的主要因素包括前、后级装药结构，前、后级射流成型参数，前、后级装药间距，前、后级装药炸高，前级射流的侵彻深度。下面根据匹配要求建立延迟时间计算模型，详细讨论延迟时间与系统各参量之间的关系。

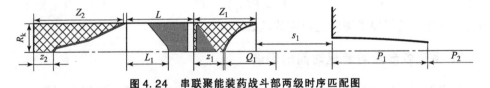

图 4.24　串联聚能装药战斗部两级时序匹配图

1. 延迟时间计算模型

前、后级装药的延迟时间可以用前级起爆开始到侵彻结束的时间减去后级起爆开始到射流头部到达孔底的时间，将延迟时间 Δt 表示为

$$\Delta t = t_1 - t_2 \tag{4.83}$$

式中，t_1 表示从前级装药起爆开始到其形成射流的尾部到达侵彻孔道底部的时间；t_2 表示从后级装药起爆开始到其形成射流的头部穿过隔爆装置到达前级侵彻孔道底部的时间。

由此可见，t_1 只与前级装药结构、杆流成型及侵彻特性相关，可将其表示为

$$t_1 = \frac{R_k + Z_1}{D_{CJ}} + \frac{(Z_1 - z_1)\tan\alpha_1}{v_{1t}\cos\alpha_1} + \frac{P_1 + s_1 - (Q_1 - Z_1 + z_1)}{v_{1t}} \tag{4.84}$$

式中，R_k 为战斗部的装药半径；D_{CJ} 为炸药的爆速；Z_1 为前级装药高度；z_1 为前级罩顶炸高；α_1 为前级装药药型罩的半锥角；v_{1t} 为前级射流的尾部速度；

Q_1 为前级药型罩顶部与尾部压垮到轴线处之间的距离；s_1 为前级装药的炸高；P_1 为前级射流在 s_1 炸高下的侵彻深度。Q_1 可以表示为

$$Q_1 = (Z_1 - z_1)(1 + \tan^2 \alpha_1) \tag{4.85}$$

t_2 不仅与后级装药结构、后级射流成型性能有关，还受前、后级装药的距离，后级装药到隔板装置的距离，后级射流头部速度的消耗等因素的影响。

$$t_2 = \frac{z_2}{D_{CJ}} + \frac{Z_2 - z_2 + L_1}{v_{2j}} + \frac{P_1 + s_1 + Z_1 + L - L_1}{v_{2j} - v_{2d}} \tag{4.86}$$

式中，z_2 为后级装药罩顶炸高；Z_2 为后级装药高度；L_1 为后级装药与隔爆装置之间的距离：L 为前、后级装药的间距；v_{2j} 为后级射流的头部速度；v_{2d} 为后级射流穿过隔爆装置头部速度的消耗量。

从延迟时间可以看出，延迟时间受到多个参量的制约，为了便于研究，将一些参量假设为常量，其中 $R_k = 0.55$ m；$Z_1 = 0.125$ m；$z_1 = 0.057$ m；$\alpha_1 = 36°$；$Q_1 = 0.104$ m；$z_2 = 0.04$ m；$Z_2 = 0.18$ m；$D_{CJ} = 8\ 425$ m/s；其余量 v_{1t}、v_{2j}、v_{2d}、L、L_1、s_1、P_1 均为变量，但部分变量之间满足一定的关系：

$$v_{1t} < v_{2j} \tag{4.87}$$

$$L_1 < L \tag{4.88}$$

$$P_1 = P(s_1) \tag{4.89}$$

式中，P 表示前级侵彻深度是炸高的函数。

2. 系统各参量对延迟时间的影响

本节开展了延迟时间与系统各参量（前级射流尾部速度 v_{1t}、后级射流头部速度 v_{2j}、后级射流穿过隔爆装置头部速度的消耗量 v_{2d}、装药间距 L、后级装药到隔爆装置的距离 L_1、前级炸高 s_1）的匹配关系研究。

1）v_{1t} 和 v_{2j} 的影响

假定两级装药间距为 2 倍装药直径，即 $L = 0.22$ m；后级装药与隔爆装置之间的距离为 1 倍装药直径，即 $L_1 = 0.11$ m；后级射流穿过隔爆装置头部速度消耗 15%，即 $v_{2d} = 0.15 v_{2j}$；选择前级装药的炸高为 2 倍装药直径，即 $s_1 = 0.22$ m，假设前级侵彻深度 $P_1 = 3.73 D_k$。后级射流头部速度范围为 8 000 ~ 9 500 m/s，前级尾部速度 v_{1t} 分别选取 500 m/s、1 000 m/s、1 500 m/s、2 000 m/s，得到 $\Delta t - v_{2j}$ 曲线，如图 4.25 所示。

从图 4.25 中可以看出，在前级射流尾部速度相同的情况下，随着后级射流头部速度的增大，延迟时间有微弱的增加，但增加不明显，几乎对延迟时间没有影响。但是前级射流尾部速度对延迟时间的影响较大，如图 4.26 所示，前级射流尾部速度越小，所需要的延迟时间越长。随着前级射流尾部速度的减

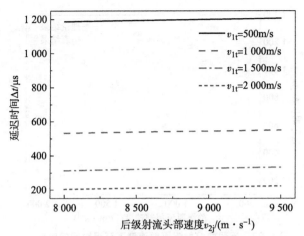

图 4.25　延迟时间随后级射流头部速度的变化

小，延迟时间呈指数趋势增长，v_{1t} 从 2 000 m/s 降低到 500 m/s，延迟时间提高了约 5 倍，达到毫秒量级，在实际应用中难以实现，因此只有提高前级射流尾部速度才能有效缩短延迟起爆时间。在以下讨论中将前级射流尾部速度 v_{1t} 作为重要的变量，将其控制在 1 500 ~ 2 000 m/s 范围内，延迟时间在 200 ~ 300 μs 范围内。

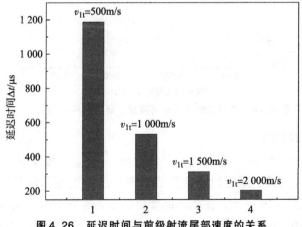

图 4.26　延迟时间与前级射流尾部速度的关系

　　对不同前级射流尾部速度下的延迟时间进行数值模拟，与延迟时间模型计算出的结果对比，结果如图 4.27 所示。仿真中各变量的选取范围与串联匹配关系分析中一致，由于串联匹配关系中前级射流的侵彻深度是一定的，但仿真中会有所变化，导致仿真的延迟时间略高于理论结果。不同后级射流头部速度下延迟时间的理论与仿真结果如图 4.28 所示，延迟时间随后级射流头部速度的变化较小。

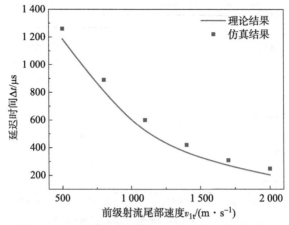

图 4.27　不同前级射流尾部速度下延迟时间的对比

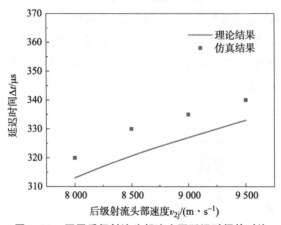

图 4.28　不同后级射流头部速度下延迟时间的对比

2）v_{2d} 和 L_1 的影响

后级射流穿过隔爆装置将会消耗部分射流，将 v_{2d} 作为变量，分析延迟时间 Δt 随 v_{2d} 的变化规律，延迟时间与后级射流头部穿过隔爆装置头部速度消耗量的关系曲线如图 4.29 所示。在此其他变量假定为常数，其中 $v_{2j} = 8\ 500$ m/s，$L = 0.22$ m，$L_1 = 0.11$ m，$s_1 = 0.22$ m，$P_1 = 3.73D_k$。v_{2j} 在 1 500 ~ 2 000 m/s 范围内变化，v_{2d} 分别取 $0.1v_{2j}$、$0.15v_{2j}$、$0.2v_{2j}$、$0.25v_{2j}$。

观察图 4.29 中的曲线变化规律，可看出后级射流头部速度的消耗量越大，所需的延迟时间越少，v_{2d} 每增大 $0.05v_{2j}$，延迟时间减少约 7 μs，当 v_{2d} 从 $0.1v_{2j}$ 变化到 $0.25v_{2j}$，延迟时间降低了约 7%，下降幅度较小，对降低延迟时间的效果不明显。另一方面，以 $v_{2j} = 8\ 500$ m/s 为例，v_{2d} 每增大 $0.05v_{2j}$，后级射流头部速度就降低 425 m/s，这将对后级射流的侵彻能力产生较大影响，因此不能

利用增大 v_{2d} 的方法来降低延迟时间。

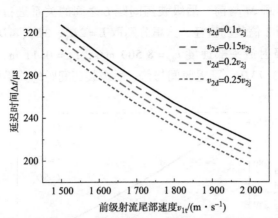

图 4.29　延迟时间与后级射流头部速度消耗量的关系曲线

在后级射流穿过隔爆装置之前，射流头部速度将保持不变，因此有必要对后级装药到隔爆装置的距离对延迟时间的影响进行研究。在其他变量不变的情况下，即 $v_{2j} = 8\ 500$ m/s，$L = 3D_k$，$v_{2d} = 0.15 v_{2j}$，$s_1 = 0.22$ m，$P_1 = 3.73 D_k$，延迟时间与后级装药到隔爆装置距离的关系曲线如图 4.30 所示。

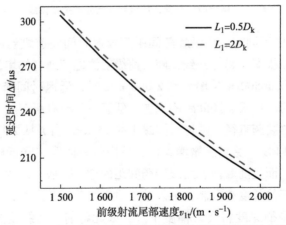

图 4.30　延迟时间与后级装药到隔爆装置距离的关系曲线

由图 4.30 可以看出，$L_1 = 0.5 D_k$ 时的延迟时间略小于 $L_1 = 2 D_k$ 时的延迟时间，但后级装药到隔爆装置的距离从 0.22 m 减小到 0.055 m，延迟时间只降低了约 4 μs，几乎没有影响。但是在实际应用中，后级装药到隔爆装置的距离不能太小，太小会导致后级射流不能得到充分地拉伸就接触到隔爆装置，对射流的成型效果产生较大影响，因此根据射流所需的成型空间，至少选择 L_1 为 1 倍装药直径。

3）L 和 s_1 的影响

下面对延迟时间 Δt 与前、后级装药间距 L 之间的关系进行分析，前、后级装药间距至少为 2 倍装药直径，这里分别取 $L = 2D_k$、$3D_k$、$4D_k$、$5D_k$。其他变量分别为：后级射流头部速度 $v_{2j} = 8\ 500$ m/s，$L_1 = 0.11$ m，$v_{2d} = 0.15v_{2j}$，$s_1 = 0.22$ m，$P_1 = 3.73D_k$。延迟时间与前、后级装药间距的关系曲线如图 4.31 所示。

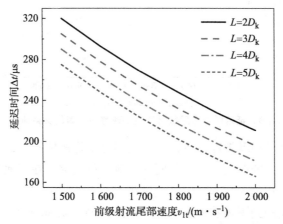

图 4.31　延迟时间与前、后级装药间距的关系曲线

分析图 4.31 中不同前、后级装药间距下延迟时间随前级射流尾部速度的变化曲线，发现曲线变化趋势一致，随着前级射流尾部速度的增加，延迟时间逐渐降低，当 v_{1t} 从 1 500 m/s 增大到 2 000 m/s 时，延迟时间降低了 34.1%。与此同时，随着前、后级装药间距的增加，延迟时间亦有所下降，前、后级装药间距每增加 1 倍装药直径，延迟时间减少约 15 μs，当 L 从 $2D_k$ 增大到 $5D_k$ 时，延迟时间减少了 14%，说明仅靠增大前、后级装药间距来降低延迟时间不能起到明显的效果，而且随着前、后级装药间距的增大，战斗部的长度也将随之增加，但是战斗部的长度有限制，另外前、后级装药间距太大，后级装药将面临大炸高侵彻，侵彻深度将会大幅度下降，因此将前、后级装药间距控制在 $2D_k \sim 3D_k$ 范围内。

最后讨论延迟时间随前级装药炸高的变化规律，选择前级装药炸高分别为 $1.5D_k$、$2D_k$ 和 $2.5D_k$，对应的侵彻深度 P_1 分别为 $3.24D_k$、$3.73D_k$、$4.78D_k$。其他参量分别选择：$v_{2j} = 8\ 500$ m/s，$L = 3$ m，$L_1 = 1.5D_k$，$v_{2d} = 0.15v_{2j}$。延迟时间与前级装药炸高的关系曲线如图 4.32 所示。

分析图 4.32 中不同前级装药炸高下的延迟时间，可以看出与其他参量相比，前级装药炸高对延迟时间的影响规律明显不同，前级装药炸高越大，延迟

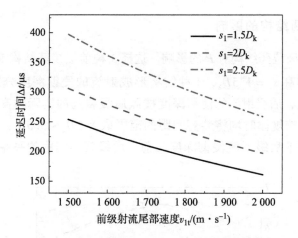

图 4.32　延迟时间与前级装药炸高的关系曲线

时间越长，且延迟时间的增幅随着 s_1 的增大而逐渐增大，当前级射流尾部速度为 1 500 m/s 时，s_1 从 1.5D_k 增大到 2.5D_k，延迟时间提高了 56%。在炸高相同的情况下，延迟时间随着前级射流尾部速度的增大而下降，但下降幅度有所不同，不同炸高之间延迟时间的差距随着前级射流尾部速度的增大而降低，如 v_{1t} = 1 500 m/s 时，s_1 = 1.5D_k 与 s_1 = 2.5D_k 之间延迟时间的差为 143 μs，而 v_{1t} = 2 000 m/s 时，延迟时间差值为 98 μs，降低了 31.5%。因此，前级装药炸高不能太大，会导致延迟时间的大幅度增加，但是前级装药炸高太小会造成侵彻能力的下降，需要根据战斗部对毁伤威力的需求进行选择。

4.3.1.2　两级射流的威力匹配

顺序起爆方式串联聚能装药战斗部的后级装药在前级作用后，沿前级侵彻的孔道进入并接力侵彻目标，其实际炸高为静态炸高与前级侵彻深度之和。为了增大串联射流对目标的侵彻深度，需要对前、后级射流的威力匹配进行研究，串联射流总侵彻深度 P 为

$$P = P_1 + P_2 \tag{4.90}$$

P_1 由式（4.89）给出，而 P_2 与后级装药结构及后级装药炸高 s_2 密切相关，s_2 可以表示为

$$s_2 = L + Z_1 + s_1 + P_1 \tag{4.91}$$

从上面串联侵彻深度的计算方法中可看出，影响 P 的因素主要有前、后级装药结构，前级装药炸高 s_1，前级侵彻深度 P_1，前、后级装药间距 L。下面分别研究这些因素对 P 的影响规律。

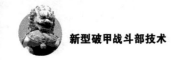

1. 前级装药结构的影响

首先研究前级装药结构对 P 的影响。选择 3 种前级装药结构 K_1、K_2、K_3，假设前级装药炸高 $s_1 = 1.5D_k$，3 种结构形成射流的侵彻深度分别为 $1.5D_k$、$3.32D_k$ 和 $1.8D_k$，后级射流的侵彻深度按照后级装药的实际炸高求得，以下分析各因素的影响规律时均将装药间距的范围取为 $2D_k \sim 3.5D_k$。通过计算得到不同前级装药下后级射流侵彻深度与前、后级装药间距的关系曲线，如图 4.33 所示。

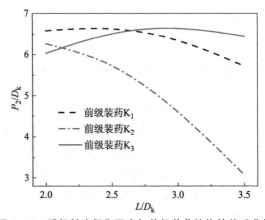

图 4.33 后级射流侵彻深度与前级装药结构的关系曲线

分析图 4.33 中 P_2 的变化规律，K_1 和 K_2 的变化较小，而对于前级装药 K_3，P_2 随着 L 的增大急剧下降，当 L 达到 $3.5D_k$ 时，P_2 仅为 $3D_k$，这是由于 K_2 的侵彻能力较强，导致后级装药的炸高比 K_1、K_2 的大，使后级射流在大炸高下侵彻深度大幅下降。

计算得到不同前级装药结构下总侵彻深度随前、后级装药间距的关系曲线如图 4.34 所示，比较图 4.33 和图 4.34，曲线趋势没有变化，但 K_2 方案的总侵彻深度在 L 为 $2D_k \sim 2.5D_k$ 时最大，在 L 为 $3D_k \sim 3.5D_k$ 时最小，说明只有合理匹配前、后级射流的威力才能实现最佳毁伤效果。

2. 前级装药炸高的影响

下面在不改变前级装药结构的基础上研究前级装药炸高 s_1 对 P_2 的影响规律，选择前级装药结构为 K_1，L 的范围仍取为 $2D_k \sim 3.5D_k$，前级装药炸高分别选择 $1.5D_k$、$2D_k$ 和 $2.5D_k$。P_2 随 L 的变化曲线如图 4.35 所示。

从图 4.35 可以得出，s_1 越小，后级射流侵彻深度越大，当 s_1 达到 $2.5D_k$ 时，后级射流的侵彻能力降幅明显，不能发挥出后级射流的威力，将前、后级

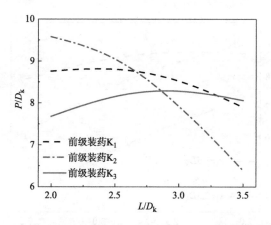

图 4.34　不同前级装药结构下总侵彻深度与前、后级装药间距的关系曲线

射流的侵彻深度相加，得到不同炸高下的总侵彻深度，如图 4.36 所示。3 种炸高下总侵彻深度的差距较二级射流侵彻深度有所减小，但 $s_1 = 2.5D_k$ 时 P_2 仍然很小，虽然此炸高下前级侵彻深度很大，但总侵彻深度不理想。这再次说明了前、后级威力合理匹配的关键性。

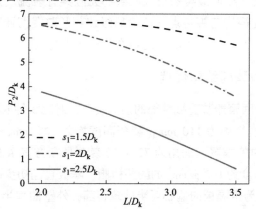

图 4.35　后级射流侵彻深度与前级装药炸高的关系曲线

　　综上所述，建立了延迟时间、总侵彻深度与系统各参量匹配关系模型，结果表明 v_{2j} 和 v_{2d} 对延迟时间影响较小，并找出了其余各参量满足匹配条件的选取范围，其中前级射流尾部速度为 1 500～2 000 m/s，前、后级装药间距为 $2D_k$～$3D_k$，后级装药到隔爆装置的距离至少为 1 倍装药直径，前级装药炸高 $1.5D_k$～$2D_k$。从威力匹配的计算结果可看出，前级装药应该满足小炸高条件下大开孔兼顾侵彻深度的要求，后级装药要求在大炸高下具有较强的侵彻威力，威力匹配需要分别对前、后级装药的成型及侵彻特性进行研究，从中获得较佳的前、后级结构，实现串联毁伤元侵彻威力的提高。

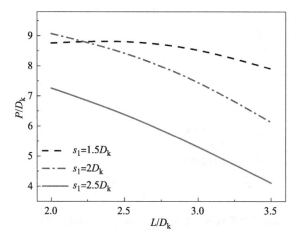

图 4.36　总侵彻深度与前级炸高的关系曲线

4.3.2　前级装药结构设计

串联聚能装药战斗部前级装药形成的毁伤元应具有射流质量大、尾部速度高、杆体小、侵彻孔径均匀等特点，能为后级装药开辟侵彻通道。与传统毁伤元及 EFP 相比，JPC 具有以上性能，适合作为前级毁伤元。

4.3.2.1　前级装药结构优选

为了获得适合串联聚能装药战斗部的前级装药，对比 3 种成型装药结构，如图 4.37 所示。装药直径均为 110 mm，装药高度均为 125 mm，炸药选择 8701。方案 A 为不带隔板的单锥罩，锥角为 72°；方案 B 是在方案 A 的基础上增加隔板，隔板材料选择密度为 1.2 g/cm³ 的酚醛树脂，隔板直径初步选择 100 mm，半锥角为 55°；方案 C 为带隔板的偏心亚半球罩装药，外壁曲率半径为 90 mm，偏心距为 39 mm。3 种方案药型罩的高度均为 67.7 mm，壁厚均为 2.2 mm。

利用理论模型计算得到 3 种方案的成型效果图，射流在 60 μs 时刻的成型形状如表 4.2 所示。可以看出，方案 A 形成的射流头部直径最大，堆积效果最明显，杆体较大，会造成对后级射流的干扰；方案 B 和方案 C 形成的射流头部没有明显的堆积，但方案 B 形成的射流头部直径较小，在运动过程中容易发生断裂，影响侵彻效果，而方案 C 形成的射流直径较均匀，从形成杆体方面也可以看出方案 C 形成的杆体较小，成型效果最佳。

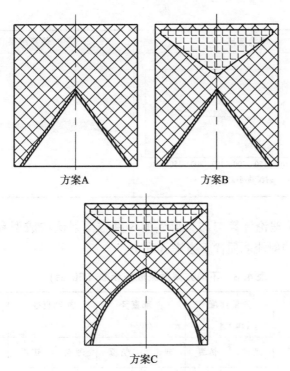

图 4.37 3 种成型装药结构示意

表 4.2 不同方案射流成型效果图（60 μs）

方案	理论结果	仿真结果
A	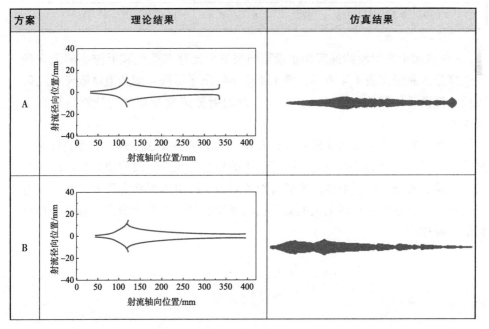	
B		

续表

方案	理论结果	仿真结果
C	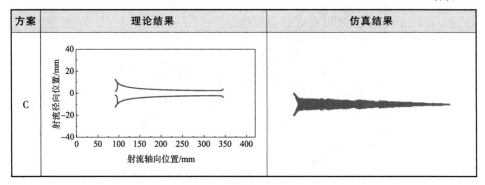	

表 4.3 给出了理论计算与仿真得到的 3 种方案射流的成型参数。通过对比，方案 C 形成的射流明显优于方案 A 和 B。

表 4.3　不同方案射流成型参数（60 μs）

方案	头部速度 /(m·s⁻¹)		尾部速度 /(m·s⁻¹)		头部直径 /mm		尾部直径 /mm		长度 /mm	
	理论	仿真	理论	仿真	理论	仿真	理论	仿真	理论	仿真
A	6 545	6 640	1 720	1 660	16	17	18	16.5	323	357
B	7 893	8 086	1 545	1 489	3.2	3.4	16	17.2	387	405
C	7 079	7 372	1 053	970	4.6	5.8	15	17	336	364

3 种方案形成射流的速度和质量随药型罩微元分布曲线和射流头部组合颗粒速度分布曲线如表 4.4 所示，表 4.4 中还给出了不同方案药型罩微元形成射流质量随微元位置的变化曲线。不同方案的射流速度及质量的计算结果列于表 4.5。

方案 B 的射流头部速度最大，而方案 A 的射流头部速度最小。带隔板成型装药提高射流速度的同时还能够降低射流的质量堆积点，采用偏心亚半球罩的质量堆积点最低，使更多微元形成有效的射流，破甲作用将会更大。在形成射流质量方面，方案 C 形成射流的质量占药型罩质量的百分比最大，有利于对目标的侵彻作用。

表 4.4　3 种方案射流速度及射流质量分布

方案	射流速度分布曲线	射流质量分布曲线
A		
B		

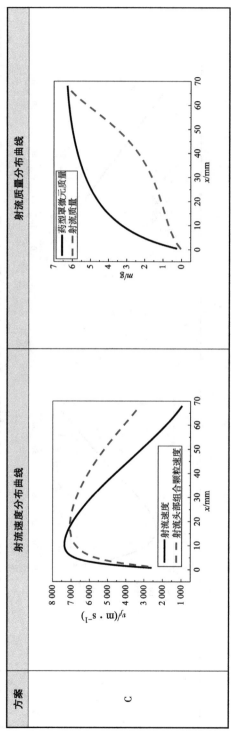

表 4.5　3 种方案射流速度及质量的计算结果

方案	微元最大射流速度 /(m·s^{-1})	射流头部速度 /(m·s^{-1})	质量堆积点位置 /mm	质量堆积点百分比 /%	药型罩质量 /g	射流质量 /g	射流质量占药型罩质量百分比/%
A	6 937	6 545	31.8	47	260.6	96	36.8
B	8 321	7 893	24	35.4	260.6	110.2	42.3
C	7 357	7 079	18.5	27.3	331.8	162.7	49

综上所述，方案 C 带隔板偏心亚半球罩适合作为串联聚能装药战斗部的前级装药。

4.3.2.2　杆流药型罩的结构优化设计

带隔板偏心亚半球罩装药结构如图 4.38 所示，它由辅助装药、隔板、主装药和药型罩组成，装药直径为 110 mm，装药高度为 125 mm，其中辅助装药厚度为 5 mm。偏心亚半球罩结构参数包括外壁曲率半径 R_L、壁厚 b、偏心距 a；隔板结构参数为隔板直径 D_g、张角 m 及半锥角 w。

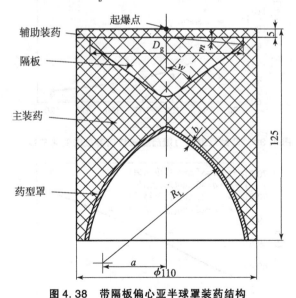

图 4.38　带隔板偏心亚半球罩装药结构

1. 带隔板偏心亚半球罩装药结构的正交优化设计

为了寻求正交优化所需药型罩结构参数的范围，对偏心亚半球罩外壁曲率

半径 R_L 和偏心距 a 进行优化。

首先分析偏心亚半球罩受到爆轰波作用时不同位置压力的变化规律，当马赫杆 BC 到达药型罩顶部时产生的马赫压力将直接影响药型罩顶部区域的压垮速度，利用式（4.11）对马赫压力进行计算，得到图 4.39 所示马赫反射压力随药型罩结构参数的变化曲线。从图中可以看出，偏心距 a 越大，药型罩顶处马赫压力越大，马赫压力随着 R_L 的增大逐渐降低，并且马赫压力在 90 ~ 100 mm快速下降，而在 100 ~ 120 mm平缓减小，随着 R_L 的增大不同偏心距罩顶部马赫压力的差距越来越小，这是因为 R_L 越小药型罩顶部距马赫杆初始形成点越近。将 F 点定为距离轴线25 mm处，利用式（4.13）计算各方案 F 点处的正规斜碰撞压力，图 4.40 所示为 F 点处正规斜碰撞压力随药型罩结构参数的变化曲线。根据图中计算结果可知，正规斜碰撞压力随药型罩结构参数的变化范围较小，随着 R_L 的增大压力逐渐增大，而偏心距越小正规斜碰撞压力越大。图中还对比了仿真计算的结果，仿真与理论计算吻合较好。

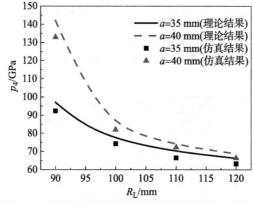

图 4.39　马赫反射压力随药型罩结构参数的变化曲线

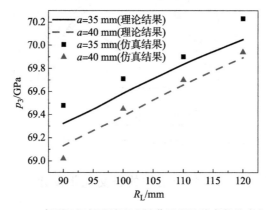

图 4.40　F 点处正规斜碰撞压力随药型罩结构参数的变化曲线

爆轰波对药型罩的作用过程如图 4.41 所示。图 4.41 （a）所示为作用于药型罩顶部的马赫压力，爆轰波呈现喇叭形，药型罩顶部出现较明显的超压爆轰；图 4.41 （b）所示为作用于药型罩中部的正规斜碰撞压力，图中可以看到爆轰波对介质入射角的改变。

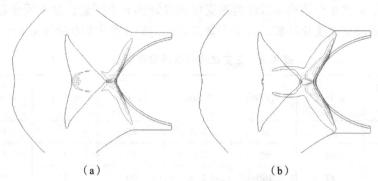

（a）　　　　　　　　　　　　　（b）

图 4.41　爆轰波对药型罩的作用过程

（a）作用于药型罩顶部的马赫压力；（b）作用于药型罩中部的正规斜碰撞压力

　　将 a 和 R_L 进行组合，设计出仿真方案，毁伤元成型后的头部速度随药型罩外壁曲率半径与偏心距的变化曲线如图 4.42 所示。

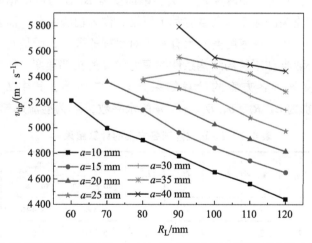

图 4.42　毁伤元成型后的头部速度（60 μs）随药型罩外壁曲率半径与偏心距的变化曲线

　　从图 4.42 所示的仿真结果来看，当 a 固定不变时，随着 R_L 的增大，毁伤元的头部速度 v_{tip} 基本呈线性变化，且逐渐减小。这是因为当偏心距 a 为定值时，R_L 从小到大的变化使药型罩形状从尖顶形逐渐变为扁平形，罩高也逐渐变小，爆轰波与罩母线的夹角逐渐变大，作用在罩面上的初始压力逐渐减小，使毁伤元的头部速度逐渐变小。当 R_L 固定不变时，随着 a 的增大，毁伤元头

部速度 v_{tip} 逐渐增大，其原因是药型罩随着偏心距的增大逐渐由扁平形变为尖顶形。综合 a 与 R_L 对毁伤元成型的影响规律，偏心距正交优化范围为 35 ~ 40 mm，药型罩外壁曲率半径选取范围为 90 ~ 110 mm。

在图 4.38 所示成型装药长经比及各部分材料确定的条件下，选择 a、R_L、b、D_g、m、w 这 6 个结构参数作为正交优化设计的 6 个因素，每个因素选取 5 个水平，参与正交优化计算。每个因素及其对应的 5 个水平如表 4.6 所示。

表 4.6 正交试验的各因素水平表

水平\因素	a/mm	R_L/mm	b/mm	D_g/mm	m/(°)	w/(°)
1	35	90	2.2	80	3	50
2	36	95	2.4	85	4	55
3	37	100	2.6	90	5	60
4	38	105	2.8	95	6	65
5	39	110	3	100	7	70

将毁伤元成型后的头部速度 v_{tip}，头、尾速度差 Δv 作为评价指标。根据射流侵彻理论，射流头部速度越高越有利于侵彻；作为前级装药，需要在小炸高条件下进行侵彻，头、尾速度差较大有利于对目标的毁伤，于是将形成最佳射流的带隔板偏心亚半球罩装药结构条件约束为较高的头部速度，较大的头、尾速度差。L_{25} 正交阵列各方案的计算结果如表 4.7 所示，其中 L_a、L_{R_L}、L_b、L_{D_g}、L_m、L_w 分别为 a、R_L、b、D_g、m、w 的水平数，v_{tail} 为射流尾部速度。

表 4.7 L_{25} 正交阵列各方案的计算结果

试验号	L_a	L_{R_L}	L_b	L_{D_g}	L_m	L_w	v_{tip}/ (m·s⁻¹)	v_{tail}/ (m·s⁻¹)	Δv/ (m·s⁻¹)
1	1	1	1	1	1	1	5 893	1 445	4 448
2	1	2	2	2	2	2	5 550	1 605	3 945
3	1	3	3	3	3	3	5 480	1 779	3 701
4	1	4	4	4	4	4	5 415	1 943	3 472
5	1	5	5	5	5	5	5 432	2 039	3 393
6	2	1	2	3	4	5	5 906	1 380	4 526
7	2	2	3	4	5	1	5 746	1 549	4 197

续表

试验号	L_a	L_{R_L}	L_b	L_{D_g}	L_m	L_w	$v_{tip}/$ $(\text{m} \cdot \text{s}^{-1})$	$v_{tail}/$ $(\text{m} \cdot \text{s}^{-1})$	$\Delta v/$ $(\text{m} \cdot \text{s}^{-1})$
8	2	3	4	5	1	2	5 482	1 711	3 771
9	2	4	5	1	2	3	4 909	1 732	3 177
10	2	5	1	2	3	4	5 723	2 214	3 509
11	3	1	3	5	2	4	5 672	1 226	4 446
12	3	2	4	1	3	5	5 319	1 414	3 905
13	3	3	5	2	4	1	5 205	1 562	3 643
14	3	4	1	3	5	2	5 842	2 062	3 780
15	3	5	2	4	1	3	5 641	2 118	3 523
16	4	1	4	2	5	3	5 734	1 298	4 436
17	4	2	5	3	1	4	5 375	1 406	3 969
18	4	3	1	4	2	5	6 121	2 410	3 711
19	4	4	2	5	3	1	5 739	1 988	3 751
20	4	5	3	1	4	2	5 287	1 996	3 291
21	5	1	5	4	2	3	5 921	1 335	4 586
22	5	2	1	5	4	3	6 255	1 529	4 726
23	5	3	2	1	5	4	5 608	1 606	4 002
24	5	4	3	2	1	5	5 295	1 749	3 546
25	5	5	4	3	2	1	5 346	1 894	3 452

利用极差分析的方法对 25 次仿真计算结果的数据进行分析。表 4.8 给出了各因素影响下对应各个指标的极差 W 及各因素对各指标影响的主次顺序。

表 4.8　各因素影响下对应各个指标的极差 W 及各因素对各指标影响的主次顺序

各指标极差	a	R_L	b	D_g	m	w	各因素对指标影响的 主次顺序
$W_{v_{tip}}/$ $(\text{m} \cdot \text{s}^{-1})$	149.2	385.2	598.4	365.6	152.8	57.8	$b > R_L > D_g > m > a > w$
$W_{\Delta v}/$ $(\text{m} \cdot \text{s}^{-1})$	270.6	1 054.8	281.2	252.8	215.4	96.4	$R_L > b > a > D_g > m > w$

从表 4.8 可以看出：药型罩壁厚 b 和外壁曲率半径 R_L 是影响各个指标的最重要的两个因素，而隔板直径 D_g 是隔板 3 个结构参数中最重要的影响因素。

为了进一步分析误差影响及各因素之间有无显著差异，需要对 v_{tip} 和 Δv 进行方差分析，根据表 4.7 的数据计算各因素离差平方和 S：

$$S = \frac{1}{5}\sum_{i=1}^{5}K_i^2 - \frac{1}{25}\left(\sum_{k=1}^{25}x_k\right)^2 \tag{4.92}$$

式中，K_i 为不同因素在水平 i 时的计算结果之和；x_k 为不同试验的计算结果。表 4.9 所示为各因素离差平方和。

表 4.9 各因素离差平方和

指标	各因素离差平方和					
	S_a	S_{R_L}	S_b	S_{D_g}	S_m	S_w
v_{tip}	90 939	460 519	1 133 102	452 096	85 366	11 628
Δv	228 406	3 832 849	259 520	182 975	140 395	27 115

因为离差平方和 S_w 远小于其他因素，因此可以将 S_w 作为误差来检验各因素显著性。各因素自由度（f_a、f_{R_L}、f_b、f_{D_g}、f_m、f_w）均为 4，将 $f_w = 4$ 作为误差自由度。将各因素的平均离差平方和与误差的平均离差平方和相比，得出 F 值：

$$F = \frac{S_{因}/f_{因}}{S_E/f_E} \tag{4.93}$$

式中，S_E、f_E 分别为试验误差的离差平方和、试验误差的自由度。各因素 F 值如表 4.10 所示。

表 4.10 各因素 F 值

指标	各因素 F 值				
	F_a	F_{R_L}	F_b	F_{D_g}	F_m
v_{tip}	7.82	39.6	97.44	38.88	7.34
Δv	8.42	141.35	9.57	6.75	5.18

查 F 表，当检验水平 $\alpha_m = 0.01$（即分析可靠性为 99%）时，因素均方和应大于误差均方 9.78 倍，因此因素 R_L、b、D_g 对射流头部速度具有高度显著性影响，是关键因素，R_L 和 b 越小，射流头部速度越大，所以 R_L 取 90 mm，b 取 2.2 mm，D_g 越大，射流头部速度越大，所以 D_g 取 100 mm。当 $\alpha_m = 0.1$

（即分析可靠性为 90%）时，因素均方和应大于误差均方 3.29 倍，因素 a、m 各水平之间对射流头部速度具有差异。同理，因素 R_L 对射流头、尾速度差具有高度显著性影响，而 b、a、D_g、m 各水平之间对射流头、尾速度差具有差异。因素 w 作为误差其各水平间无显著差异，可以任取。这与极差分析结果一致，权衡考虑选取 $a = 39$ mm，$m = 5°$，$w = 55°$。

通过正交优化得到的最优水平组合为"511532"，计算得到的射流头部速度为 6 778 m/s，射流尾部速度为 1 139 m/s。

2. 变壁厚药型罩 JPC 优化

针对正交优化后的结构，在等质量药型罩的前提下，通过调整药型罩的壁厚，设计出能提高射流质量的变壁厚药型罩结构。另一方面，通过变壁厚的设计可以调整 JPC 的速度分布。

在正交优化得到的方案（记作方案 K_1）等壁厚结构的基础上对药型罩的内壁重新设计，图 4.43 所示为两种改进的变壁厚方案。图中方案 K_2 为罩顶与罩口部厚，中间薄，图中方案 K_3 药型罩壁厚从罩顶到罩口部逐渐变薄。方案 K_2 罩内壁的 $R_L = 73$ mm，$a = 26.7$ mm，最大壁厚与最小壁厚分别为 3.8 mm、1.53 mm；方案 K_3 罩内壁的 $R_L = 85$ mm，$a = 35.33$ mm，最大壁厚与最小壁厚分别为 4.5 mm、1.5 mm。

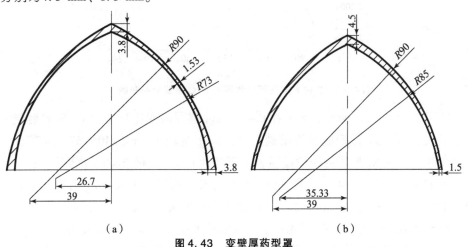

（a）　　　　　　　　　　（b）

图 4.43　变壁厚药型罩

（a）方案 K_2；（b）方案 K_3

利用 JPC 成型理论计算变壁厚药型罩形成射流的过程，获得不同方案射流质量随药型罩位置的变化曲线，如图 4.44 所示，其中 x 为罩微元位置。图 4.45 所示为 3 种方案在两倍炸高处 JPC 速度分布曲线。

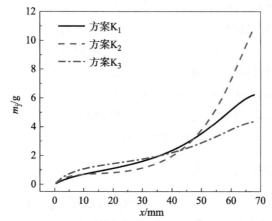

图 4.44　不同方案射流质量随药型罩位置的变化曲线

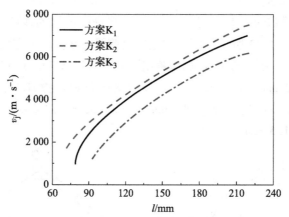

图 4.45　3 种方案在两倍炸高处 JPC 速度分布曲线

从图 4.44 中可以看出，当 x 在 $0 \sim 40$ mm 范围内变化时方案 K_3 形成射流质量最大，而方案 K_2 形成射流质量最小，但相差较小。x 在 $40 \sim 67$ mm 范围内变化时，方案 K_2 形成射流质量显著大于其他方案。3 种方案药型罩的初始质量均为 320 g，对图 4.44 中的曲线进行积分处理，得到方案 $K_1 \sim K_3$ 射流质量分别为 162.7 g、188.1 g、145.2 g，方案 K_2 的射流质量较方案 K_3 提高了 29.5%。图 4.45 中方案 K_2 形成射流的头部速度最高，尾部速度较高。

综合分析射流质量及速度两方面性能，方案 K_2 形成的射流质量最大，速度最高，动能最大，在小炸高条件下射流处于连续状态，不考虑断裂的影响，动能最大的方案 K_2 侵彻能力最佳。从射流尾部速度方面可以看出，相比于方案 K_1 和 K_3，方案 K_2 形成射流尾部速度最大，更符合串联匹配的要求。从本章成型及侵彻试验结果的对比也可以看出，方案 K_2 形成的射流满足前级装药大孔径兼顾侵彻深度的要求。

4.3.3　后级双锥罩结构设计

　　同口径成型装药串联匹配关系的研究表明，后级装药要求在大炸高下具有较强的侵彻威力。双锥罩一方面将罩顶部分锥角减小以提高射流头部速度，另一方面，增大罩口部锥角来降低射流后部速度梯度，延缓侵彻后期射流断裂的时间，从而成型性能优于单锥罩射流，大炸高下能够增大射流破甲深度，适用于串联聚能装药战斗部的后级装药。

　　根据同口径串联破甲战斗部技术要求，初步设计了后级双锥罩装药结构，如图 4.46 所示，装药直径选择 110 mm，装药高度 H 为 180 mm，上、下锥角分别为 α、β，药型罩高度为 h，上锥高为 h_1，壁厚为 b_1。研究双锥罩上锥角 α、壁厚 b_1、药型罩高度 h、上锥高占罩高比例 h_1/h 对射流成型的影响，找出双锥罩结构参数、炸高及侵彻深度的匹配关系。

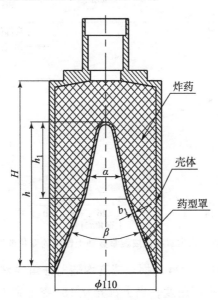

图 4.46　后级双锥罩装药结构示意

4.3.3.1　双锥罩上锥角对射流成型的影响

　　双锥罩上锥角对射流速度有较大的影响，上锥角过小，射流速度较高，但稳定性较差，且容易断裂；上锥角过大，射流速度较低，不利于侵彻。在分析双锥罩上锥角的影响时，取壁厚为 2.6 mm，药型罩高度为 140 mm，上锥高占罩高比例为 50%，仿真计算不同上锥角方案双锥罩射流的成型情况。起爆后

60 μs 射流成型参数随上锥角的变化曲线如图 4.47 所示，由于双锥罩形成的射流具有双线性速度分布，图中分别给出了射流的头部速度、拐点速度以及头部和拐点的位置（以药型罩底部为原点计算）。

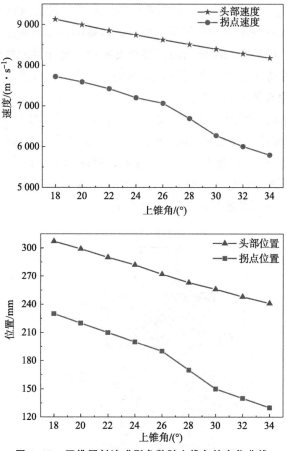

图 4.47 双锥罩射流成型参数随上锥角的变化曲线

从图中可以看出，头部速度和拐点速度均随上锥角的增大逐渐减小，但拐点速度减小的幅度大于头部速度，当上锥角从 18°变化到 34°时，头部速度降低了 10.4%，而拐点速度降低了 25%。射流头部和拐点位置的变化趋势与速度一致，上锥角过小会导致射流不能经受长期远程的延展而出现过早断裂，从而不利于侵彻。当上锥角超过 26°后，拐点速度下降较快，高速段速度梯度将增大，通过断裂时间的计算，射流断裂时间逐渐缩短。为了得到形成较佳射流的双锥罩上锥角，综合考虑射流成型形态和成型参数变化规律，选取上锥角为 26°。

4.3.3.2　双锥罩壁厚对射流成型的影响

药型罩壁厚是影响射流成型的重要参数之一，本书中双锥罩结构的上锥、下锥采用相同的壁厚。选取双锥罩上锥角为 26°，药型罩高度为 140 mm，上锥高占罩高比例为 50%。仿真计算双锥罩壁厚从 1.8 mm 到 3.4 mm 变化时射流的成型情况。起爆后 60 μs 射流成型参数随壁厚的变化曲线如图 4.48 所示。

图 4.48 反映了双锥罩射流头部速度、拐点速度、头部位置及拐点位置的变化趋势，在装药量和起爆方式不变的情况下，炸药爆轰后能量是一定的，随着壁厚的增加，单位质量的药型罩获得能量逐渐减少，药型罩单元获得的压垮速度逐渐降低，因此头部速度和拐点速度均随壁厚的增大逐渐减小，但拐点速度减小的幅度大于头部速度，当壁厚从 1.8 mm 增加到 3.4 mm 时，头部速度降低了 8.4%，而拐点速度降低了 18.4%。高速段速度梯度随着壁厚的增加逐渐增大，断裂时间逐渐缩短。综合考虑选择壁厚为 2.6 mm。

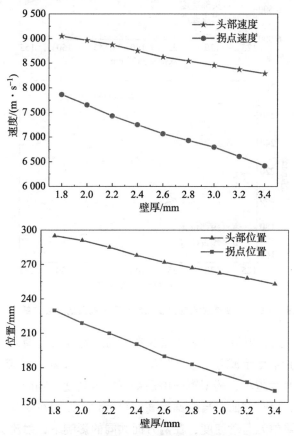

图 4.48　双锥罩射流成型参数随壁厚的变化曲线

4.3.3.3 双锥罩高度对射流成型的影响

在药型罩上锥角、壁厚和上锥高占罩高比例不变的情况下，以药型罩高度为变量，计算药型罩高度为 125 ~ 155 mm 时射流的变化。双锥罩上锥角选择 26°，药型罩壁厚为 2.6 mm，上锥高占罩高比例为 50%。图 4.49 所示为双锥罩射流成型参数随双锥罩高度的变化曲线（起爆 60 μs）。

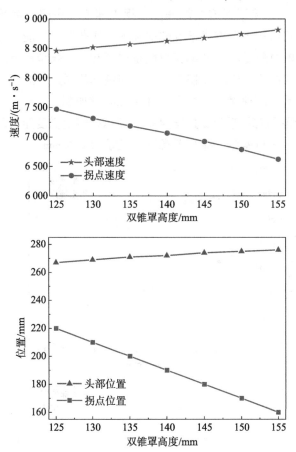

图 4.49　双锥罩射流成型参数随双锥罩高度的变化曲线

从图中可以看出，射流头部速度随双锥罩高度的增大而增大，而拐点速度随双锥罩高度的增大而减小，头部速度增加了 4.2%，拐点速度下降了 11.4%。双锥罩高度越小，药型罩压垮后受双锥罩高度影响而拉伸不完全，导致射流速度降低，另一方面，当双锥罩高度较小时，作用在罩单元上的有效装药越多，增大了罩单元运动速度，在两方面共同的影响下，射流头部速度随双锥罩高度变化较小。综合考虑选择双锥罩高度为 140 mm。

4.3.3.4　双锥罩上锥高占罩高比例对射流成型的影响

研究上锥高占罩高比例对射流成型影响时，取装药高度为 180 mm，双锥罩上锥角为 26°，壁厚为 2.6 mm，罩高为 140 mm。计算上锥高占罩高比例为 30% ~70% 时射流成型参数的变化。计算结果如图 4.50 所示。

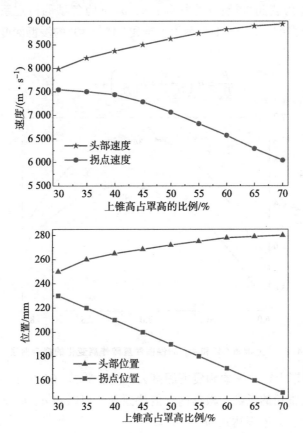

图 4.50　双锥罩射流成型参数随上锥高占罩高比例的变化曲线

从计算结果可以看出，随着上锥高占罩高比例的增大，射流头部速度逐渐增大，但是增加幅度逐渐减小，而拐点速度随上锥高占罩高比例的增大而减小，且减小幅度逐渐增大。由于罩高的大约 40% 对应射流顶部颗粒，所以上锥高占罩高比例不能太小，另一方面，上锥高占罩高比例太大，射流高速段速度梯度也将变大，射流容易断裂。综合考虑选择上锥高占罩高比例为 50%。

因此，方案选定为双锥罩高度为 140 mm，上、下锥锥角分别为 26°、48°，上锥高占罩高比例为 50%，药型罩壁厚为 2.6 mm，此方案记为 S。

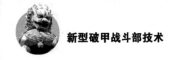

4.3.3.5 双锥罩结构参数、炸高及侵彻深度的匹配关系

1. 考虑上锥角的侵彻深度经验方程

根据炸高对双锥罩射流侵彻深度影响试验结果，将炸高与破甲深度的曲线类型定义成式（4.94）的形式，用无量纲的形式表达。式中 P 为不同炸高下的侵彻深度；D_k 为装药直径；s 为炸高；a、b、c 为各项的待定系数，待定系数可以通过拟合得到。图 4.51 所示为上锥角 34° 与 40° 的侵彻深度随炸高变化的拟合曲线。

$$\frac{P}{D_k} = a\left(\frac{s}{D_k}\right)^2 + b\left(\frac{s}{D_k}\right) + c \tag{4.94}$$

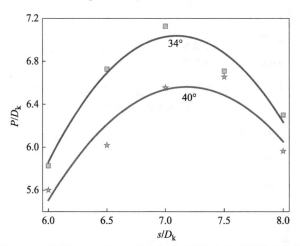

图 4.51 上锥角 34° 和 40° 的侵彻深度随炸高变化的拟合曲线

为了将药型罩上锥角考虑到侵彻深度公式中，将式（4.94）中的 a、b、c 表示为药型罩上锥角的函数，根据内插值法原理，可以将 a、b、c 表示为上锥角 α 的线性函数，关系表达式为

$$(a, \ b, \ c) = m_1 + n_1\alpha \tag{4.95}$$

将拟合得到的系数代入式（4.95），可以得到：

$$\begin{cases} a = -2.02 + 1.75\alpha \\ b = 27.77 - 23.31\alpha \\ c = -86.11 + 73.66\alpha \end{cases} \tag{4.96}$$

将式（4.96）代入式（4.94）可以得到侵彻深度与双锥罩上锥角、炸高的关系表达式：

$$\frac{P}{D_k} = (-2.02 + 1.75\alpha)\left(\frac{s}{D_k}\right)^2 + (27.77 - 23.31\alpha)\left(\frac{s}{D_k}\right) + (-86.11 + 73.66\alpha)$$

$$(4.97)$$

对式（4.97）求导，得到最佳炸高为

$$s = -\frac{(27.77 - 23.31\alpha)}{2(-2.02 + 1.75\alpha)} \times D_k \tag{4.98}$$

图 4.52 所示为几种不同双锥罩上锥角侵彻深度随炸高的变化曲线。不同上锥角的侵彻深度随炸高的变化规律相同，均是先增大后减小。从图中可以看出最佳炸高随上锥角的增大而增大，最大侵彻深度随上锥角的增大而减小。在达到相同破甲深度的情况下，采用小锥角可以降低炸高。表 4.11 所示为几种不同上锥角双锥罩装药的最佳炸高及其对应的最大侵彻深度。图 4.53 所示为上锥角与炸高共同影响下的侵彻深度的三维曲面图，曲面直观的反映了不同上锥角的最佳炸高及最佳炸高下的侵彻深度。

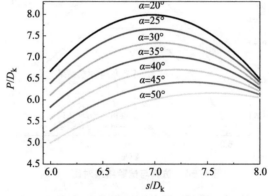

图 4.52　侵彻深度随炸高的变化曲线

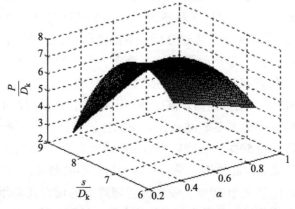

图 4.53　上锥角与炸高共同影响下的侵彻深度三维曲面图

表 4.11　不同上锥角双锥罩装药的最佳炸高及其对应的最大侵彻深度

上锥角/(°)	20	25	30	35	40	45	50
最佳炸高	$6.97D_k$	$7D_k$	$7.05D_k$	$7.11D_k$	$7.2D_k$	$7.33D_k$	$7.53D_k$
最大侵彻深度	$7.99D_k$	$7.66D_k$	$7.34D_k$	$7.02D_k$	$6.71D_k$	$6.42D_k$	$6.16D_k$

2. 双锥罩上、下锥角对射流侵彻深度影响的数值模拟

利用 AUTODYN 软件计算了不同炸高下的射流成型情况，图 4.54 所示为 34° 与 40° 上锥角双锥罩装药在 6~8 倍炸高下侵彻钢靶的仿真结果与试验结果对比，仿真结果的变化趋势与试验研究规律吻合较好。

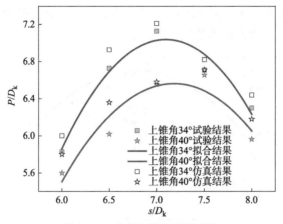

图 4.54　仿真与试验结果对比

为了得到双锥罩下锥角对射流侵彻钢靶最佳炸高的影响规律，双锥罩上锥角选取为 40°，药型罩壁厚仍为 2.6 mm，药型罩高度为 100 mm，下锥角分别取 56°、62° 与 70°，仿真计算出 3 种不同下锥角双锥罩在炸高为 6~8 倍装药直径下对 45 钢靶的侵彻深度。通过分析，下锥角越小，上锥高占罩高比例越小。上锥高占罩高比例将影响射流的速度分布，进而影响射流侵彻深度。图 4.55 所示为 3 种下锥角双锥罩装药侵彻深度随炸高的变化曲线。

当下锥角为 56° 时，上锥高占罩高比例小于 40%，形成射流的头部速度较低，侵彻深度随炸高的增大逐渐减小，下降趋势较明显。当下锥角为 62° 时，上锥高占罩高比例约为 50%，形成射流的头部速度高于下锥角为 56° 时的射流头部速度，侵彻深度随炸高的增大呈现先增大后减小的趋势。当下锥角为 70° 时，上锥高占罩高比例大于 50%，侵彻深度随炸高的增大逐渐增大。从侵彻深度随下锥角的变化曲线可以看出，最佳炸高随双锥罩下锥角的增大而增大。

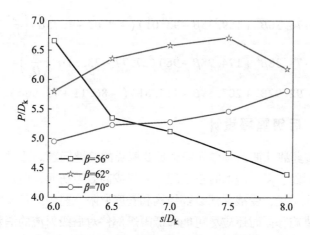

图 4.55 下锥角双锥罩装药侵彻深度随炸高的变化曲线

3. 双锥罩结构参数、最佳炸高及侵彻深度的匹配关系

基于式（4.97），利用 3 种下锥角双锥罩装药在 6～8 倍炸高下对靶板的侵彻深度，在式（4.97）的多项式各项系数上分别乘以一个考虑下锥角的系数，通过数据拟合，得到同时考虑上、下锥角的侵彻深度随炸高的变化关系式（4.99）。由式（4.99）可以计算出不同双锥罩上、下锥角组合后形成射流对靶板的侵彻深度。图 4.56 所示为上锥角为 40°时不同下锥角双锥罩装药侵彻深度随炸高的变化曲面，从曲面可以看出不同下锥角双锥罩成型装药的最佳炸高。

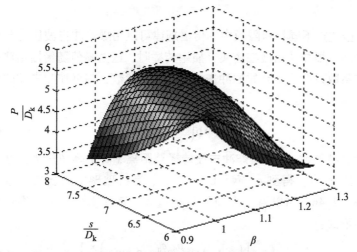

图 4.56 不同下锥角双锥罩装药侵彻深度随炸高的变化曲面

$$\frac{P}{D_k} = (-76.36\beta^2 + 169.35\beta - 93.01)(-2.02 + 1.75\alpha)\left(\frac{s}{D_k}\right)^2 +$$

$$(-78.38\beta^2 + 174.28\beta - 96)(27.77 - 23.31\alpha)\left(\frac{s}{D_k}\right) +$$

$$(-92.92\beta^2 + 207.19\beta - 114.61)(-86.11 + 73.66\alpha) \quad (4.99)$$

4.3.4 前、后级隔爆设计

串联聚能装药战斗部的隔爆问题也是要解决的关键问题。通过控制单个成型装药的射流形貌、多射流的时空匹配，可形成高效毁伤元，但是前级装药爆轰会对后级产生干扰，受战斗部装药结构和长度所限，前级装药起爆后必须采取有效的隔爆措施，同时还应尽可能降低隔爆部件对后级射流的消耗，因此高效隔爆技术问题亟待解决。

4.3.4.1 隔爆结构对爆炸冲击波的衰减规律

解决隔爆问题首先要研究爆炸冲击波在隔爆结构中的传播特性，爆炸冲击波在隔爆结构中的衰减和耗散直接决定后级炸药的响应程度。

1. 不同隔爆材料对爆炸冲击波的衰减

45 钢、Ly－12 铝和有机玻璃 3 种隔板材料对爆炸冲击波衰减的理论计算、数值模拟与试验结果对比如图 4.57 所示。由于理论模型是基于一维冲击波理论建立的，而仿真中侧向稀疏波会对结果造成一定影响，因此数值模拟结果略低于理论计算结果。从图中还可以看出，隔板材料阻抗越大，爆炸冲击波衰减得越快。

爆炸冲击波在不同材料隔板中的传播规律可以用爆炸冲击波压力与隔板位置的关系表示。爆炸冲击波在密实介质中传播时，压力峰值随传播距离呈指数衰减，衰减系数只取决于介质的冲击波 Hugoniot 参数，与爆炸冲击波的强度无关，衰减方程可以表示为

$$p = p_x \exp\left(-\alpha_m \frac{x}{D_k}\right) \quad (4.100)$$

式中，α_m 为衰减系数；p 为爆炸冲击波传播至距离 x 时的峰值压力。通过对图 4.57 中数据的拟合，得到 45 钢、Ly－12 铝、有机玻璃中的衰减系数分别为 4.86、3.48、2.46。可以看出介质的阻抗越大，衰减系数越大，将衰减系数表示为以下形式：

$$p = p_x \exp\left[\left(-1.246\frac{\rho_{0m}c_0}{\rho_0 D_{CJ}} + 2.092\right)\frac{x}{D_k}\right] \quad (4.101)$$

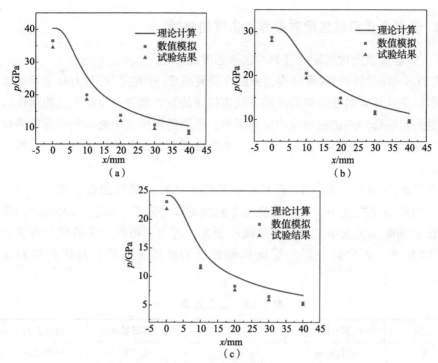

图 4.57　不同隔板材料对爆炸冲击波衰减的理论计算、数值模拟与试验结果对比

（a）45 钢；（b）Ly – 12 铝；（c）有机玻璃

爆炸冲击波在 3 种材料隔板中传播的位移 – 时间曲线如图 4.58 所示，从图中可以看出爆炸冲击波在隔板中的传播速度逐渐减小，并且 Ly – 12 铝中爆炸冲击波速度最快，有机玻璃中传播最慢。这是由材料的声速不同造成的，3 种材料中 Ly – 12 铝的声速最大，有机玻璃的声速最小。

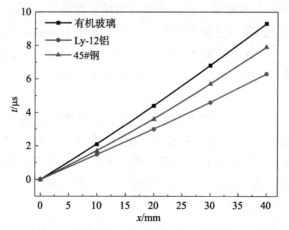

图 4.58　爆炸冲击波在 3 种材料隔板中传播的位移 – 时间曲线

2. 多层介质阻抗匹配对爆炸冲击波的衰减

1）多层介质阻抗匹配对透射冲击波强度的影响

相比于单层材料的隔爆结构，多层介质衰减爆炸冲击波的能力有显著的提高。阻抗是计算介质在动载荷作用下响应规律的重要条件，组合介质的阻抗匹配特性是影响爆炸冲击波衰减的关键因素，不同的阻抗匹配会导致界面处爆炸冲击波的反射与透射存在差异。因此，多层介质存在最佳的排序方式削弱爆炸冲击波。

本书选择 45 钢、Ly-12 铝和有机玻璃 3 种材料进行组合，根据表 4.1 中 3 种材料的阻抗大小，设计阻抗由小到大的顺序阻抗、阻抗由大到小的逆序阻抗和两端阻抗大中间阻抗小的硬软硬 3 种方案，每种方案的组合方式如表 4.12 所示。表中第一层为距离炸药最近的介质，第三层与炸药的距离最远。

表 4.12 组合方案

方案	第一层	第二层	第三层	阻抗关系
A	有机玻璃	Ly-12 铝	45 钢	顺序阻抗
B	45 钢	Ly-12 铝	有机玻璃	逆序阻抗
C	45 钢	有机玻璃	Ly-12 铝	硬软硬

由一维冲击波理论可知，冲击波在两种介质分界面处反射波的类型取决于介质的阻抗。当冲击波从介质 1 传播至介质 2 时，如果介质 1 的阻抗大于介质 2，界面处将会反射稀疏波，反之反射波为冲击波。根据表 4.1 中不同材料中冲击波初始参量确定各方案第一层介质的初始冲击波压力。

当冲击波传播至两层介质分界面处时，利用介质 Hugoniot 关系曲线计算反射冲击波与透射冲击波，如图 4.59 所示。曲线 1~3 分别表示不同介质的 Hugoniot 关系曲线，介质的阻抗越大，由原点出发与 Hugoniot 曲线上的点的连线斜率越大，因此曲线 1~3 分别代表 Ly-12 铝、45 钢和有机玻璃。

当冲击波从介质 1 传入介质 2 中，压力为 p_h，分界面处的状态既应在反射冲击 Hugoniot 曲线 $1'$ 上，又应该在介质 2 的右传透射冲击波 Hugoniot 曲线 2 上，即 f 点的状态，其中曲线 $1'$ 和 1 呈镜像对称关系。同理，冲击波从介质 1 传入介质 3 时，状态从 h 点变为 k 点。曲线 $1'$ 可以表示为

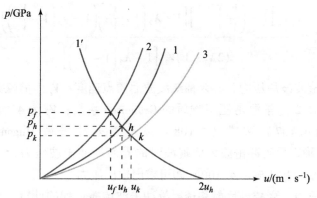

图 4.59　反射冲击波与透射冲击波 Hugoniot 关系曲线

$$p_f = \rho_h \left[c_1 + \lambda_1 (2u_h - u_f) \right](2u_h - u_f) \tag{4.102}$$

式中，p_f 和 u_f 分别为 f 点冲击波压力和质点速度；u_h 为 h 点的质点速度；ρ_1，c_1 和 λ_1 分别为介质 1 的初始密度、声速、与介质 1 性质相关的参数。在 45 钢中透射冲击波可以根据其 Hugoniot 方程计算：

$$p_f = \rho_2 (c_2 + \lambda_2 u_f) u_f \tag{4.103}$$

式中，ρ_2，c_2 和 λ_2 分别为介质 2 的初始密度、声速、与介质 2 性质相关的参数。

利用式（4.101）计算出冲击波传播到分界面处的压力 p_h，根据以下冲击波基本守恒方程求解出 u_h：

$$p_h = \frac{c_1^2 (V_1 - V_h)}{\left[V_1 - \lambda_1 (V_1 - V_h) \right]^2} \tag{4.104}$$

$$V_h D_1 = V_1 (D_1 - u_h) \tag{4.105}$$

$$V_1 p_h = D_1 u_h \tag{4.106}$$

式中，D_1 为界面 1 处介质 Ly – 12 铝中的冲击波速度；V_1 为 Ly – 12 铝的初始比容；V_h 为冲击波后 Ly – 12 铝的比容。

求得冲击波为反射冲击波时界面处的压力 p_f 和 u_f 后，随后冲击波在介质 2 中衰减，冲击波峰值衰减按照式（4.100）计算，冲击波压力由 p_f 降到 p_d。当冲击波传播至介质 2 和 3 之间的界面时，根据阻抗匹配关系，此时在 45 钢中反射稀疏波，冲击波峰值压力由 p_d 降低到 p_t，采用 Murnaghan 方程计算反射波为稀疏波时的压力，其反映了固体介质在高压状态下的等熵流动，稀疏波过后介质压力、质点速度与介质比体积的关系为

$$p_t = p_d - \frac{c_2^2 V_d \left[1 - \left(\dfrac{V_d}{V_t} \right)^{4\lambda_2 - 1} \right]\left[1 + \lambda_2 \left(1 - \dfrac{V_d}{V_2} \right)\left(1 - \gamma_2 \left(1 - \dfrac{V_d}{V_2} \right) \right) \right]}{(4\lambda_2 - 1) V_2^2 \left[1 - \lambda_2 \left(1 - \dfrac{V_d}{V_2} \right) \right]^3} \tag{4.107}$$

$$u_{\mathrm{t}} = u_{\mathrm{d}} + \frac{c_2 V_{\mathrm{d}} \left[1 - \left(\dfrac{V_{\mathrm{d}}}{V_{\mathrm{t}}} \right)^{4\lambda_2 - 1} \right] \left[1 + \lambda_2 \left(1 - \dfrac{V_{\mathrm{d}}}{V_2} \right) \left(1 - \gamma_2 \left(1 - \dfrac{V_{\mathrm{d}}}{V_2} \right) \right) \right]^{\frac{1}{2}}}{(2\lambda_2 - 1) V_2 \left[1 - \lambda_2 \left(1 - \dfrac{V_{\mathrm{d}}}{V_2} \right) \right]^{\frac{1}{2}}} \quad (4.108)$$

式中，p_{t} 为稀疏波波后压力；u_{t} 为稀疏波波后质点速度；V_{t} 为稀疏波波后介质比容；γ_2 为介质 2 的常温常压下物质的 Grüneisen 系数；V_2 为 45 钢的初始比容。利用式（4.107）和式（4.108）以及透射冲击波 Hugoniot 方程式（4.103）可以确定反射冲击波为稀疏波时的界面处冲击波压力，最后将第三层材料的衰减系数代入式（4.100）即可求出输出压力。

通过入射压力、衰减、反射和透射等冲击波传播过程的计算，求出最终从第三层介质输出的压力 p_{o}，从而求出冲击波透射系数 T_{n} 为

$$T_{\mathrm{n}} = \frac{p_{\mathrm{o}}}{p_{\mathrm{x}}} \quad (4.109)$$

根据以上分析计算出 3 种方案的冲击波透射系数分别为 0.31、0.05、0.08。透射系数越小，说明衰减冲击波能力越强。

以下分别从冲击波峰值压力、能量和冲量等不同方面分析，通过数值模拟研究阻抗匹配对多层介质衰减冲击波的影响，仿真模型如图 4.60 所示。为了获得在炸药 - 介质接触界面和不同介质分界面处的压力变化，炸药与第一层介质的分界面处高斯点设置为 Gauge1，第一层介质与第二层介质的分界面处高斯点设置为 Gauge2，第二层介质与第三层介质的分界面处高斯点设置为

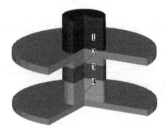

图 4.60　多层介质衰减冲击波仿真模型

Gauge3，第三层介质与垫板的分界面处高斯点设置为 Gauge4，在图 4.60 中分别表示为 1 ~ 4。

2）不同介质组合冲击波压力随时间的变化

为了定量研究不同介质组合造成的冲击波在介质分界面处的反射和透射，对分界面处的冲击波压力时程曲线进行分析。图 4.61 所示分别为方案 A ~ C 不同 Gauge 点的冲击波压力随时间的变化曲线。

从图 4.61 可以看出炸药与第一层介质接触处的压力曲线最陡，下降迅速，随着在多层介质中的不断传入，压力下降平缓，作用时间变长。由高斯点的峰值压力可以看出冲击波在分界面处的反射情况，即不同的阻抗匹配所引起的不同反射冲击波类型。

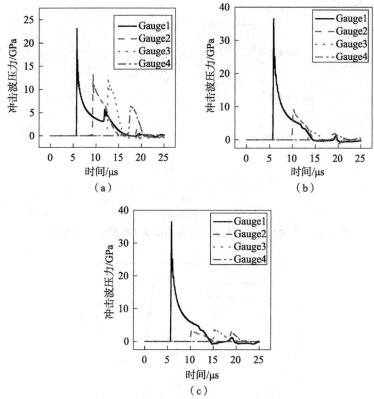

图 4.61　不同介质组合冲击波压力随时间的变化曲线

（a）方案 A；（b）方案 B；（c）方案 C

3）不同介质组合能量与冲量的变化

冲击波压力的不同直接影响系统内能量与动量的分配，为了研究能量与动量的演化特性，利用仿真比较 3 种方案的能量与冲量。在隔爆结构设计中，第一层与第二层介质吸能越多对隔爆效果越有利，而输入到第三层的能量越少越好。不同方案第三层介质的能量随时间的变化曲线如图 4.62 所示。

从图 4.62 可以看出，方案 A ~ C 的第三层介质最终吸收的能量分别为 4 800 J、1 077 J、2 010 J。这说明逆序波阻抗结构的方案吸能效果最佳，而顺序波阻抗结构的方案吸能效果最差。方案 B 吸收的能量较方案 A 减少了 78%。

从各层介质的冲量角度考虑，第三层介质冲量越大，多层介质的稳定性越差，越不利于整体结构的隔爆性能。图 4.63 所示为 3 种方案第三层介质的冲量时程曲线，从图 4.63 可以看出方案 A ~ C 的第三层介质最终的冲量分别为 12 kg·m·s^{-1}、2.4 kg·m·s^{-1}、5.7 kg·m·s^{-1}。方案 B 的冲量值最小，说明逆序波阻抗结构的稳定性最佳。方案 B 的冲量较方案 A 减少了 80%。

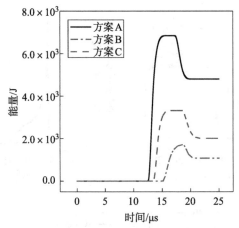

图 4.62　不同介质组合第三层介质的能量随时间的变化曲线

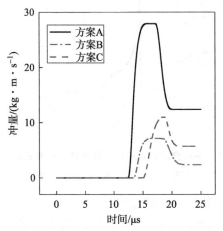

图 4.63　不同介质组合第三层介质的冲量时程曲线

4）隔爆结构形状对爆炸冲击波衰减的影响

下面讨论隔爆结构形状对爆炸冲击波衰减的影响，以逆序波阻抗结构为例，设计 3 种形状的隔爆结构，分别为 S_1（平面型）、S_2（向上凸型）和 S_3（向下凹型），仿真模型如图 4.64 所示。S_2、S_3 中每层介质的锥角为 150°，3 种方案中炸药与隔爆结构的最短距离均为 25 mm。

通过第三层介质吸收的能量与最终的动量比较 3 种方案的优劣，不同形状的隔爆结构第三层介质的能量时程曲线如图 4.65 所示。3 种方案第三层介质吸收能量分别为 630 J、189 J、685 J。第三层介质的冲量时程曲线如图 4.66 所示，3 种方案第三层介质最终的冲量分别为 3.78 kg·m·s^{-1}、2.12 kg·m·s^{-1}、4.14 kg·m·s^{-1}。根据能量与冲量分配的分析，S_2（向上凸型）的隔爆效果

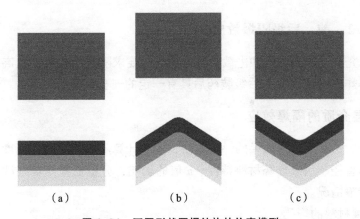

图 4.64　不同形状隔爆结构的仿真模型

（a）S_1（平面型）；（b）S_2（向上凸型）；（c）S_3（向下凹型）

最佳，能够使传入隔板中的能量稀疏，而 S_3（向下凹型）的隔爆效果最差，能量产生了汇聚。

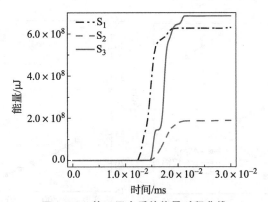

图 4.65　第三层介质的能量时程曲线

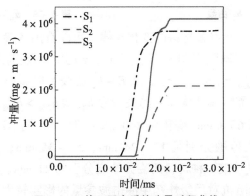

图 4.66　第三层介质的冲量时程曲线

4.3.4.2　前、后级隔爆效应

本节研究后级炸药在强冲击载荷下的响应，要求隔爆结构具有较高的吸能性，保证爆炸冲击波入射到后级装药后具有一定的安全性能。

1. 单层介质的隔爆效应

利用 4.2.5.4 节隔爆效果的评价方法，理论计算不同隔爆结构厚度下隔爆材料、装药直径、后级炸药材料特性、n 值的影响，分析后级炸药在冲击响应下的能量传输情况。

1）隔爆材料的影响

选择 45 钢、Ly - 12 铝和有机玻璃 3 种材料作为隔爆结构，分别计算不同隔爆结构厚度下入射到后级装药的冲击波压力 p_G、质点速度 u_G、加载时间 τ、能量 E，装药直径为 60 mm，后级炸药为 Comp B，临界起爆能量为 122 J/cm²，计算结果如图 4.67 ~ 图 4.70 所示。

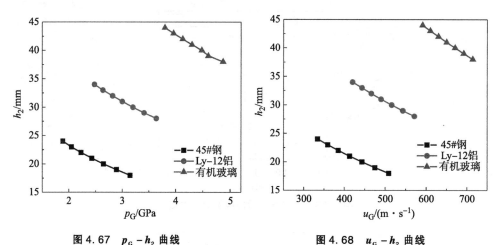

图 4.67　$p_G - h_2$ 曲线　　　　　图 4.68　$u_G - h_2$ 曲线

分析冲击波各参量随隔爆材料的变化规律，可以看出各参量均随隔爆结构厚度的增大而减小，不同隔爆材料下 p_G、u_G、τ 的关系分别为：$p_{G有} > p_{G铝} > p_{G钢}$，$u_{G有} > u_{G铝} > u_{G钢}$，$\tau_钢 > \tau_铝 > \tau_有$。从 $E - h_2$ 曲线可以看出，当入射到后级炸药的能量相同时所需隔爆结构厚度的关系为 $h_{2有} > h_{2铝} > h_{2钢}$，当后级炸药获得的冲击波能量 E 从 60 J/cm² 变化到 240 J/cm² 时，45 钢、Ly - 12 铝和有机玻璃隔板厚度的选取范围分别是 17 ~ 24 mm、27 ~ 35 mm、37 ~ 42 mm，45钢、Ly - 12 铝和有机玻璃 3 种材料的临界厚度分别为 21 mm、32 mm、40 mm。结果表明隔爆材料的阻抗对后级炸药中冲击波参量的影响较大。

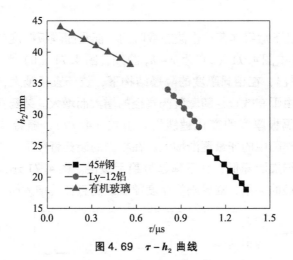

图 4.69 $\tau - h_2$ 曲线

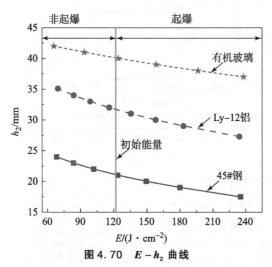

图 4.70 $E - h_2$ 曲线

2）装药直径的影响

选取 45 钢作为隔爆材料，后级炸药为 Comp B，装药直径在 $60 \sim 100$ mm 范围内（每种方案增加 10 mm）变化。不同隔爆结构厚度下的入射冲击波压力、质点速度如表 4.13 所示，由于隔爆材料固定，入射冲击波压力、质点速度只与隔爆结构厚度有关，随着隔爆结构厚度的增大，p_G 和 u_G 均减小。

表 4.13 不同隔爆结构厚度下的入射冲击波压力、质点速度

h_2/mm	20	21	22	23	24	25	26	27	28	29
p_G/GPa	2.65	2.43	2.23	2.05	1.88	1.72	1.58	1.45	1.34	1.23
u_G/(m·s^{-1})	443.4	413.3	385.1	358.6	333.7	310.4	288.6	268.2	249.1	231.3

不同装药直径下后级炸药冲击波加载时间、能量随隔板厚度的变化曲线如图 4.71 所示，其中图 4.71（a）为 $\tau - h_2$ 曲线，图 4.71（b）为 $E - h_2$ 曲线。从图 4.71 可以看出，在相同厚度的隔爆结构下，装药直径越大，冲击波加载时间越长，这是由于有效直径随着装药直径的增大而增大。装药直径越大，冲击波加载时间随隔板厚度的变化越缓慢。由式（4.79），随着装药直径的增大，入射到后级炸药中的能量逐渐增大。在相同的装药直径下，入射冲击波能量随隔板厚度的增加而降低，且下降趋势趋于缓慢。图 4.71 还反映了临界隔板厚度与装药直径的关系，临界隔板厚度随着装药直径的增大而增大。

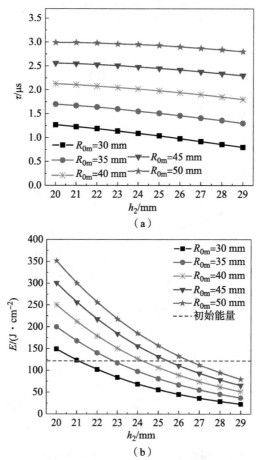

图 4.71　不同装药直径下后级炸药冲击波参量随隔板厚度的变化曲线

（a）$\tau - h_2$ 曲线；（b）$E - h_2$ 曲线

3）后级炸药材料特性的影响

选择常见的 4 种炸药进行研究，分别为 Comp B、8701、TNT 和 PBX9404，炸药的材料参数及临界起爆能量如表 4.14 所示。其他参量为：装药直径选为 60 mm，隔板材料为 45 钢，隔板厚度选取范围为 18～25 mm。理论计算得到的不同炸药入射冲击波压力、质点速度和加载时间如表 4.15 所示。

表 4.14 炸药的材料参数及临界起爆能量

炸药	$\rho_0/(\text{g} \cdot \text{cm}^{-3})$	$c_0/(\text{m} \cdot \text{s}^{-1})$	λ	$E_{cr}/(\text{J} \cdot \text{cm}^{-2})$
Comp B	1.68	2 710	1.86	122
8 701	1.7	2 870	1.61	80
TNT	1.62	3 090	1.29	142
PBX9404	1.84	2 310	2.767	58.8

表 4.15 不同炸药入射冲击波压力、质点速度和加载时间

h_2 /mm	Comp B			8701			TNT			PBX9404		
	p_G /GPa	$u_G/(\text{m} \cdot \text{s}^{-1})$	τ /μs	p_G /GPa	$u_G/(\text{m} \cdot \text{s}^{-1})$	τ /μs	p_G /GPa	$u_G/(\text{m} \cdot \text{s}^{-1})$	τ /μs	p_G /GPa	$u_G/(\text{m} \cdot \text{s}^{-1})$	τ /μs
18	3.15	509.2	1.34	3.19	508	1.38	3.1	510.7	1.42	3.41	501	1.18
19	2.89	475.3	1.31	2.93	474	1.34	2.86	476.2	1.37	3.11	468.2	1.16
20	2.65	443.4	1.27	2.69	442	1.3	2.63	443.8	1.32	2.83	437.3	1.14
21	2.43	413.3	1.23	2.47	411.9	1.25	2.43	413.4	1.26	2.58	408.3	1.12
22	2.23	385.1	1.19	2.28	383.6	1.2	2.24	384.9	1.21	2.36	380.9	1.09
23	2.05	358.6	1.14	2.09	357.1	1.15	2.06	358.1	1.15	2.15	355.1	1.06
24	1.88	333.7	1.09	1.92	332.2	1.09	1.9	333.1	1.09	1.96	330.9	1.03
25	1.73	310.4	1.04	1.77	309	1.31	1.75	309.6	1.03	1.79	308.1	0.99

从表 4.15 中可以看出，p_G、u_G 和 τ 均随隔板厚度的增大而下降，但下降幅度有所不同。在相同隔板厚度下，不同后级炸药入射冲击波参量比较接近，但可以看出 PBX9404 炸药的冲击波入射压力最大，加载时间最短。4 种炸药入射冲击波能量随隔板厚度的变化曲线如图 4.72 所示。

从图中可以看出，隔板厚度较小时，PBX9404 炸药的入射冲击波能量最小，随着隔板厚度逐渐增大，不同炸药的入射冲击波能量趋于一致。根据各炸药的临界起爆能量，Comp B、8701、TNT 和 PBX9404 的临界隔板厚度分别为 21 mm、23 mm、20.5 mm、25 mm。

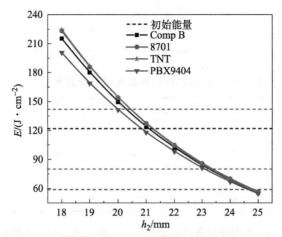

图4.72　4种炸药入射冲击波能量随隔板厚度的变化曲线

4）n值的影响

以上计算中n值均为6，而根据相关文献，n值将随着形状而变化，利用文献中给出的n值计算4种情况下后级炸药的入射冲击波能量，计算时采用8701炸药，隔爆材料选择45钢。不同n值入射冲击波能量随隔板厚度的变化曲线如图4.73所示。n值越小，入射冲击波能量越高，且隔板厚度越小，n值对E的影响越明显。

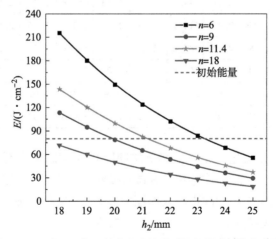

图4.73　不同n值入射冲击波能量随隔板厚度的变化曲线

5）后级炸药在冲击响应下的能量传输

前级炸药爆炸后将自身的内能释放，内能减少的一部分转化为爆轰产物的动能，另一部分则传递给隔爆结构和后级炸药。

（1）不同隔爆材料下系统各部分能量的变化。

选择隔板材料为钨、45 钢、Ly-12 铝和有机玻璃，隔板厚度为 20 mm，图 4.74 所示为不同隔爆材料下前级炸药的总能量变化曲线。

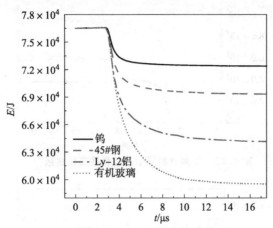

图 4.74 不同隔爆材料下前级炸药总能量的变化曲线

从图 4.74 可以看出，随着前级炸药的爆轰，总能量大幅下降，输入能量即前级炸药总能量的减少量。钨、45 钢、Ly-12 铝和有机玻璃 4 种隔爆材料下前级炸药的输入能量分别为 4 054J、7 072J、12 076J、16 705J，随着材料阻抗的增大，输入能量逐渐降低，说明阻抗大的材料能够更好地削弱前级炸药传递的能量，起到阻碍能量传输的作用，隔爆材料的这种性质称作阻能性，隔爆材料阻抗越大，其阻能性越强。

下面分析输入能量在隔爆结构和后级炸药中的分配，图 4.75 所示为不同隔爆材料隔板总能量的变化曲线，图 4.76 所示为后级炸药总能量的变化曲线。前级炸药爆轰产生的能量首先传给隔板，隔板总能量迅速上升，当冲击波传入后级炸药时，后级炸药总能量也将有所上升。根据热点理论，后级炸药在高温高压下快速热分解并开始释放内能，内能释放量由反应的剧烈程度决定。图 4.75 反映了不同隔爆材料吸收能量的情况，随着材料阻抗的增大，吸收能量逐渐减少，这种特性称为吸能性，阻抗越大，吸能性越差。

图 4.77 所示为不同隔爆材料下后级炸药内能的变化曲线，隔爆材料为钨时内能几乎没有变化，后级炸药处于安定状态。随着隔爆材料阻抗的减小，后级炸药释放的内能逐渐增加，隔爆材料为 Ly-12 铝和有机玻璃时后级炸药内能释放量基本相同，说明炸药已经完全爆轰。

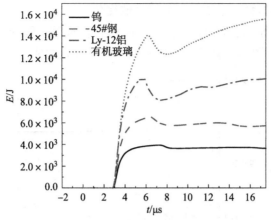

图 4.75　不同材料隔板总能量的变化曲线

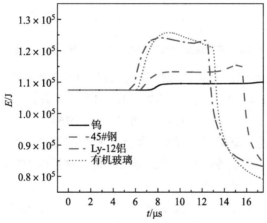

图 4.76　后级炸药总能量的变化曲线

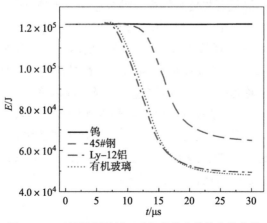

图 4.77　不同隔爆材料下后级炸药内能的变化曲线

（2）相同隔爆材料在不同厚度下输入能量的分配及后级炸药的响应程度。

选取 45 钢作为隔爆材料，隔爆结构厚度分别为 10 mm、15 mm、20 mm 和 25 mm。图 4.78 所示为前级炸药总能量的变化曲线，可以看出不同厚度下前级炸药的输入能量几乎相同，即阻能性与隔爆结构厚度无关，只与隔爆材料有关。图 4.79 所示为隔板总能量的变化曲线，随着隔板厚度的增大，隔板吸收能量逐渐增大，说明隔爆结构越厚，吸能性越强。图 4.80 所示为后级炸药总能量的变化曲线，在总能量下降之前，隔爆结构厚度越小，后级炸药吸收的能量越多，且炸药释放内能越快。图 4.81 所示为后级炸药内能的变化曲线，后级炸药内能释放量随着隔板厚度的减小而增大，这与前面理论计算得出的规律符合。

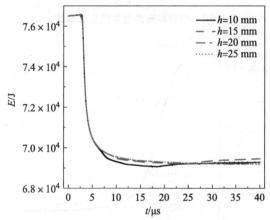

图 4.78　前级炸药总能量的变化曲线

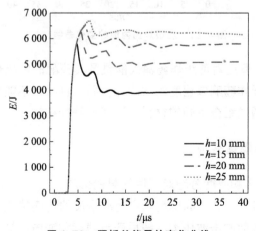

图 4.79　隔板总能量的变化曲线

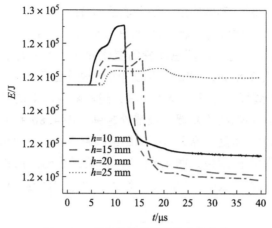

图 4.80　后级炸药总能量的变化曲线

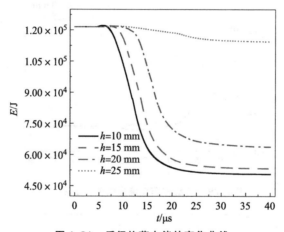

图 4.81　后级炸药内能的变化曲线

综合隔爆材料和厚度对前级炸药输入能量及其分配的影响规律，证明了使用能量判据预测后级炸药响应程度的准确性。同一种材料不能兼顾最佳的阻能性和吸能性，可以通过组合不同的材料设计多层隔爆结构。

2. 多层介质的隔爆效应

1）双层介质排序和厚度分配对隔爆效果的影响

由 4.3.4.1 节可知，介质的排列顺序对冲击波的传播特性有较大影响，但隔爆效果的准则由入射冲击波压力、波后质点速度和冲击波加载时间 3 个参量控制，下面选取有机玻璃和 Ly - 12 铝两种材料，分别研究两种介质的排序及厚度分配对隔爆效果的影响。装药直径选取 110 mm，隔爆结构总厚度为

50 mm，利用理论模型计算隔爆效果准则中各参量，各参量随有机玻璃厚度的变化规律如图 4.82 ~ 图 4.87 所示，有机玻璃的厚度范围选择为 5 ~ 45 mm。图中 S_1 方案中与前级装药相邻的为有机玻璃（隔爆结构第一层介质），S_2 方案第一层为 Ly – 12 铝。

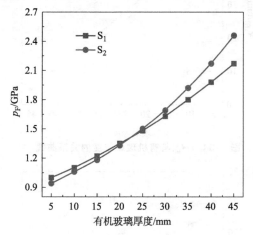

图 4.82　后级炸药压力与有机玻璃厚度的关系曲线

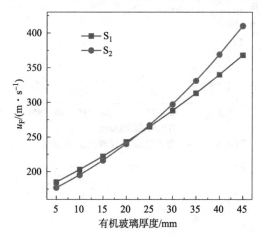

图 4.83　波后质点速度与有机玻璃厚度的关系曲线

首先分析图 4.82 中入射冲击波压力的变化规律，随着有机玻璃厚度的增大，方案 S_1 和 S_2 后级炸药的入射冲击波压力均呈上升趋势，且方案 S_2 上升较快，从图中还可以看出当有机玻璃厚度占总厚度的比例小于 50% 时，方案 S_1 的结果较大，而比例大于 50% 时方案 S_2 的结果较大，且差距较明显。波后质点速度随有机玻璃厚度的变化规律一致。

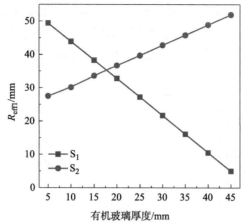

图 4.84 R_{eff1} 与有机玻璃厚度的关系曲线

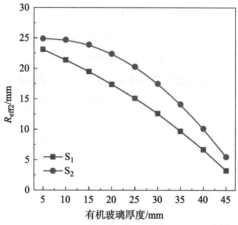

图 4.85 R_{eff2} 与有机玻璃厚度的关系曲线

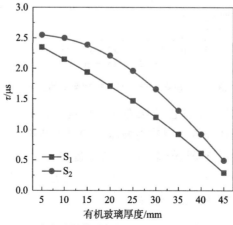

图 4.86 冲击波加载时间与有机玻璃厚度的关系曲线

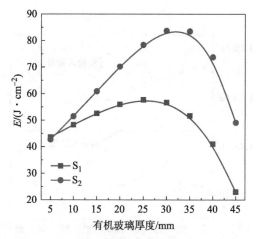

图 4.87　冲击波能量与有机玻璃厚度的关系曲线

方案 S_1 第一层介质的有效半径随有机玻璃厚度的增大而减小，而方案 S_2 的变化规律与方案 S_1 相反，且方案 S_1 的变化范围更大，说明有机玻璃减小有效半径的优势更加明显，从第二层介质有效半径的变化曲线也可以看出，在总厚度相等的情况下，方案 S_1 的有效半径小于方案 S_2。有效半径的大小决定了冲击波的加载时间，方案 S_1 的冲击波加载时间随有机玻璃厚度呈线性下降趋势，而方案 S_2 的冲击波加载时间在有机玻璃厚度所占比例较小时下降较慢，而在 Ly－12 铝厚度所占比例较小时下降较快。

最后综合以上各参量结果分析冲击波能量的变化趋势，两种方案入射到后级炸药的冲击波能量均随有机玻璃厚度的增大而先增大后减小。但是方案 S_1 的计算结果更小，隔爆效果优于方案 S_2。在有机玻璃厚度为 45 mm 时冲击波能量最小，说明各层厚度的分配对隔爆效果有着重要的影响。利用 AUTODYN 软件对以上各方案进行数值模拟，获得了隔爆结构吸收能量与有机玻璃厚度的关系曲线，如图 4.88 所示。

由于 Ly－12 铝的阻能性优于有机玻璃，因此方案 S_2 的输入能量较低。但是从最终的吸能效果可以看出方案 S_1 吸收的能量占输入能量的比例高于方案 S_2，方案 S_1 后级炸药的反应度较低，仿真结果与理论模型计算结果的趋势一致，结果表明隔爆结构的第一层介质选择吸能性较好的材料，而第二层介质选择阻能性较好的材料对炸药的安定性更有利，且吸能性较好的材料的比例应较大。

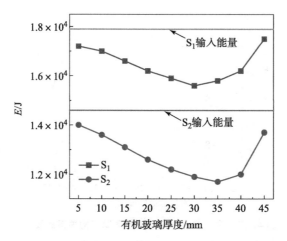

图4.88 隔爆结构吸收能量与有机玻璃厚度的关系曲线

2）双层介质总厚度对隔爆效果的影响

本节在上面研究结果的基础上，选择 Ly – 12 铝的厚度为 5 mm，改变隔爆结构的总厚度 H_m，H_m 取 30 ~ 50 mm，理论计算的冲击波能量随隔爆结构总厚度的变化规律如图 4. 89 所示。仿真获得的隔爆结构吸收能量随总厚度的变化规律如图 4. 90 所示。

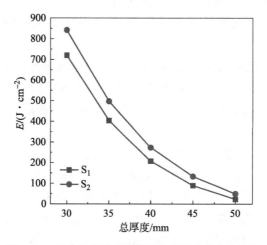

图4. 89 冲击波能量随隔爆结构总厚度的变化规律

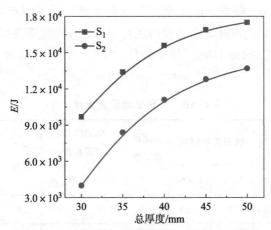

图 4.90　隔爆结构吸收能量随总厚度的变化规律

从图 4.89 和图 4.90 可以看出，随着总厚度的增加，冲击波能量先快速降低，然后趋向平缓，隔爆结构吸收的能量逐渐增大，增速逐渐变小。这与厚度分配对隔爆效果的影响规律一致，方案 S_1 的冲击波能量低于方案 S_2，且总厚度越小，两种方案的差距越明显。

|4.4　实例分析|

4.4.1　前级装药 JPC 成型和侵彻实例

4.4.1.1　前级装药结构参数

试验采用与数值模拟同样的成型装药结构，设计了 3 种方案，方案 K_1 为等壁厚药型罩，$R_L =$ 90 mm，$b = 2.2$ mm，$D_g = 100$ mm，$a = 39$ mm，$m = 5°$，$w = 55°$；方案 K_2 为罩顶与罩口部厚、中间薄，罩内壁的 $R_L = 73$ mm，$a = 26.7$ mm，最大壁厚与最小壁厚分别为 3.8 mm、1.53 mm；方案 K_3 为药型罩壁厚从罩顶到罩口部逐渐变薄，罩内壁的 $R_L = 85$ mm，$a = 35.33$ mm，最大壁厚与最小壁厚分别为 4.5 mm、1.5 mm。

试验中成型装药的实物如图 4.91 所示，包

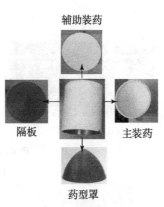

图 4.91　成型装药实物

括主装药、辅助装药、隔板和药型罩。各方案 X 光试验设置参数如表 4.16 所示，表中给出了 X 光机与弹距离、弹与底片距离、弹距地面高度、标记线与地面距离、放大系数、拍摄时间，其中角标"1""2"分别对应拍摄时刻 t_1 和 t_2。

表 4.16　X 光试验设置参数

方案	X 光机与弹距离		弹与底片距离		弹距地面高度 /m	标记线与地面距离		放大系数	拍摄时间	
	X_1/m	X_2/m	Y_1/m	Y_2/m		H_1/m	H_2/m		t_1/μs	t_2/μs
K_1	1.45	1.45	1.55	1.55	1.5	1.6	1.33	2.07	40	50
K_2	1.55	1.55	1.55	1.55	1.5	1.575	1.325	2	40	50
K_3	1.5	1.5	1.6	1.6	1.5	1.58	1.34	2.07	40	50

4.4.1.2　JPC 形成的理论计算、数值模拟与试验对比

不同方案 JPC 形成的数值模拟与试验结果对比如图 4.92 ~ 图 4.94 所示，其中 t 是装药起爆为零的时间，对应的数值模拟结果也是取相应时刻的 JPC 形态，由于第二个时刻杆流较长，底片长度有限，因此仅用一张底片拍摄 JPC 的头部。

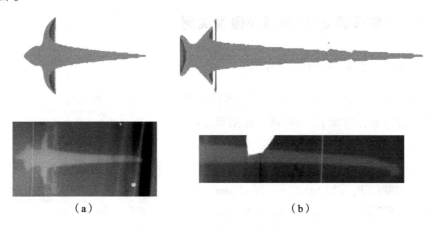

（a）　　　　　　　　　　　　　（b）

图 4.92　K_1 方案 JPC 成型形态

（a）t = 40 μs；（b）t = 50 μs

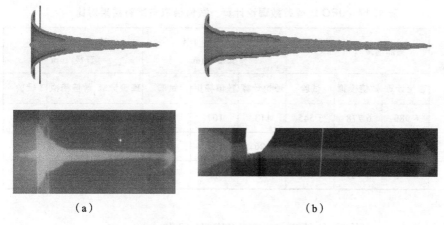

（a）　　　　　　　　　　　　　　（b）

图 4.93　K$_2$ 方案 JPC 成型形态

（a）$t = 40\ \mu s$；（b）$t = 50\ \mu s$

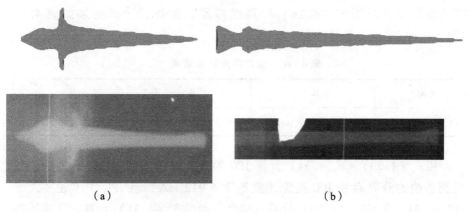

（a）　　　　　　　　　　　　　　（b）

图 4.94　K$_3$ 方案 JPC 成型形态

（a）$t = 40\ \mu s$；（b）$t = 50\ \mu s$

　　从各方案形成的 JPC 形态来看，数值模拟与试验结果吻合较好。方案 K$_1$ 和方案 K$_3$ 形成的杆体较大，而方案 K$_2$ 成型效果较好，从后面的侵彻结果也可以得到方案 K$_2$ 较好。将 X 光底片数字化后，根据放大系数可以计算出杆流的成型参数。表 4.17 所示为 JPC 成型参数的理论、仿真与试验结果对比，JPC 直径为距离头部 50 mm 处的直径，可以看出理论计算、数值模拟与试验结果三者吻合较好，误差在 10% 之内。

表4.17 JPC成型参数理论计算、数值模拟与试验结果对比

方案	头部速度/(m·s⁻¹)			40 μs时刻JPC 长度/mm			40 μs时刻JPC 直径/mm		
	理论计算	数值模拟	试验	理论计算	数值模拟	试验	理论计算	数值模拟	试验
K_1	6 989	6 778	6 545	113	107	103	11.5	12	12.5
K_2	7 489	7 243	7 132	126	119	114	10.5	11	11.6
K_3	6 173	5 967	5 822	85	82	78	13	14	14.8

4.4.1.3 小炸高条件下 JPC 对钢靶的侵彻

利用图4.45中的头、尾速度求出JPC的虚拟原点，图中JPC的速度分布在2倍炸高下，根据式（4.28）计算虚拟原点坐标，计算结果如表4.18所示。

表4.18 虚拟原点计算结果

方案	K_1	K_2	K_3
虚拟原点坐标	(56 mm, 8 μs)	(53 mm, 7.1 μs)	(61 mm, 9.9 μs)

利用式（4.29）~式（4.31）计算JPC的侵彻深度，通过计算得到冲击波对侵彻影响的分界点为JPC头部速度等于6 912 m/s，当JPC头部速度大于6 912 m/s时，利用式（4.30）计算，反之，利用式（4.31）计算。计算不同方案杆式JPC在炸高$1.5D_k$~$2.5D_k$下的侵彻深度，与试验结果进行对比。图4.95所示为各方案侵深随炸高的变化规律。从图中可以看出，方案K_2的侵彻深度最大，而方案K_3的侵彻深度最小，说明JPC的速度梯度对侵彻深度影响较大。

各方案侵彻深度的理论计算与试验结果对比如表4.19所示。由于破甲存在不稳定性，每个工况至少进行了3发试验，最终取试验样本有效结果的平均值，侵彻深度的试验结果小于理论计算结果，考虑到试验中药型罩存在壁厚差、炸药装药的不均匀性等导致侵彻深度能力下降的因素，试验值比理论计算结果低是符合规律的。

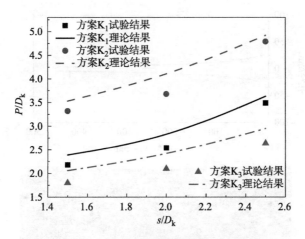

图 4.95　各方案侵彻深度随炸高的变化规律

表 4.19　各方案侵彻深度理论计算与试验结果对比

方案	炸高	试验有效发数	试验样本结果/mm				平均值/mm	理论结果/mm	误差/%
			1	2	3	4			
K₁	$1.5D_k$	4	228	247	248	237	240	263	9.6
	$2D_k$	3	271	284	286		280	301	7.5
	$2.5D_k$	4	386	395	372	385	384	398	3.6
K₂	$1.5D_k$	4	368	357	371	363	365	388	6.3
	$2D_k$	4	423	401	413	409	410	445	8.5
	$2.5D_k$	4	510	534	508	552	526	541	2.9
K₃	$1.5D_k$	3	184	208	202		198	227	14.6
	$2D_k$	4	245	223	225	232	231	262	13.4
	$2.5D_k$	3	303	292	276		290	324	11.7

　　利用式（4.32）计算 2 倍炸高下各方案侵彻钢靶的孔径变化规律，图 4.96 所示为方案 K_2 侵彻钢靶的理论结果与试验结果，利用线切割获得靶板的剖面图，理论与试验获得孔型基本吻合，靶板口部呈喇叭形，侵彻通道的孔径均匀，表面较光滑，作为串联战斗部的前级装药可以较好地为后级装药的侵彻开辟通道。方案 K_1 和方案 K_3 的孔道孔径随侵彻深度的变化如图 4.97 所示，与试验测量结果进行对比，方案 K_3 的入口孔径最大，JPC 的能量用于扩孔较多。

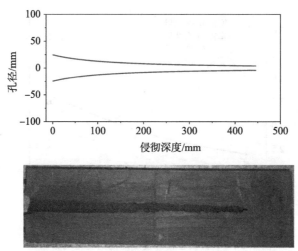

图 4.96 2 倍炸高下方案 K_2 侵彻钢靶的理论计算结果（上）和试验结果（下）

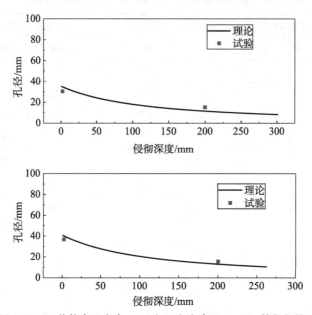

图 4.97 2 倍炸高下方案 K_1（上）和方案 K_3（下）的侵彻结果

4.4.2 后级装药双锥罩射流成型和侵彻实例

4.4.2.1 后级装药结构参数

方案选定装药直径为 110 mm，装药高度为 180 mm，药型罩高度为 140 mm，上、下锥锥角分别为 26°、48°，上锥高占罩高比例为 50%，药型罩壁厚为 2.6 mm，此方案记为 S。利用 X 光机拍摄双锥罩射流的成型形态，双锥罩成型装药实物如图 4.98 所示，图 4.99 所示为 X 光试验布局。

图 4.98　双锥罩成型装药实物

图 4.99　X 光试验布局

4.4.2.2　双锥罩射流形成的理论、仿真与试验对比

理论计算、数值模拟和试验获得射流在 45 μs 和 60 μs 时刻的成型形态如表 4.20 所示，表中还给出了射流的头部速度及拐点速度。由于底片长度有限，第 2 个时刻只拍摄了射流的前半部。通过对比分析，理论计算、数值模拟与试验得到的结果基本一致。

4.4.2.3　双锥罩射流侵深模型计算实例

根据 4.2.4 节后级双锥罩射流侵彻深度计算模型，计算分析各分界点因素、炸高、双锥罩上锥角、双锥罩上锥高占罩高比例对双锥罩射流侵彻深度的影响。

1. 各分界点因素对射流侵彻深度的影响

为了比较冲击波、射流速度分布与射流状态等因素对双锥罩射流侵彻深度的影响，将射流侵彻深度理论计算分为 4 种工况，工况 1：同时考虑冲击波、双虚拟原点与射流断裂；工况 2：考虑双虚拟原点与射流断裂；工况 3：考虑冲击波与射流断裂；工况 4：考虑冲击波与双虚拟原点。其中工况 3 采用简化的单线性速度分布求得的单虚拟原点。

作为算例采用的双锥罩装药结构如图 4.46 所示，装药直径为 110 mm，装药高度为 180 mm，药型罩高度为 140 mm。靠近罩顶和罩口部的部分分别为上锥和下锥，上、下锥锥角分别为 26°、48°，上锥高占罩高比例为 50%，药型罩壁厚为 2.6 mm。为了避免射流分叉，药型罩顶部设计成弧形，内、外壁曲率半径分别为 7.4 mm、10 mm。壳体采用 45 钢，壁厚为 7.5 mm，顶部设计成敞口形状以便于放入传爆装置。

表 4.20 双锥罩射流成型理论计算、数值模拟与试验结果的对比

方法	45 μs 时刻射流形态	60 μs 时刻射流形态	头部速度/ (m·s⁻¹)	拐点速度/ (m·s⁻¹)
理论计算			8 843	6 628
数值模拟			8 625	7 066
试验			8 519	—

利用改进的 PER 理论计算的双锥罩装药起爆 65 μs 后射流的速度分布如图 4.100 所示。射流头部速度为 8 843 m/s，拐点速度为 6 628 m/s。射流前端部分速度梯度较小，中尾部速度梯度较大，整个速度梯度呈现凸曲线趋势，利用式（4.28）计算出的该射流的双虚拟原点为：A_1：（ – 109 mm， – 12.4 μs）、A_2：（ – 10 mm，2.6 μs）。

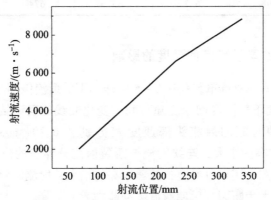

图 4.100 起爆 65 μs 后射流的速度分布

理论计算各工况侵彻深度随时间的变化曲线如图 4.101 所示，图中还给出了传统方法的计算结果。传统方法只考虑射流断裂，忽略了冲击波及双虚拟原点对侵彻深度的影响。从图中可以看出在 0 ~ 100 μs，4 种工况及传统方法计算的侵彻深度随时间的变化趋势基本一致，但 100 μs 后计算值出现偏差。不同工况侵彻深度计算结果如表 4.21 所示，工况 1 计算出的侵彻深度最小，工况 4 计算出的侵彻深度与其他工况相差较大，根据侵彻深度结果可以分析出 3 种因素的影响程度从大到小为：射流断裂、双虚拟原点、冲击波。考虑冲击波、双虚拟原点及射流断裂的工况 1 的计算结果较传统方法降低了 9.5%，从

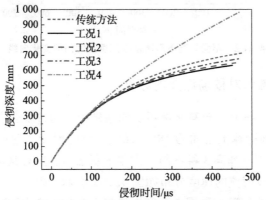

图 4.101 不同工况侵彻深度随时间的变化曲线

后面的试验结果可以看出工况 1 与试验结果最接近。以下计算均采用工况 1 的模型。

表 4.21　侵彻深度计算结果

工况	传统方法	工况 1	工况 2	工况 3	工况 4
侵彻深度/mm	698	632	657	674	983

2. 炸高对双锥罩射流侵彻深度的影响

利用工况 1 计算出双锥罩装药在 3～5 倍炸高下的射流侵彻深度，图 4.102 所示为 3～5 倍炸高下射流侵彻深度随时间的变化曲线的理论结果。通过理论计算可以得到断裂时刻的射流头部速度 v_{jF} 分别为 6 204 m/s，7 123 m/s，7 653 m/s。随着炸高的增大，连续射流与断裂射流分界点的出现将早于冲击波影响分界点。从图中还可以看出，随着炸高的增大，射流的侵彻时间也将变长，并且由于射流发生断裂，后期射流侵彻能力大大下降。

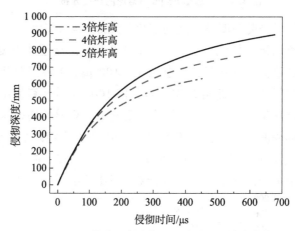

图 4.102　不同炸高下射流侵彻深度随时间的变化曲线

3. 双锥罩上锥角对侵彻深度的影响

在固定罩高和上锥高占罩高比例不变的基础上，通过改变上锥角（下锥角也随之改变），分别计算上锥角为 18°、26°、34°时射流的速度分布及双虚拟原点，进而计算出同一炸高 3 种不同上锥角下双锥罩射流对钢靶的侵彻深度。

不同上锥角形成射流的速度分布如图 4.103 所示，射流成型时刻为 65 μs，从图中可以看出，头部速度和拐点速度均随着上锥角的增大而减小，高速度段范围随着上锥角的增大而增大。射流速度及虚拟原点计算结果如表 4.22 所示。

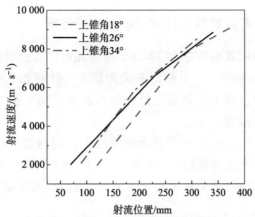

图 4.103 不同上锥角形成射流的速度分布

表 4.22 射流速度及虚拟原点计算结果

上锥角/(°)	头部速度/ (m·s⁻¹)	拐点速度/ (m·s⁻¹)	虚拟原点 A_1	虚拟原点 A_2
18	9 192	7 837	(−280 mm, −30.5 μs)	(12.5 mm, 6.9 μs)
26	8 843	6 628	(−109 mm, −12.4 μs)	(−10 mm, 2.6 μs)
34	8 515	5 829	(−50 mm, −5.9 μs)	(54.2 mm, 12.1 μs)

将求得的虚拟原点、射流头部速度和拐点速度导入侵彻深度模型,得到 3 倍炸高下不同上锥角形成的射流侵彻深度随时间的变化曲线,如图 4.104 所示。从图中可以看出随着上锥角的增大,侵彻深度逐渐下降,但是 18° 和 26° 两种结构的计算结果相差较小,这是因为当药型罩锥角减小到一定程度时,虽然射流速度有一定的提高,但高速段射流直径较小,侵彻过程消耗较快,因此设计双锥罩时,上锥角不宜过小。

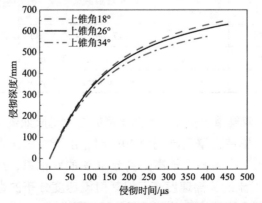

图 4.104 不同上锥角形成的射流侵彻深度随时间的变化曲线

4. 双锥罩上锥高占罩高比例对侵彻深度的影响

当双锥罩上锥角和罩高不变的情况下,下锥角可以通过改变上锥高进行调整,上锥高占罩高比例越大,对应的下锥角越大。针对 26° 上锥角、140 mm 罩高的双锥罩,计算上锥高占罩高比例分别为 30%、50% 和 70% 时形成射流在 3 倍炸高下的侵彻深度。

起爆 65 μs 后不同上锥高占罩高比例形成射流的速度分布如图 4.105 所示,随着上锥高占罩高比例的增大,射流头部速度逐渐增大,而射流拐点速度呈下降趋势,并且双线性速度分布的表现逐渐减弱。射流速度及虚拟原点计算结果如表 4.23 所示。

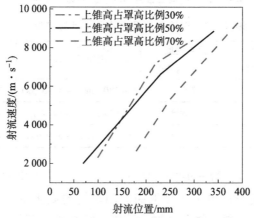

图 4.105　不同上锥高占罩高比例形成射流的速度分布

表 4.23　射流速度及虚拟原点计算结果

上锥高占罩高比例/%	头部速度/(m·s⁻¹)	拐点速度/(m·s⁻¹)	虚拟原点 A_1	虚拟原点 A_2
30	8 438	7 205	(−217 mm, −25.8 μs)	(73 mm, 14.5 μs)
50	8 843	6 628	(−109 mm, −12.4 μs)	(−10 mm, 2.6 μs)
70	9 281	5 332	(−16.6 mm, −1.7 μs)	(50 mm, 9.3 μs)

射流侵彻深度随双锥罩上锥高占罩高比例的变化规律如图 4.106 所示。从图中可以看出,当上锥高占罩高比例为 30% 时,由于头部速度较低,射流侵彻深度较小。而相比于上锥高占罩高比例为 50% 的双锥罩,虽然上锥高占罩高比例为 70% 形成射流的头部速度高,但其射流速度分布的影响导致其侵彻深度较上锥高占罩高比例为 50% 的双锥罩几乎无变化。

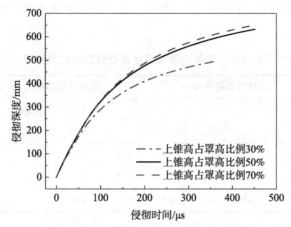

图 4.106　射流侵彻深度随双锥罩上锥高占罩高比例的变化曲线

4.4.2.4　双锥罩射流侵彻计算与试验对比

对同一双锥罩成型装药在 3～5 倍炸高下、同一炸高不同上锥角与不同上锥高占罩高比例的双锥罩成型装药对钢靶的侵彻进行静破甲试验。试验中靶板采用 45 钢，靶板 1 和 2 的尺寸分别为 $\phi150\ mm\times500\ mm$、$\phi160\ mm\times250\ mm$。

图 4.107 所示为 3 倍炸高下 26° 上锥角、上锥高占罩高比例为 50% 的双锥罩射流侵彻靶板的效果。第一块靶板被穿透并且断裂，断裂部分长 150 mm。试验第一块靶板的入口孔径较大，属于射流的开坑阶段，入口呈喇叭形，可以看出开坑阶段仅占侵彻深度的一小部分。孔径减小得很快，随后孔径逐渐呈现均匀的状态。

图 4.107　3 倍炸高下射流侵彻靶板的效果

表 4.24 所示为 3～5 倍炸高下同一双锥罩射流侵彻深度理论计算与试验结果的对比，表 4.25 所示为同一炸高下不同上锥角、不同上锥高占罩高比例的双锥罩射流侵彻深度理论计算与试验结果的对比，表中分别给出了试验样本

量、试验结果、传统方法计算结果、本书方法计算结果及两种方法与试验结果的误差。

表4.24　不同炸高下射流侵彻深度理论计算与试验结果对比

| 炸高/mm | 试验有效发数 | 试验样本结果/mm | | | | 平均值/mm | 理论计算结果/mm | | 误差/% | |
		1	2	3	4		本书方法	传统方法	本书方法	传统方法
330	4	608	612	601	592	603	632	698	4.8	15.7
440	3	736	730	716	—	727	764	832	5.1	14.4
550	4	835	815	829	824	826	893	985	8.1	19.2

表4.25　不同结构双锥罩射流侵彻深度理论计算与试验结果对比

| 上锥角/(°) | 上锥高占罩高比例/% | 试验有效发数 | 试验样本结果/mm | | | | 平均值/mm | 理论计算结果/mm | | 误差/% | |
			1	2	3	4		本书方法	传统方法	本书方法	传统方法
26	50	4	608	612	601	592	603	632	698	4.8	15.7
18	50	3	628	619	607	—	618	649	712	5	15.2
34	50	4	536	543	527	530	534	558	610	4.5	14.2
26	30	3	472	468	481	—	474	498	548	5.1	15.6
26	70	3	603	596	582	—	594	646	709	8.7	19.4

通过对比分析，利用本书后级双锥罩射流侵彻深度模型的理论计算结果与试验结果的误差在10%之内，较传统方法减小了约10%。理论计算结果偏大是由于断裂射流侵彻深度模型中没有考虑射流的"重新开坑""回流""径向飞散"与"翻转"等不利因素的影响，并且炸高越大，射流断裂出现得越早，断裂射流侵彻占侵彻全程的比例越大。

4.4.3　串联聚能装药战斗部隔爆性能实例

国内外学者对串联聚能装药战斗部的隔爆问题进行了大量的研究。但是串联聚能装药战斗部一级装药爆轰后对二级射流成型及侵彻存在较大影响的问题，如何使隔爆装置既完成对前级爆轰的有效隔爆，又减小对后级射流的消耗问题，如何计算前、后级延迟时间以有效控制前、后级射流最佳成型及侵彻时间等问题，都有待进一步研究。本节设计了前、后级影响的串联装药隔爆试验装置，试验研究前级装药爆轰对后级射流成型及侵彻的影响及隔爆装置对后级射流速度及侵彻能力的消耗。

4.4.3.1　结构参数及试验设计

本书设计的串联装药隔爆试验装置如图 4.108（a）所示，该装置包括前级装药、后级装药、前级壳体、后级壳体、隔爆装置与起爆装置。对串联战斗部进行装配，先将前、后级装药分别装于前、后级壳体内，利用端盖进行定位，并将导爆索连接到前、后级装药的顶部；然后将隔爆装置放入前级壳体内，用螺钉将壳体与隔爆装置连接，保证隔爆装置的位置；前、后级壳体通过螺纹连接；前、后级装药的导爆索利用胶布进行粘结固定，前级导爆索通过前级壳体的开孔导出，开孔还起到泄爆的作用。利用导爆索的长度控制延迟时间，导爆索的传爆速度为 7 000 m/s。在前级壳体外部（靠近前级装药）粘结两根雷管线，并与 X 光机的专用线相连，用于控制 X 光机触发时间，利用前级装药爆炸后产生的电离场触发 X 光机。利用 X 光机拍摄前级爆轰对后级射流成型影响的过程，并同时验证后级射流的侵彻能力，X 光试验靶场布置如图4.108（b）所示。

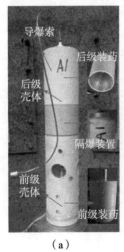

（a）　　　　　　　　　　　　　　　（b）

图 4.108　试验布局

（a）串联装药隔爆试验装置；（b）X 光试验靶场布置

为了研究前级装药爆轰对后级射流成型及侵彻的影响，前级装药只需采用一定装药量的裸药柱，后级选择基准弹（60°锥角单锥罩装药）形成头部速度较高的射流，前、后级装药直径 $D_k = 56$ mm。首先对单锥罩形成射流的过程进行仿真计算与 X 光摄像试验研究，获得射流的成型形态、头部速度与射流长度，如表 4.26 所示。

表 4.26　仿真与试验结果的对比（40 μs）

方法	成型效果图	头部速度/(m·s⁻¹)	射流长度/mm
仿真		7 080	200
试验		6 850	212

隔爆装置根据 4.3.4.2 节得到的结论进行设计，一方面可以降低战斗部的质量，另一方面可以大幅度衰减爆炸冲击波。隔爆装置选择 45 钢和聚氨酯两种材料，结构如图 4.109 所示。与前级装药相邻的为聚氨酯，用于吸收前级装药爆炸产生的能量。45 钢的厚度较薄是为了降低隔爆装置对后级射流的消耗，隔爆装置设计成内凹形是为了给后级射流留出成型空间。

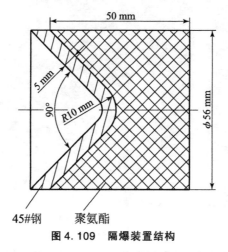

图 4.109　隔爆装置结构

两级装药的间距是判定后级装药能否殉爆的重要条件，根据 4.3.4.2 节的结果，前、后级间距为 2 倍装药直径时，采用的隔爆装置与前级装药接触时能够有效隔爆，当隔爆结构与前、后级装药有一定空隙时，空气也能够衰减冲击波，隔爆效果会增强，后级装药安全性能较接触时有所提高。将 $Z_1 = 60$ mm，$s_1 = 112$ mm，$P_1 = 186$ mm，$v_{2j} = 6\,850$ m/s，$v_{2d} = 2\,090$ m/s，$z_1 = 30$ mm，$v_{1t} = 1\,520$ m/s，$\alpha_1 = 36°$代入式（4.83）～式（4.86）计算得 $\Delta t = 85$ μs。

4.4.3.2　隔爆装置对后级射流的消耗

隔爆装置会降低后级装药的侵彻作用，应尽可能降低隔爆部件对后级射流的消耗和干扰，以使第2级装药的作用功能得到正常发挥。本节利用仿真和试验研究在不考虑前级装药的情况下隔爆装置对后级射流形成及侵彻的影响。为了给后级射流留出一定的成型空间，选取后级装药与隔爆装置的距离为 $1.5D_k$。

为了得到穿过隔爆装置后射流形状的变化以及头部速度降低的百分比，利用 X 光拍摄穿过隔爆装置前、后后级射流的成型效果，仿真与试验的对比如图 4.110 所示。仿真与试验得到的后级射流穿过隔爆装置的头部速度分别为 4 620 m/s 和 4 760 m/s，两者的误差为 3%。在不考虑前级装药的条件下穿过隔爆装置后射流头部速度降低了 30%，但仍然具有一定的侵彻能力。

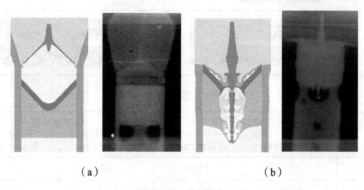

（a）　　　　　　　　　　（b）

图 4.110　后级射流穿过隔爆装置前、后仿真与
试验的成型效果对比

（a）10 μs；（b）30 μs

考虑隔爆装置的后级射流侵彻能力会有所降低，对比有、无隔爆装置下后级射流的侵彻能力，分析隔爆装置对后级射流侵彻的影响。表 4.27 给出了两种情况下的侵彻试验结果照片，两种情况的炸高均取 $3.6D_k$。入口孔形在没有隔爆装置的情况下较均匀，这说明隔爆装置对后级射流造成了一定的影响。侵彻结果如表 4.28 所示，两种情况的侵彻深度分别为 205 mm 和 142 mm，侵深降低了 31%。

表4.27 后级射流仿真与试验的侵彻效果

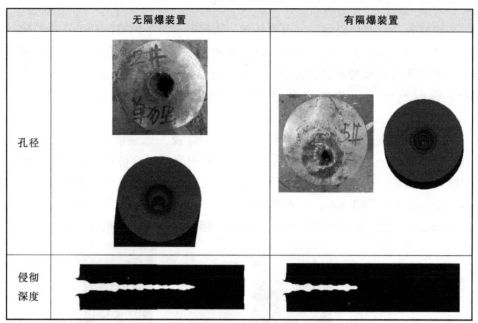

	无隔爆装置	有隔爆装置
孔径		
侵彻深度		

表4.28 侵彻结果

	无隔爆装置		有隔爆装置	
	试验值/mm	仿真值/mm	试验值/mm	仿真值/mm
侵彻深度	205	218	142	153
孔径	23.4	28.6	15.8	22.8

图4.111所示为仿真的隔爆装置45钢部分与试验后回收的隔爆装置的对比，隔爆装置的穿孔孔径为25 mm。

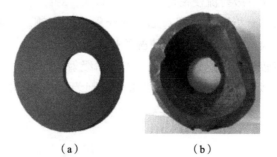

（a）   （b）

图4.111 侵彻后的隔爆装置

（a）仿真的隔爆装置；（b）试验后回收的隔爆装置

4.4.3.3　延迟时间的仿真与试验结果对比

为了验证计算的延迟时间的合理性，利用 AUTODYN 软件对 3 种延迟时间下射流的形成进行仿真分析，并结合 X 光试验进行验证。延迟时间分别为 85 μs、105 μs、125 μs。通过改变延迟时间考察后级射流形状的变化情况。3 种延迟时间的仿真与试验结果对比如表 4.29 所示。从表 4.29 可以看出，按照延迟时间模型计算出的射流成型效果较其余两种延迟时间的效果好。长延迟时间下射流整体成型效果较差，变形较严重，这是由于长延迟时间下后级药型罩在形成射流前发生了变形，这对最终的侵彻将产生不利的影响。

表 4.29　3 种延迟时间的仿真与试验结果对比

延迟时间/μs	试验结果	仿真结果	侵彻效果	侵彻深度/mm
85				170
105				82
125				55

3 种延迟时间下后级射流的形状有较大的差别，这将直接影响最终的毁伤效果，表4.29给出了3种延迟时间下的侵彻效果。可以看出延迟时间为85 μs时侵彻孔形很均匀，而其余两种延迟时间下的后级射流侵彻的孔形出现异常，其中延迟时间为105 μs时出现两个入孔，延迟时间为125 μs时入孔呈长条形。3 种延迟时间下后级射流侵彻深度分别为170 mm、82 mm和55 mm，综合 X 光图片与侵彻深度试验结果，延迟时间为85 μs时毁伤效果最佳。

4.4.4　串联聚能装药战斗部侵彻钢靶实例

4.4.4.1　试验布局

对加工好的串联聚能装药战斗部各组成部分进行装配，试验装置及布局如图4.112所示。其中（a）为前级装药；（b）为后级装药；（c）为隔爆装置安装于前级壳体内；（d）为前后级导爆索；（e）为试验布局照片。

（a）　　　　　　　　　　　　　　　（b）

（c）　　　　　　（d）　　　　　　（e）

图4.112　串联聚能装药战斗部试验装置及布局

（a）前级装药；（b）后级装药；（c）隔爆装置与前级壳体；（d）前、后级导爆索；（e）试验布局

4.4.4.2　试验结果

试验共进行了 3 发，采用不同的前级装药形成不同尾部速度的聚能杆式侵彻体，后级采用表 4.20 中的双锥罩装药结构，调整前级装药的炸高，根据延迟时间和威力匹配的计算模型得到各方案的总侵彻深度，并将试验测得的侵彻深度与模型计算、仿真结果进行对比，如表 4.30 所示。

表 4.30　串联聚能装药战斗部侵彻钢靶试验结果与模型计算结果、仿真结果的对比

序号	前级装药	后级装药	前级炸高	装药间距	延迟时间/μs	侵彻深度/mm		
						模型计算	仿真值	试验值
1	K_2	S	$1.5D_k$	$2D_k$	242	1 134	1 089	1 040
2	K_2	S	$2D_k$	$2D_k$	303	780	746	718
3	K_1	S	$1.5D_k$	$2D_k$	386	994	951	782

前两发采用的前级装药结构为 K_2，由于 K_2 形成的杆流尾部速度高，因此需要延迟时间小于第 3 发，而第 1 发的前级炸高小于第 2 发，所以第 1 发所需延迟时间最小。根据威力匹配模型计算获得 3 发的侵彻威力，第 1 发最大，第 2 发最小，说明在相同前、后级装药的条件下前级炸高对总侵彻深度有较大影响，应根据威力匹配合理地选择前级装药的炸高。

通过对比模型计算、仿真和试验结果，前两发的误差均在 10% 内，模型没有考虑后级射流消耗部分对侵彻深度的影响，造成模型计算结果略高于仿真和试验结果。而第 3 发的试验结果与模型计算、仿真结果差距较大，从侵彻孔道可以看出后级射流还没有到达前级孔底就开始侵彻，这是由于前级孔径没有前两发均匀，此外延迟时间也给后级射流的成型及运动带来严重影响。所以，应该选择能形成高尾部速度杆流的前级装药，并保证侵彻孔径的均匀性，以可靠地为后级装药的侵彻开辟通道，避免出现重叠的侵彻过程。

图 4.113 所示为第 1 发串联聚能装药战斗部试验的侵彻效果，4 块靶板的尺寸分别为 $\phi150$ mm × 150 mm、$\phi150$ mm × 500 mm、$\phi160$ mm × 200 mm、$\phi160$ mm × 250 mm，可以看出第 1 块靶板发生断裂。图 4.114 所示为第 2 块 ~ 第 4 块靶板入口与出口孔径，第 2 块靶板的入口孔径很均匀，可以判断后级射流从第 2 块靶板的入孔进入，并且在第 2 块的中部开始接力侵彻，后级射流的杆体停留在第 3 块靶板的入口处。

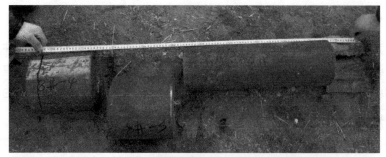

图 4.113　第 1 发串联聚能装药战斗部试验的侵彻效果

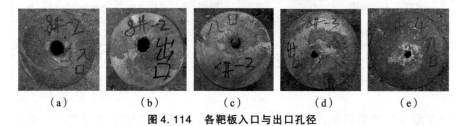

　　　（a）　　　　　　（b）　　　　　　（c）　　　　　　（d）　　　　　　（e）

图 4.114　各靶板入口与出口孔径

（a）第 2 块入口；（b）第 2 块出口；（c）第 3 块入口；

（d）第 3 块出口；（e）第 4 块入口

第 5 章

多束定向 EFP 战斗部技术

|5.1 概述|

5.1.1 多束定向 EFP 战斗部的概念

由于现代防空战斗部发展的需要，单 EFP 战斗部已经不能满足防空需要，MEFP 技术随之发展起来。多束定向 EFP 战斗部是一种新型战斗部，采用一层托架上布置多个成型装药的形式，产生一束定向的 EFP；通过在战斗部内布置多层托架，结合姿态和起爆方式控制技术，形成多束、多层次的 EFP 群。

MEFP 与一般的单 EFP 战斗部相比，可形成多个弹丸，提高弹丸命中和毁伤装甲目标的概率，对目标进行大密集度攻击，造成大面积的毁伤，尤其是对付集群地面和空中装甲目标，效果相当明显。

通过多束 EFP 战斗部技术的研究，可以提高针对装甲车辆的破甲武器的毁伤能力，为低成本防空反导战斗部技术提供基础技术支撑。

5.1.2 多束定向 EFP 战斗部的研究现状

Richard Fong 于 2001 年 5 月将设计的 MEFP 战斗部应用于单个钢容器内，内装 LX - 14 炸药，药型罩材料为铜，试验研究表明 MEFP 战斗部产生的弹丸外形主要有细长体、球状体、椭球体和长杆体 4 种，质量为 5 ~ 50 g，速度为 500 ~ 2 500 m/s。MEFP 战斗部的结构如图 5.1 所示。

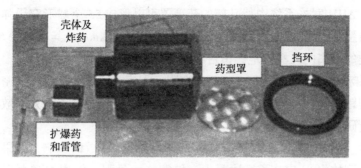

图 5.1　MEFP 战斗部的结构

2002 年 6 月，美国 William Ng 等提出了一种轴向变形罩式 MEFP 战斗部结构，该战斗部沿轴向方向形成多个 EFP，可产生直径为 1 m 的覆盖区，能毁伤埋藏在 100 ~ 270 mm 深土壤、沙地、松散碎石中的地雷。轴向变形罩式 MEFP 战斗部侵靶试验如图 5.2 所示。

图 5.2　轴向变形罩式 MEFP 战斗部侵靶试验

A. Blache 设计了 7 个药型罩的模块化装药，研究了不同起爆系统（单点、多点、VESF）对 MEFP 成型的影响，研究表明利用 VESF 起爆系统所产生 EFP 的动能比单点起爆、多点起爆产生的 EFP 动能高，长径比较长，发散角最小；同时研究了药型罩曲率对 MEFP 成型的影响，试验结果表明采用双曲率半径药型罩有利于 MEFP 成型，其还在并联 MEFP 研究的基础上，提出了将两个或多个并联 MEFP 进行串联，形成新型多束 EFP 战斗部的思路。

目前防空型 MEFP 战斗部的代表是由德国和法国联合研发的 Roland 战斗部，该战斗部的新型药型罩多达 84 个，可覆盖直径为 8 m 的有效杀伤范围。空地舰导弹战斗部"鸬鹚" AS - 34 由德国研制，采用了周向组合式结构，如图 5.3 所示。

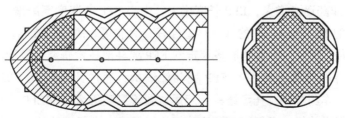

图 5.3　"鸬鹚" AS - 34 空地舰导弹战斗部

美国的 AHM 武器系统中战斗部的药型罩可以形成 55 个球形穿甲弹丸，每个弹丸的质量不小于 13 g，平均初始速度不小于 2.3 km/s。其可确保 55 个弹丸在感兴趣的距离内大概率地碰击目标。

国内周翔、龙源等利用 LS－DYNA 有限元程序对填充介质的压制密度、相邻子装药间距以及各个装药同时起爆时差对 MEFP 所形成的子弹丸发散角大小进行了分析研究。

赵长啸、龙源等研究了起爆方式对 MEFP 战斗部参数的影响，结果表明采用环起爆得到的中心 EFP 长径比最大，侵彻能力最强，但周边弹丸形状不规则，在飞行过程中会发生翻转，飞行稳定性较差；采用平面起爆时，中心弹丸形状较为规则，气动性较好，但周边弹丸在成型过程中被拉长，气动性减弱。

杨伟苓、姜春兰等设计了 VESF 起爆系统，并对所设计的起爆系统进行试验研究，结果表明 VESF 起爆系统容易引爆长径比很大的装药，并且能够在装药内部产生比较理想的平面波，同时证明了采用 VESF 起爆系统的 MEFP 装药形成的 EFP 发散角较小，定向性好。

赵长啸、钱芳等研究了药型罩结构参数对 MEFP 成型的影响，发现随着药形罩曲率半径的增加，中心弹丸长径比及周边弹丸长度减小，周边弹丸形状逐渐由杆形弹丸向球形弹丸发展；随着壁厚的增加，中心弹丸长径比及周边弹丸长度减小，周边弹丸拖尾逐渐减小，弹丸的飞行稳定性增强。

尹建平采用灰关联理论对 MEFP 性能参数进行了分析，获得了各因素的主次关系，对参考序列 MEFP 发散角，药型罩锥角影响最大，之后依次为 MEFP 装药高度、MEFP 装药直径、药型罩壁厚和相邻药型罩间距；对参考序列 EFP 速度，按照各参数对其影响程度的排序是药型罩锥角、MEFP 装药直径、MEFP 装药高度、药型罩壁厚和相邻药型罩间距。

陈宇等将球缺形药型罩与锥形药型罩相结合的设计方法分别应用于轴向和径向 MEFP，设计了一种复合型 MEFP 战斗部，可以同时产生不同速度、不同形状的侵彻弹丸，从而增强了 MEFP 对空中目标的综合毁伤效能。

张洪成等研究了装药对 MEFP 效能的影响，结果表明形成的 EFP 尾裙直径从 TNT 到 B 炸药逐渐增大，EFP 长度增大，中心 EFP 的速度逐渐增大，因此，选用 B 炸药的 MEFP 战斗部的飞行稳定性好，具有更好的毁伤效能。

基于国内外研究，本章开展多束定向 EFP 战斗部技术研究，设计了单级并联多 EFP 战斗部和多级并联多 EFP 战斗部结构，通过计算获得了填充材料、药型罩材料、炸药材料、托盘结构、起爆位置等影响因素对 MEFP 成型的影响规律，并进行了单级、多级 MEFP 战斗部的侵彻威力进行试验验证。

|5.2　单级并联多 EFP 战斗部设计|

多束定向 EFP 战斗部技术可以通过多种形式实现多 EFP 破片定向打击，包括单级并联多 EFP 战斗部、多级并联多 EFP 战斗部等，其中单级并联多 EFP 战斗部是多级并联多 EFP 战斗部设计的基础。因此，本书首先针对单级并联多 EFP 战斗部的设计因素开展仿真研究，找出各影响因素对 MEFP 成型的影响规律，并且设计了多种组合形式的单级并联多 EFP 战斗部，为多级并联多 EFP 战斗部的设计奠定基础。

5.2.1　结构设计及计算方法

首先设计一种轴对称的单级并联多 EFP 战斗部，其 MEFP 装药结构主要由 4 个单独的 EFP 装药装填在填充材料中（后面简称"单级 4_EFP"），其排布示意如图 5.4（a）所示。4 枚 EFP 子装药均匀分布在四周，中间的填充物质

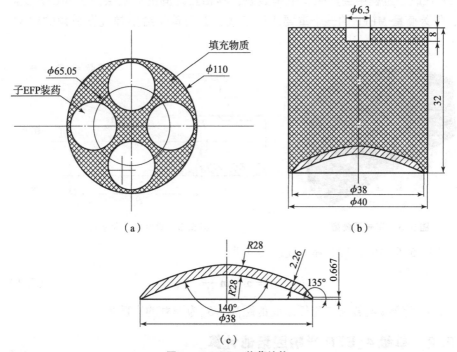

(a)　　　　　　　　　　　　　　(b)

(c)

图 5.4　MEFP 装药结构

（a）单级 4_EFP 排布示意；（b）子 EFP 装药结构示意；（c）药型罩结构示意

可以选取空气、铝、45钢、尼纶、聚氨酯等材料,孔与装药紧密结合。其中子EFP装药采用 ϕ40 mm口径EFP装药结构,如图5.4(b)所示,采用中心点起爆8701压装炸药。药型罩设计为等壁厚弧锥结合形结构,且其边沿切边形成较佳尾裙,如图5.4(c)所示,药型罩材料选用军用紫铜。

数值模拟研究采用 LS – DYNA 3D 计算程序,考虑到数值计算模型中炸药网格和药型罩网格都涉及大变形,若采用拉格朗日网格进行计算,将会出现网格畸变而不利于计算,并且容易出现负体积及速度溢出的问题。为了克服拉格朗日网格的不足,本书计算中采用 ALE 方法进行模拟,炸药、空气、药型罩均采用多物质欧拉算法,其中采用 ALE 算法进行计算需要所有的 ALE 单元必须共用节点。炸药、药型罩、空气与填充物的相互作用采用流固耦合算法。空气的边界采用透射边界。模型具有对称性,为了减小计算量,建立图5.5所示的有限元模型(1/2模型),计算中对称面采用对称约束。

战斗部中8701炸药采用高能炸药模型,对于铜药型罩等金属材料均采用 Johnson – Cook 材料模型。计算中,装药爆轰后,先计算至 40 μs,此时药型罩压垮形成 EFP,且 EFP 基本成型,其后填充物对 EFP 的成型影响较小,故利用重启动将填充物删除,再计算至 100 μs 获取 MEFP 发散角等成型参数。由于 MEFP 在成型过程中会产生多个爆轰波,其相互之间的影响会产生 MEFP 发散角,作为衡量 MEFP 的一个重要成型参数,下面首先给出弹丸发散角的定义,如图5.6所示。

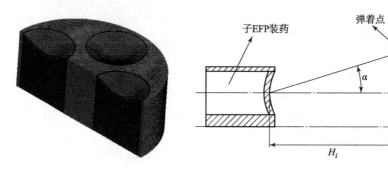

图5.5 有限元模型   图5.6 弹丸发散角示意

由图5.6可知,EFP弹丸发散角 α 为

$$\alpha_i = \arctan \frac{S_{di}}{H_i} \qquad (5.1)$$

式中,H_i 为第 i 层装药与靶板之间的距离;S_{di} 为弹丸的发散半径。

5.2.2 单级4_EFP影响因素的计算

根据图5.4(a)所示的单级4_EFP结构,当子EFP装药结构一定时,影响 EFP 成型的因素主要是药型罩材料、炸药材料和起爆位置，而整体 MEFP 装药结构主要包括子 EFP 装药、托盘结构和子 EFP 装药间的填充材料，因此，下面主要针对填充材料、药型罩材料、炸药材料、托盘结构、起爆位置等对 MEFP 成型的影响规律开展仿真计算，为单级并联多 EFP 战斗部的优化设计提供参考，并为单级并联多 EFP 战斗部结构在多级并联多 EFP 战斗部中进一步应用奠定基础。

5.2.2.1　填充材料对 MEFP 成型的影响

取填充材料为铝、45 钢、尼龙、聚氨酯，对图 5.5 所示的有限元模型进行数值仿真。表 5.1 所示是不同填充材料情况下 MEFP 成型参数的统计结果，分析获得了材料阻抗对 MEFP 成型参数影响的变化曲线，如图 5.7 所示。

表 5.1　不同填充材料情况下 MEFP 成型参数的统计结果

材料	密度 ρ /(g·cm^{-3})	材料声速 /(km·s^{-1})	MEFP 头、尾部速度 /(cm·μs^{-1})	MEFP 长径比	发散半角 α/(°)	径向速度 /(m·s^{-1})
聚氨酯	0.32	2.49	1 723、1 630	2.15	2.02	34
	0.6	2.49	1 784、1 640	2.17	2.06	40
	0.8	2.49	1 812、1 643	2.20	2.09	60
	1.2	2.49	1 854、1 674	2.33	2.12	67
尼龙	1.196	2.68	1 834、1 726	2.37	2.15	72
	0.9	2.68	1 826、1 666	2.31	2.11	63
	1.4	2.68	1 858、1 741	2.39	2.37	93
	1.6	2.68	1 902、1 792	2.40	2.42	97
	1.8	2.68	1 941、1 885	2.42	2.42	106
铝	2.7	5.33	2 142、2 054	2.49	2.91	112
45 钢	7.8	4.569	2 482、2 206	2.78	3.44	126

由图 5.7（a）可以看出，形成 MEFP 的头部速度、尾部速度均随着填充材料阻抗的增加而增加，头、尾部速度差先减小后增加，当阻抗为 3.75×10^6 g/（cm^2·s）时，所形成的 MEFP 头、尾部速度最大，头、尾部速度差为 102 m/s。由图 5.7（b）可以看出，形成的 MEFP 径向速度随着填充材料阻抗的增加而增加。图 5.7（c）所示为考虑 MEFP 断裂时长径比与填充材料阻抗的关系曲线，图 5.7（d）所示为不考虑 MEFP 断裂时长径比与填充阻抗的关系曲线，可以看出，形成的 MEFP 长径比随着填充材料阻抗的增加而增加，但是增加的

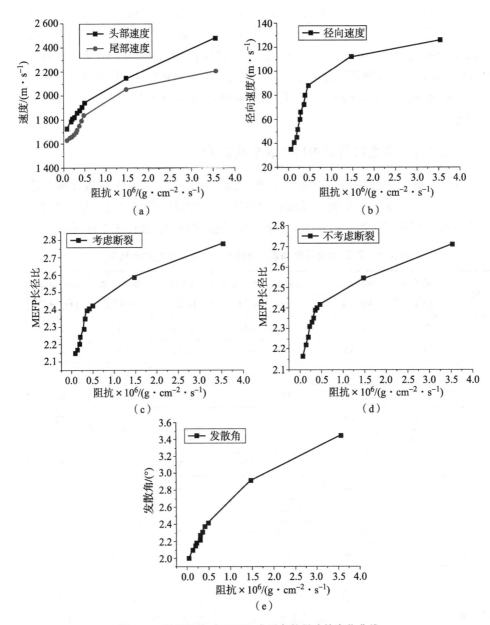

图 5.7 材料阻抗对 MEFP 成型参数影响的变化曲线

（a）材料阻抗与 MEFP 头、尾部速度的关系曲线；

（b）材料阻抗与 MEFP 径向速度的关系曲线；

（c）考虑断裂时长径比随材料阻抗变化的关系曲线；

（d）不考虑断裂时长径比随材料阻抗变化的关系曲线；

（e）发散角随材料阻抗变化的关系曲线

幅度逐渐减小。比较图5.7（c）与图5.7（d），可以发现在填充材料阻抗较小的阶段，不考虑 MEFP 断裂条件时 MEFP 长径比的增长速度小于考虑 MEFP 断裂时 MEFP 长径比的增长速度。由图5.7（e）可以看出，形成的 MEFP 的发散角随着填充材料阻抗的增加而增加。

下面通过比较爆轰波在装药传播过程中分别传入低阻抗和高阻抗填充材料的情形，分析填充材料阻抗对 MEFP 成型的影响。图5.8和图5.9分别给出了低阻抗、高阻抗填充材料不同时刻的应力波波形。当填充材料为低阻抗材料时，爆轰波在内部侧壁反射稀疏波，降低了炸药内部压力，而透射进入填充材料的为冲击波，传入填充材料的冲击波进行碰撞后进行反射，在炸药与填充材料交界面处透射冲击波，使靠近填充材料内部侧壁的炸药内部压力增大；处于外部侧壁的填充材料在炸药爆轰推动的作用下快速向外运动，并且填充材料在膨胀过程中破裂失效，爆轰产物与空气的接触面反射稀疏波，使靠近外部侧壁的爆轰产物内部压力减小，在这些综合作用下，药型罩微元表面形成了压力差，在压力差的作用下，药型罩微元具有不同的轴向和径向速度。药型罩压合过程中，微元发生碰撞，由于微元具有不同的动量，所以碰撞之后的微元具有径向速度，这就使最终形成的 EFP 有一定的发散角。

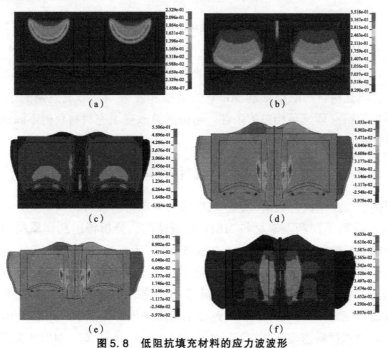

图5.8　低阻抗填充材料的应力波波形

[聚氨酯，阻抗为 0.079 68 ×10^6 g/（cm^2 · s），密度为 0.32 g/cm^3]

（a）2 μs；（b）4 μs；（c）6 μs；（d）8 μs；（e）10 μs；（f）12 μs

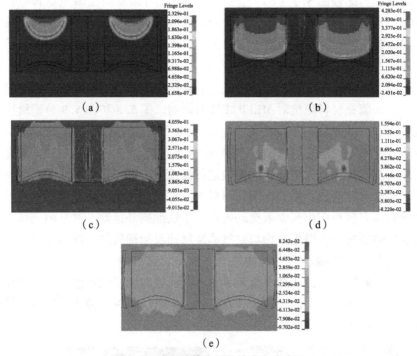

图 5.9　高阻抗填充材料的应力波波形

[45 钢，阻抗为 $3.563\,82 \times 10^6$ g/(cm^2·s)，密度为 7.8 g/cm^3]

(a) 2 μs; (b) 4 μs; (c) 6 μs; (d) 8 μs; (e) 10 μs;

综上，填充材料的阻抗影响 MEFP 的成型和发散角，形成完整的子 EFP，填充材料的阻抗必须满足相应的条件。可以通过改变填充材料获得不同速度和不同发散角的 MEFP。

5.2.2.2　药型罩材料对 MEFP 成型的影响

选用铝、工业纯铁、紫铜、钽、钨作为药型罩材料进行仿真研究，通过计算获得 100 μs 时不同药型罩材料 MEFP 成型情况，分析得出药型罩材料密度对 MEFP 成型参数的影响规律曲线，如图 5.10 所示。

在体积相同的条件下，密度越小，质量越小。铝、铁、铜、钽、钨 5 种药型罩材料的密度依次增加，故铝的质量最小，钨的质量最大。当装药量相同时，由能量守恒定律可知，MEFP 的速度随密度的增加而减小，如图 5.10（a）所示，当药型罩材料密度由 2.7 g/cm^3 增加到 19.3 g/cm^3 时，MEFP 头部速度降低了 64.8%，尾部速度降低了 63.2%。影响 MEFP 长径比的因素有多种，如药型罩材料的塑性、延展性、密度等。由图 5.10（b）可以看出，MEFP 的长径比随着药型罩材料密度的增加先增加后减小。MEFP 战斗部中，由于有多个子爆轰波，爆轰波之间相互影响，形成的 MEFP 存在一定的发散角。由图 5.10（c）可以看出，MEFP 的发散角随药型罩材料密度的增加而增加。

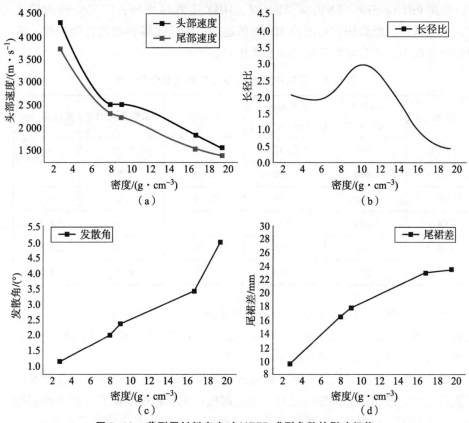

图 5.10　药型罩材料密度对 MEFP 成型参数的影响规律

（a）头部速度、尾部速度；（b）长径比；（c）发散角；（d）尾裙差

为了保证爆炸成型 MEFP 具有远距离飞行和侵彻能力，要求形成的 MEFP 具有良好的空气动力学性能，要求 EFP 具有良好的轴对称性。但是由于 MEFP 在成型过程中会产生多个爆轰波，其相互之间的作用使 EFP 尾裙成型不对称，图 5.11 中定义 h 为形成的 EFP 尾裙差，本书用尾裙差来描述爆炸形成的 MEFP 的结构对称性。尾裙差越小，形成的 EFP 截面越规则，形成形状越好，气动性能越好。由图 5.10（d）可以看出，MEFP 的尾裙差随着药型罩材料密度的增加而增加。

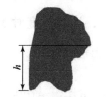

图 5.11　尾裙差的定义

综合考虑 5 种材料对 MEFP 成型的影响，铜药型罩可形成较佳的 MEFP。

5.2.2.3　炸药材料对 MEFP 成型的影响

选用 PETN、SEP、TNT、8701、C4、HMX 等 6 种炸药，研究炸药的相关材料参数爆速、爆轰压力对形成 MEFP 的速度、长径比等参数的影响规律。不同炸药形成 MEFP 的成型参数如表 5.2 所示。

表 5.2　不同炸药形成 MEFP 的成型参数

炸药	头部速度/ $(m \cdot s^{-1})$	尾部速度/ $(m \cdot s^{-1})$	长径比	发散角/(°)	尾裙差/mm
PETN	1 617	1 617	1.58	1.76	15.8
SEP	1 630	1 630	1.64	1.97	17.7
TNT	1 705	1 690	1.70	2.62	18.4
C4	2 258	1 886	2.2	3.36	19.20
8701	2 482	2 206	2.78	3.44	19.50
HMX	2 524	2 144	2.87	4.22	19.70

通过对比得到：HMX 形成的 MEFP 速度最快，头、尾部速度差最大，长径比最大，直径最小，发散角最大，尾裙差最大。PETN 形成的 MEFP 速度最小，长度最短，直径最大，长径比最小。

很多理论、仿真、试验表明，聚能破甲效果主要取决于毁伤元的头部速度以及长径比。毁伤元的头部速度和长径比都随作用于药型罩壁面各点上的初始爆轰压力的增加而增加，而爆轰压力又主要取决于炸药本身的各项材料特性，如密度、爆速等。下面分别分析炸药材料参数（密度 ρ、爆速 D 及爆轰压力 P）对 MEFP 成型的影响。

1. 炸药密度对 MEFP 成型的影响

根据爆轰理论：

$$P = \rho D^2 / 4 \tag{5.2}$$

式中，P 为爆轰压力，ρ 为炸药密度，D 为炸药爆速。

弹药造成毁伤主要依靠爆轰波，爆轰波的强弱与炸药的爆轰压力密不可分，由式（5.2）可以看出，炸药密度对爆轰压力影响很大。图 5.12 所示是炸药密度对 MEFP 成型参数的影响规律曲线。

由图 5.12 可以看出，在其他条件不变的情况下，随着炸药密度的增加，

MEFP 的头部速度、发散角呈线性增加，MEFP 的长径比增加，且增加的速度不断增加，MEFP 的尾裙差先增加后趋于平缓变化。炸药密度由 1.26 g/cm³ 增加到 1.89 g/cm³，MEFP 的头部速度了增加 56%，长径比增加了 81%，发散角增加了 139%，尾裙差增加了 24%。

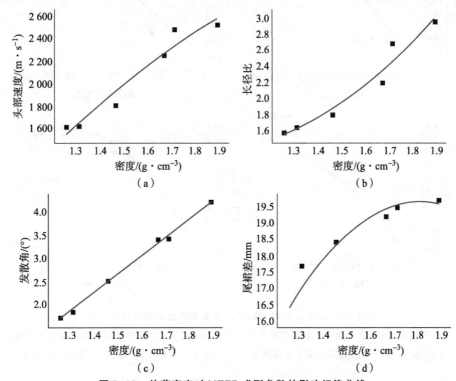

图 5.12　炸药密度对 MEFP 成型参数的影响规律曲线
（a）炸药密度对 MEFP 头部速度的影响规律曲线；（b）炸药密度对 MEFP 长径比的影响规律曲线；
（c）炸药密度对 MEFP 发散角的影响规律曲线；（d）炸药密度对 MEFP 尾裙差的影响规律曲线

2. 爆轰压力对 MEFP 成型的影响

　　爆轰压力是衡量爆轰能量的重要指标之一，而爆轰能量直接影响 MEFP 成型，从而影响破甲效果。根据表 5.2 中的数据，对比分析不同炸药的爆轰压力与 MEFP 的长径比、头部速度、发散角及尾裙差的关系，如图 5.13 所示。

　　由图 5.13 可以看出，在其他条件不变的情况下，随着爆轰压力的增加，MEFP 的头部速度、长径比、发散角均呈增加趋势，且增加的速度不断增加，MEFP 的尾裙差先增加后趋于平缓变化。

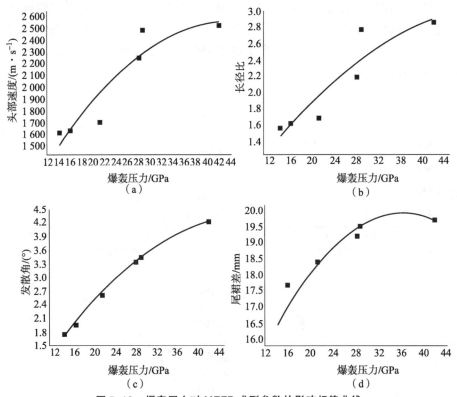

图 5.13　爆轰压力对 MEFP 成型参数的影响规律曲线

（a）爆轰压力对 MEFP 头部速度的影响规律曲线；（b）爆轰压力对 MEFP 长径比的影响规律曲线；
（c）爆轰压力对 MEFP 发散角的影响规律曲线；（d）爆轰压力对 MEFP 尾裙差的影响规律曲线

3. 爆速对 MEFP 成型的影响

爆速是爆轰波在炸药中稳定传播的速度，是爆轰波的一个重要参数，是计算其他爆轰参数的依据。图 5.14 所示是爆速对 MEFP 成型参数的影响规律曲线。

由图 5.14 可以看出：其他条件不变的情况下，随着炸药爆速的增加，MEFP 的头部速度、发散角呈线性增加，长径比增加，且增加的速度不断增加，MEFP 的尾裙差先增加后趋于平缓变化。

综上，在其他条件不变的情况下，随着炸药的密度、爆轰压力、爆速的变化，MEFP 的头部速度、长径比、发散角、尾裙差与炸药的密度、爆轰压力、爆速呈正相关关系。采用性能更好的炸药，成型的 MEFP 头部速度越大，长径比越大，侵彻性能越好。

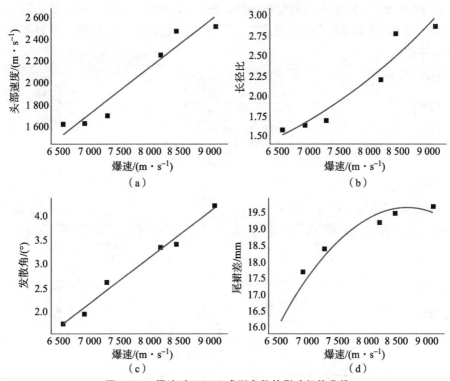

图 5.14　爆速对 MEFP 成型参数的影响规律曲线

（a）爆速对 MEFP 头部速度的影响规律曲线；（b）爆速对 MEFP 长径比的影响规律曲线；
（c）爆速对 MEFP 发散角的影响规律曲线；（d）爆速对 MEFP 尾裙差的影响规律曲线

5.2.2.4　托盘结构对 MEFP 成型的影响

托盘结构如图 5.15 所示，4 枚子 EFP 装药均匀分布在托盘的四周，各子 EFP 装药之间使用尼龙作为填充材料。填充物的半径为 $R2$，$R1$ 为周边子 EFP 装药圆心所在的半径。$d1$ 为相邻子 EFP 装药之间的距离，$d2$ 为装药与托盘外径之间的最小距离。

根据托盘结构，设计了周边子 EFP 装药圆心所在的半径 $R1$ 取 29 mm、30 mm、31 mm、32 mm、35 mm、

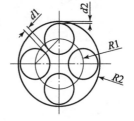

图 5.15　托盘结构

37 mm、39 mm、41 mm、45 mm 等方案，对应的填充物的半径 $R2$ 取 52 mm、53 mm、54 mm、55 mm、58 mm、60 mm、62 mm、64 mm、68 mm，仿真计算各方案托盘结构对 MEFP 成型及发散角的影响，分析在不同填充材料（泡沫铝、尼龙、铝和 45 钢）下，周边子 EFP 装药圆心所在的半径 $R1$ 和填充材料

的半径 $R2$ 对 MEFP 成型参数的影响规律。图 5.16 给出了周边子 EFP 装药圆心所在的半径 $R1$ 对 MEFP 的轴向速度、径向速度、长径比、发散角、尾裙差的影响规律曲线。

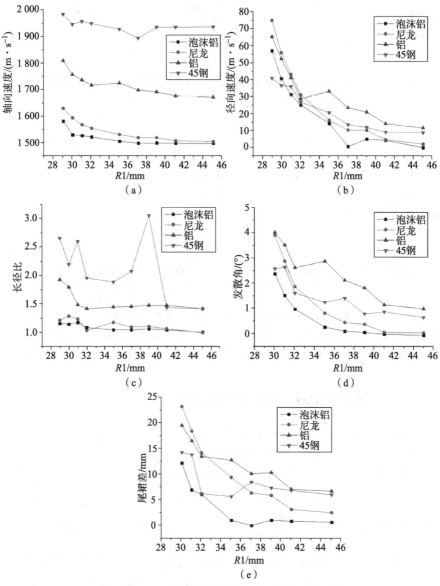

图 5.16 $R1$ 对 MEFP 成型参数的影响规律曲线

（a）$R1$ 对 MEFP 轴向速度的影响规律曲线；（b）$R1$ 对 MEFP 径向速度的影响规律曲线；

（c）$R1$ 对 MEFP 长径比的影响规律曲线；（d）$R1$ 对 MEFP 发散角的影响规律曲线；

（e）$R1$ 对 MEFP 尾裙差的影响规律曲线

从不同结构方案形成的 MEFP 计算结果可以看出，随着周边子 EFP 装药圆心所在的半径 $R1$ 的增加，形成的 MEFP 的轴向及径向速度不断减小，且径向速度下降明显，这是由于周边子 EFP 装药圆心所在的半径增加导致子 EFP 装药间距增大，减小了子 EFP 装药间爆轰波的相互影响，从而也使 MEFP 的发散角和尾裙差随着周边子 EFP 装药圆心所在的半径 $R1$ 的增加不断减小，形成的 MEFP 成型形状得到一定程度的改善。

5.2.2.5　托盘夹角对 MEFP 成型的影响

填充材料顶部中心与托盘顶部外径之间的距离为 R（$R = 112$ mm），填充材料顶部中心与周边成型装药顶部中心的距离为 r（$r = 33$ mm），托盘中心线与成型装药中心线之间的夹角为 α。战斗部整体结构如图 5.17 所示。

选取托盘夹角为 $5°$、$10°$、$15°$、$20°$、$25°$，分别开展数值仿真计算，研究托盘夹

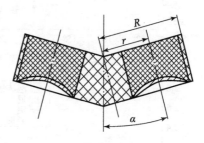

图 5.17　战斗部整体结构

角对 MEFP 的轴向速度、径向速度、长径比、发散角、尾裙差等成型参数的影响，获得托盘夹角对 MEFP 成型参数的影响规律曲线，如图 5.18 所示。随着托盘夹角的增大，MEFP 的轴向速度逐渐减小，径向速度逐渐增大；当填充材料为泡沫铝、尼龙时，MEFP 的长径比、发散角逐渐增大；当填充材料为铝、45 钢时，MEFP 的长径比、发散角大幅减小；当填充材料为 45 钢时，MEFP 的尾裙差大幅减小，其余填充材料下尾裙差受托盘夹角影响较小。

5.2.2.6　托盘开孔改善 MEFP 成型方法

研究发现炸药爆轰以后产生的冲击波传入填充材料中，冲击波在填充材料中相互碰撞，碰撞后冲击波向炸药内部传播，在填充材料与炸药产物的交界面处投射冲击波，增加了装药内部压力，也使药型罩表面受到的压力不对称。如果将填充材料中间变为通孔，那么，当冲击波到达填充材料与空气的交界面时，透射的是冲击波，反射的是稀疏波，反射的稀疏波使填充材料内部压力减小，可以减弱由壳体传入炸药的冲击波强度，改善药型罩的受力，从而达到减小发散角的目的。托盘开孔结构及有限元模型如图 5.19 所示。

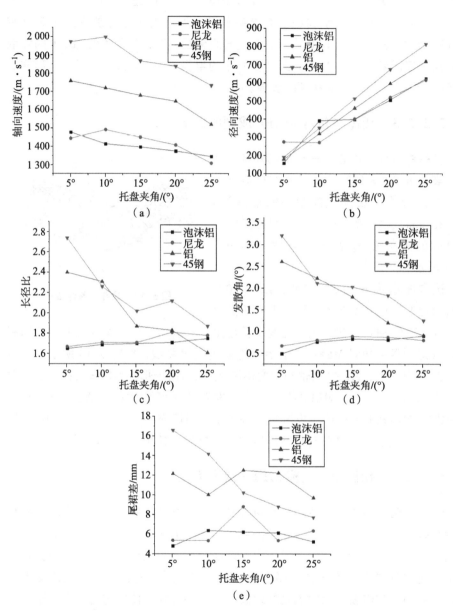

图 5.18 托盘夹角对 MEFP 成型参数的影响规律曲线

（a）托盘夹角对 MEFP 轴向速度的影响规律曲线；（b）托盘夹角对 MEFP 径向速度的影响规律曲线；

（c）托盘夹角对 MEFP 长径比的影响规律曲线；（d）托盘夹角对 MEFP 发散角的影响规律曲线；

（e）托盘夹角对 MEFP 尾裙差的影响规律曲线

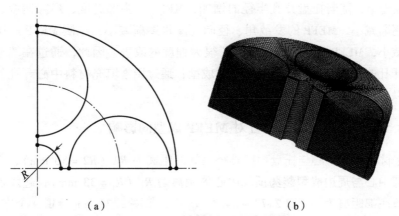

图 5.19　托盘开孔结构及有限元模型
（a）托盘开孔结构；（b）有限元模型

　　为了研究托盘开孔半径对 MEFP 成型及发散角的影响，选取托盘开孔半径 R 分别为 3 mm、6 mm、9 mm、12 mm，仿真计算获得 100 μs 时 MEFP 的成型情况，其成型参数计算结果如表 5.3 所示。

表 5.3　MEFP 成型参数计算结果

方案	填充材料	头部速度/ $(m \cdot s^{-1})$	尾部速度/ $(m \cdot s^{-1})$	长径比	发散角/($°$)	径向速度/ $(m \cdot s^{-1})$
R3	尼龙	1 875	1 733	1.89	1.76	62
	铝	2 127	1 886	2.68	2.54	50.5
	45 钢	2 578	2 206	2.76	3.44	90
R6	尼龙	1 823	1 701	1.72	1.46	38
	铝	2 047	1 842	2.55	2.44	44
	45 钢	2 553	2 044	2.66	2.76	76
R9	尼龙	1 797	1 660	1.69	1.32	28
	铝	2 036	1 840	2.48	2.25	40.79
	45 钢	2 511	2 022	2.47	2.54	67
R12	尼龙	1 789	1 656	1.54	1.10	26
	铝	2 004	1 814	2.24	1.76	36
	45 钢	2 498	2 001	2.31	2.29	50

可以看出，随着托盘开孔半径的增加，MEFP 的头部速度、尾部速度、长径比均逐渐减小，MEFP 的发散角、径向速度也逐渐减小，这使 MEFP 的尾裙差逐渐减小，MEFP 的成型形状得到了很大程度的改善。因此，通过在填充材料中心开孔的方式，可以改善 MEFP 的成型；通过调整填充材料中心开孔的直径，可以改变 MEFP 的发散角。

5.2.2.7　纵向起爆点位置对 MEFP 成型的影响

填充材料顶部中心与托盘顶部外径之间的距离为 $R2$（$R2 = 56$ mm），托盘材料顶部中心与周边成型装药顶部中心的距离为 R_1（$R_1 = 33$ mm），起爆点距离药型罩底部距离为 L（取 2.72 ~ 24.48 mm），每隔 2.72 mm 设置 9 个方案，起爆点布置如图 5.20 所示。

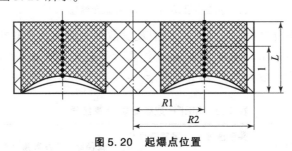

图 5.20　起爆点位置

仿真计算不同纵向起爆点位置方案下 MEFP 成型参数，分析获得不同填充材料下纵向起爆点位置 L 对 MEFP 的轴向速度、径向速度、长径比、发散角、尾裙差等成型参数的影响规律曲线，如图 5.21 所示。可以看出，随着纵向起爆点高度的增大，MEFP 的轴向速度呈线性增加；MEFP 的径向速度在不同填充材料下变化趋势不一致，受填充材料阻抗影响较大；MEFP 的长径比以逐渐增大的趋势为主，而发散角和尾裙差有逐渐减小的趋势。

5.2.3　单级 7_EFP 影响因素计算

本节设计的 MEFP 装药结构由 7 个单独的 EFP 装药装填在填充材料中（后面简称"单级 7_EFP"），1 枚子 EFP 装药位于战斗部中心，6 枚子 EFP 装药均匀分布在四周，孔与装药紧密结合，子 EFP 装药结构如图 5.4（b）所示，子 EFP 装药布置示意及有限元模型如图 5.22 所示。填充材料的半径为 $R2$，$R1$ 为周边子 EFP 装药圆心所在的半径，$d1$ 为相邻子 EFP 装药之间的距离。

同样在子 EFP 装药结构一定的情况下，开展单级 7_EFP 装药的填充材料和托盘结构对 MEFP 成型的影响规律数值模拟研究。

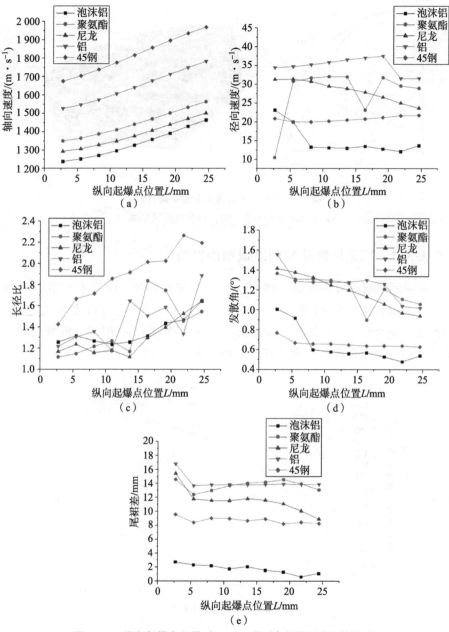

图 5.21　纵向起爆点位置对 MEFP 成型参数的影响规律曲线

（a）纵向起爆点位置对 MEFD 的轴向速度的影响规律曲线；

（b）纵向起爆点位置对 MEFD 的径向速度的影响规律曲线；

（c）纵向起爆点位置对 MEFD 的长径比的影响规律曲线；

（d）纵向起爆点位置对 MEFD 的发散角的影响规律曲线；

（e）纵向起爆点位置对 MEFD 的尾裙差的影响规律曲线

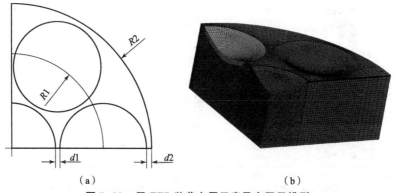

图 5.22   子 EFP 装药布置示意及有限元模型

（a）子 EFP 装药布置示意；（b）有限元模型

5.2.3.1   填充材料对 MEFP 成型的影响

选取中间的填充材料为铝、45 钢、尼龙、聚氨酯等，研究不同阻抗的填充材料对 MEFP 成型参数的影响，比较分析中心 EFP 和周边 EFP 的头部速度、尾部速度、长径比的影响规律，如图 5.23～图 5.25 所示；同时分析填充材料阻抗对周边 EFP 发散角和径向速度的影响规律，如图 5.26 所示。

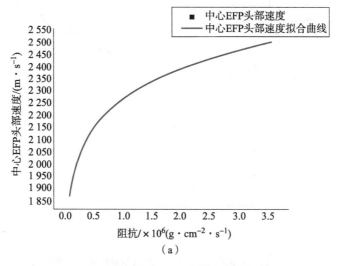

图 5.23   中心 EFP 速度拟合曲线

（a）中心 EFP 头部速度拟合曲线

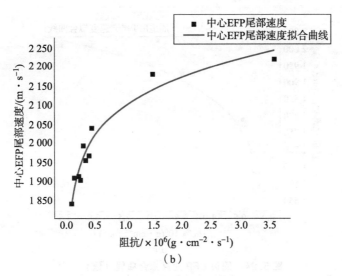

（b）

图 5.23　中心 EFP 速度拟合曲线 （续）

（b） 中心 EFP 尾部速度拟合曲线

图 5.23 所示是中心 EFP 速度拟合曲线，可以看出，随着填充材料阻抗的增加，中心 EFP 的头部速度、尾部速度也相应增加。对中心 EFP 的头、尾部速度进行拟合：

$$V_{中-头} = 2\ 268.67 \times x^{0.077} \tag{5.3}$$

$$V_{中-尾} = 2\ 098.35 \times x^{0.05} \tag{5.4}$$

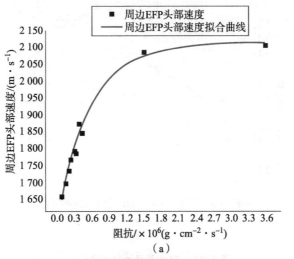

（a）

图 5.24　周边 EFP 速度拟合曲线

（a） 周边 EFP 头部速度拟合曲线

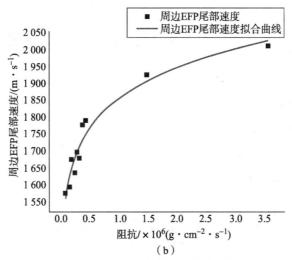

（b）

图 5.24 周边 EFP 速度拟合曲线（续）

（b）周边 EFP 尾部速度拟合曲线

图 5.24 所示为周边 EFP 的头、尾部速度的拟合曲线。可以看出，随着填充材料阻抗的增加，周边 EFP 的头、尾部速度也增加。式（5.5）、式（5.6）为周边 EFP 的头、尾部速度的拟合公式。

$$V_{周-头} = 1\ 580 \times (1 - e^{-x/0.57}) + 266.7 \times (1 - e^{-x/0.56}) \qquad (5.5)$$

$$V_{周-尾} = 1\ 856.69 \times x^{0.069} \qquad (5.6)$$

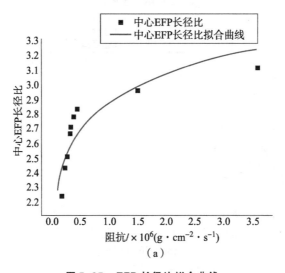

（a）

图 5.25 EFP 长径比拟合曲线

（a）中心 EFP 长径比拟合曲线

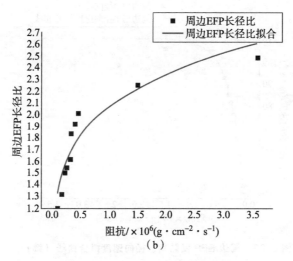

（b）

图 5.25　EFP 长径比拟合曲线（续）

（b）周边 EFP 长径比拟合曲线

图 5.25 所示为中心 EFP、周边 EFP 长径比拟合曲线。可以看出，随着填充材料阻抗的增加，中心 EFP 的长径比逐渐增加，周边 EFP 的长径比也增加。图 5.26 所示为周边 EFP 发散角、径向速度拟合曲线，随着填充材料阻抗的增加，周边 EFP 的发散角快速增加，周边 EFP 的径向速度先快速增加后趋于平缓变化。

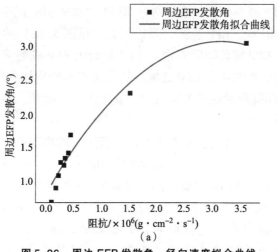

（a）

图 5.26　周边 EFP 发散角、径向速度拟合曲线

（a）周边 EFP 发散角拟合曲线

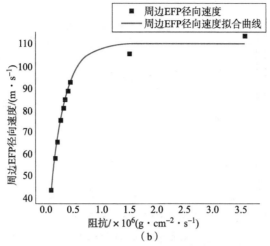

图 5.26　周边 EFP 发散角、径向速度拟合曲线（续）

（b）周边 EFP 径向速度拟合曲线

比较分析计算获得的不同填充材料阻抗对 MEFP 成型参数的影响规律，发现使用尼龙（密度为 1.4 g/cm³）作为填充材料，形成的 MEFP 具有较高的速度，较小的头、尾部速度差，适当的长径比，较小的发散角。尼龙可以考虑作为较佳的填充材料。

5.2.3.2　托盘结构对 MEFP 成型的影响

根据单级 4_EFP 战斗部中托盘结构对 MEFP 成型的影响规律研究结果，本节针对托盘结构中相邻子 EFP 装药之间的距离（见图 5.22）的影响开展仿真计算，分别研究子 EFP 装药间距对中心 EFP 和周边 EFP 成型情况的影响，计算获得子 EFP 装药间距对中心 EFP 速度、长径比的影响规律曲线（如图 5.27 所示），子 EFP 装药间距对周边 EFP 速度、长径比、发散角、径向速度等的影响规律曲线（如图 5.28 所示）。

由图 5.27（a）可以看出，随着子 EFP 装药间距的增加，中心 EFP 的速度不断减小；当子 EFP 装药间距由 1 mm 增加到 10 mm，使用尼龙作为填充材料时，中心 EFP 速度由 2 238 m/s 减小为 1 878 m/s，速度减小了 16.08%；使用铝作为填充材料时，中心 EFP 速度由 2 449 m/s 减小为 2 048 m/s，速度减小了 16.37%；使用 45 钢作为填充材料时，中心 EFP 速度由 2 532 m/s 减小为 2 093 m/s，速度减小了 17.33%。由图 5.27（b）可以看出，随着子 EFP 装药间距的增加，中心 EFP 长径比也不断减小，变化趋势跟中心 EFP 速度一致。

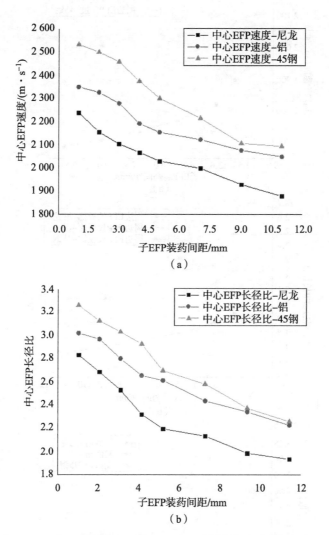

（a）

（b）

图 5.27　子 EFP 装药间距对中心 EFP 成型参数的影响规律曲线

（a）子 EFP 装药间距中心 EFP 速度的影响规律曲线；

（b）子 EFP 装药间距中心 EFP 长径比的影响规律曲线

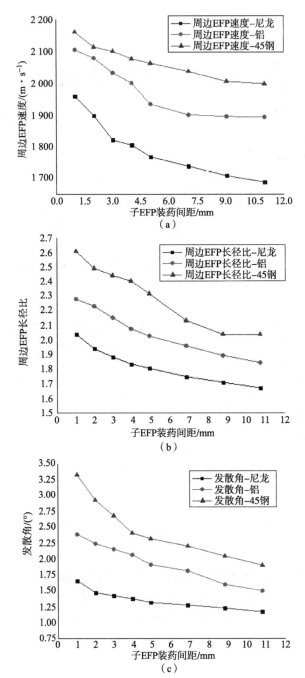

图 5.28　子 EFP 装药间距对周边 EFP 成型参数的影响规律曲线

（a）子 EFP 装药间距对周边 EFP 速度的影响规律曲线；

（b）子 EFP 装药间距对周边 EFP 长径比的影响规律曲线；

（c）子 EFP 装药间距对周边 EFP 发散角的影响规律曲线

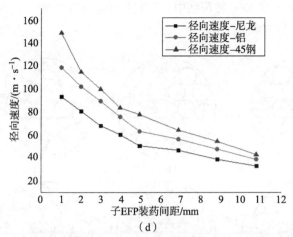

图 5.28　子 EFP 装药间距对周边 EFP 成型参数的影响规律曲线（续）

（d）子 EFP 装药间距对周边 EFP 径向速度的影响规律曲线

由图 5.28（a）可以看出，随着子 EFP 装药间距的增加，周边 EFP 速度呈减小趋势；子 EFP 装药间距由 1 mm 增加到 10 mm，使用尼龙作为填充材料时，周边 EFP 速度由 1 959 m/s 减小为 1 689 m/s，速度减小了 13.78%；使用铝作为填充材料时，周边 EFP 速度由 2 106 m/s 减小为 1 894 m/s，速度减小了 10.07%；使用 45 钢作为填充材料时，周边 EFP 速度由 2 162 m/s 减小为 2 017 m/s，速度仅减小了 6.7%。观察图 5.28 中子 EFP 装药间距对周边 EFP 成型参数的影响规律，可以看出随着子 EFP 装药间距的增加，周边 EFP 的速度、长径比、发散角和径向速度均是先快速减小，而后减小趋势变缓。因此，子 EFP 装药间距作为托盘结构中的一个主要影响因素，其对 MEFP 的影响存在一个转折点。

5.2.4　新型组合式 MEFP 战斗部设计

5.2.4.1　新型组合式 MEFP 排布方式选取

多束定向 EFP 战斗部技术主要追求对目标的大密集度攻击，造成大面积的毁伤，实现一定面上的定向打击，因此希望战斗部能形成较多弹丸。前面介绍了两种单级并联多 EFP 战斗部，分别单级并联了 4 个和 7 个 EFP，本节提出了一种单级并联更多个 EFP 的新型组合式 MEFP 战斗部结构。战斗部成型模块分为 3 层，一枚成型装药位于 MEFP 装药结构的中心，第二层有 6 枚成型装药分布在中央战斗部的四周，第三层平均有 12 枚成型装药，第三层每两个成型装药与中心装药之间的夹角为 30°。如图 5.29 所示，F1 方案中，3 层 EFP 装药

均在 x 轴上，将第三层 EFP 装药绕中心轴旋转角度 α（旋转角 α 称为排布角），得到 F2～F6 的 5 种方案。

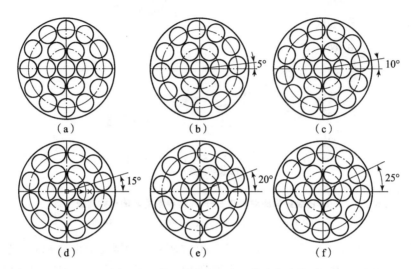

图 5.29　新型组合式 MEFP 战斗部结构

（a）F1（$\alpha=0°$）；（b）F2（$\alpha=5°$）；（c）F3（$\alpha=10°$）；（d）F4（$\alpha=15°$）；

（e）F5（$\alpha=20°$）；（f）F6（$\alpha=25°$）

　　建立图 5.30 所示的有限元模型，计算获得排布角 $\alpha=0°$ 时新型组合式 MEFP 形成过程，如图 5.31 所示。可以看出，各个装药起爆后大约 4 μs 时，各个药型罩受到炸药爆轰压力和爆轰产物的冲击和推动作用，开始被压垮、变形，向前运动，同时由于多点起爆存在多个爆轰波，爆轰波之间相互影响，使第二层、第三层药型罩径向受力不均匀而存在径向速度。当 $t=40$ μs 时，新型组合式 MEFP 基本形成，由于头、尾部存在速度差，EFP 在运动过程中仍有所拉长，但基本保持完整，同时第二层、第三层的 EFP 由于具有不同的径向速度而逐渐发散。

　　下面分别分析新型组合式 MEFP 战斗部结构不同排布角方案对形成 MEFP 速度、形貌、发散角的影响，选取图 5.30 中的 1 号、2 号、3 号、4 号装药作为研究对象，找出排布方式对 MEFP 各成型参数的影响规律曲线。

1. 排布方式对 MEFP 速度的影响

　　图 5.32（a）所示为排布方式对 MEFP 轴向速度的影响规律曲线，可以看出，1 号、2 号装药形成的 EFP 轴向速度随着排布方式的变化基本不变；而排布方式对 3 号、4 号装药形成的 EFP 轴向速度有一定影响，曲线整体呈正弦跳

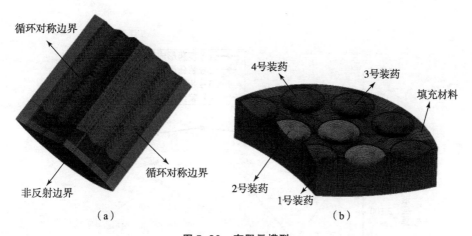

图5.30 有限元模型

（a）有限元模型结构；（b）有限元 PART 设置

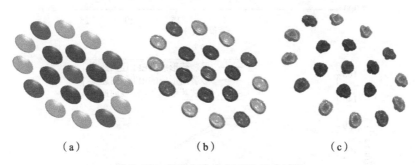

图5.31 新型组合式 MEFP 形成过程

（a）$t = 0$ μs；（b）$t = 4$ μs；（c）$t = 40$ μs

动。图5.32（b）所示为排布方式对 MEFP 径向速度的影响规律曲线，可以看出，当$0° \leq \alpha \leq 15°$时，2 号、3 号、4 号装药形成的 EFP 径向速度随着排布角的增加而减小，在排布角 $\alpha = 15°$时，各个 EFP 达到最小的径向速度，当$15° \leq \alpha \leq 30°$，EFP 的径向速度随着排布角的增加而增加。

2. 排布方式对 MEFP 形貌的影响

图5.33（a）所示为排布方式对 MEFP 长径比的影响规律曲线，1 号、2 号装药形成的 EFP 长径比随着排布角的增加无明显变化；3 号、4 号装药形成的 EFP 随着排布角的增加先增加后减小。在排布角 $\alpha = 15°$时，3 号、4 号装药形成的 EFP 长径比达到最大，此时 EFP 的长径比 $L/D = 2.2$。

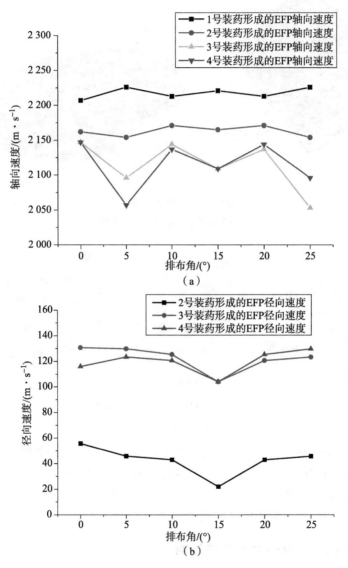

图 5.32　排布方式对 MEFP 轴向速度、径向速度的影响规律曲线
（a）排布方式对 MEFP 轴向速度的影响规律曲线；
（b）排布方式对 MEFP 径向速度的影响规律曲线

由图 5.33（b）可以看出：2 号装药形成的 EFP 尾裙差随排布角的增加无明显变化；3 号、4 号装药形成的 EFP 的尾裙差随着排布角的增加先减小后增加。在排布角 $\alpha = 15°$ 时，EFP 尾裙差最小，EFP 的成型形状最好。

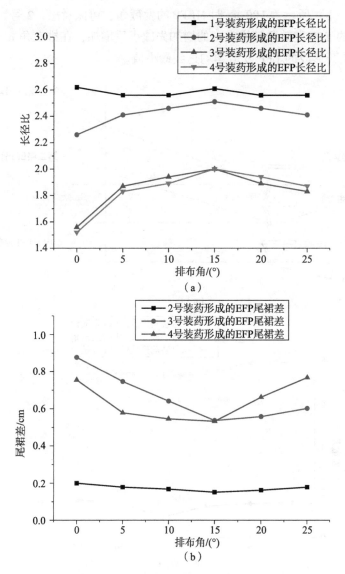

图 5.33　排布方式对 MEFP 长径比、尾裙差的影响规律曲线
（a）排布方式对 MEFP 长径比的影响规律曲线；
（b）排布方式对 MEFP 尾裙差的影响规律曲线

3. 排布方式对 MEFP 发散角的影响

由于 MEFP 在成型过程中会产生多个爆轰波，其相互之间的影响是产生较

大发散角的主要原因，因此降低多个爆轰波间的相互影响是 MEFP 设计的重要目标之一。

图 5.34（b）所示为 100 μs 时 MEFP 的发散角，可以看出，2 号、3 号、4 号装药形成的 EFP 发散角随排布角的增加先减小后增加；在排布角 $\alpha = 15°$时，2、3、4 号装药形成的 EFP 发散角均达到最小值。

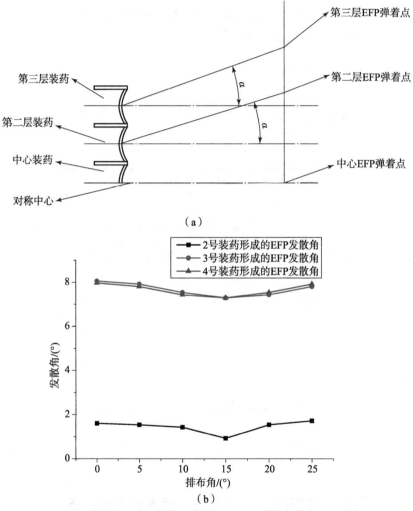

（a）

（b）

图 5.34　发散角的定义及排布方式对 MEFP 发散角的影响规律曲线

（a）发散角的定义；（b）排布方式对 MEFP 发散角的影响规律曲线

综上所述，新型组合式 MEFP 战斗部可以形成 19 个高速 EFP。当排布角 α 满足 $0° \leqslant \alpha \leqslant 15°$时，形成 EFP 的轴向速度变化不大，长径比逐渐增加，而径向速度、发散角、尾裙差均逐渐减小,；当排布角 α 满足 $15° < \alpha < 30°$时，形

成 EFP 的轴向速度变化不大，长径比逐渐减小，而径向速度、发散角、尾裙差均逐渐增加。当排布角 $\alpha = 15°$ 时，形成 EFP 的径向速度、发散角、尾裙差均是最小值，长径比最大，有利于 MEFP 的成型形貌和最终的侵彻威力。因此，排布角 $\alpha = 15°$ 是新型组合式 MEFP 的较优方案。

5.2.4.2　新型组合式 MEFP 填充材料的选取

前面针对排布方式对新型组合式 MEFP 的成型影响进行了仿真分析，仿真结果表明排布角为 15° 时 MEFP 成型较好，选取排布角为 0° 方案对比研究，如图 5.35 所示。选取泡沫铝（密度为 0.8 g/cm³）、聚氨酯（密度为 1.0 g/cm³）、尼龙（密度为 1.4 g/cm³）、铝（密度为 1.6 g/cm³）等填充材料，研究两种方案下填充材料密度对 MEFP 成型及发散角的影响。

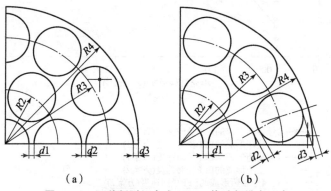

图 5.35　两种新型组合式 MEFP 战斗部排布示意
（a）方案 1；（b）方案 2

通过计算获得填充材料密度对 MEFP 的轴向速度、径向速度、长径比和发散角的影响规律曲线，如图 5.36 所示。随着填充材料密度的增加，EFP 的轴向速度不断增加，无论采用方案 1 还是方案 2，1 号 EFP 速度基本一致，方案 1 中 2 号 EFP 轴向速度大于方案 2 中 2 号 EFP 轴向速度，方案 2 中 3、4 号 EFP 轴向速度介于方案 1 中 3 号、4 号 EFP 之间，但是速度相差不大。随着填充材料密度的增加，EFP 的径向速度不断增加，方案 2 中 3、4 号 EFP 的径向速度大于方案 1 中 2 号 EFP 的径向速度。EFP 的长径比随着填充材料密度的增加不断增加，方案 2 中 3、4 号 EFP 的长径比介于方案 1 中 3 号、4 号 EFP 之间。EFP 的发散角随着填充材料密度的增加快速增加，方案 2 中 2 号 EFP 的发散角大于方案 1 中 2 号 EFP 的发散角，方案 2 中 3 号 EFP 的发散角介于方案 1 中 3 号 EFP 与 4 号 EFP 之间。

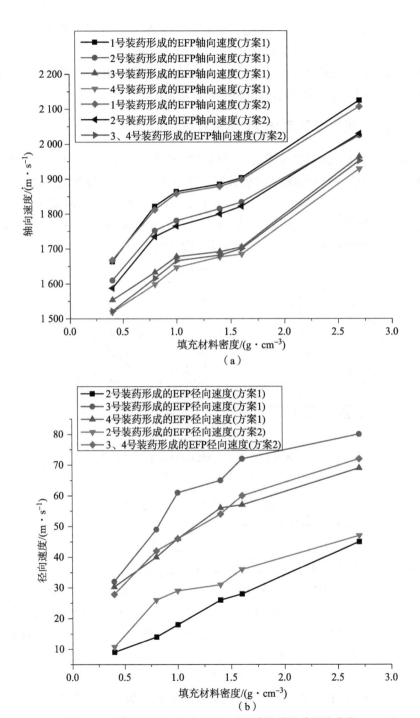

图 5.36 填充材料密度对 MEFP 成型参数的影响规律曲线

（a）填充材料密度对轴向速度的影响规律曲线；（b）填充材料密度对径向速度的影响规律曲线

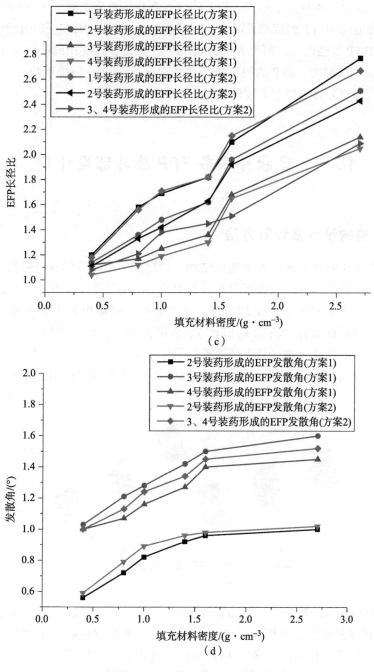

图 5.36 填充材料密度对 MEFP 成型参数的影响规律曲线（续）

（c）填充材料密度对 MEFP 长径比的影响规律曲线；

（d）填充材料密度对 MEFP 发散角的影响规律曲线

同时可以对比两种方案形成 MEFP 的成型参数，方案 2 形成的 MEFP 速度与方案 1 形成的 MEFP 速度相差不大，但是方案 2 形成的 MEFP 长径比比方案 1 形成的 MEFP 长径比大。研究表明，在 EFP 不断裂、速度相同的情况下，形成的 EFP 长径比越大，EFP 的侵彻能力越强。同样可以说明排布角 $\alpha = 15°$ 的新型组合式 MEFP 的结构方案较优。

|5.3 多级并联多 EFP 战斗部设计|

5.3.1 结构设计及计算方法

根据图 5.4 所示单级 4_EFP 装药结构，进行多层串联得到多级并联多 EFP 战斗部。将设计的并联结构进行串联，由于每层的药型罩排布方式不同，可组合多种形式的多级并联多 EFP 战斗部。选取 2 种不同排布方式的三级并联多 EFP 战斗部（后面简称"三级 4_EFP"），如图 5.37 所示，方案 1 中，各个药型罩相同放置；方案 2 中，各个药型罩之间相差 45°。级间距离为 120 mm，在各级之间并没有设置隔爆块，目的是验证此结构在最为苛刻的条件下形成多束 EFP 的可行性。

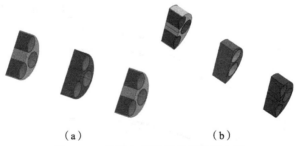

（a）   （b）
图 5.37 三级 4_EFP 战斗部装药布置
（a）方案 1；（b）方案 2

数值模拟研究仍然采用 LS – DYNA 3D 计算程序，在计算过程中除了涉及单级装药间爆轰波的相互影响，还涉及前级装药爆轰对后级成型的影响。因此，采用流固耦合算法计算多束 EFP 的成型过程，其中空气、炸药采用单点多物质欧拉算法，药型罩和填充材料采用拉格朗日算法，在多物质欧拉单元与拉格朗日单元之间设置流固耦合。药型罩与填充材料之间设置滑移接触，各级填充材料之间设置自动面接触，并且在数值计算过程中需要进行多次重启动：

在计算至 40 μs 时，由于 EFP 基本形成，填充材料对形成的 EFP 的影响已经微乎其微，故在 40 μs 时将填充材料 PART 删除；再利用小型重启动，计算至 200 μs，此时，形成的 EFP 受到炸药的影响已经很小，故在 200 μs 时，将炸药、空气等多物质欧拉单元删除；继续利用重启动，计算至 1 000 μs。

计算模型中炸药采用 8701，药型罩材料选用紫铜，填充材料为尼龙，密度为 0.9 g/cm³，使用弹塑性材料模型和 Gruneisen 状态方程。

5.3.2　三级 4_EFP 影响因素的计算

5.3.2.1　多级排布方式的影响

首先，计算图 5.37 所示三级 4_EFP 装药结构 MEFP 成型过程，分析前级装药爆轰对后级 EFP 成型的影响。在 $t = 0$ 时刻，炸药起爆，爆轰波以球形波向外传播；当 $t = 4$ μs 时，爆轰波到达药型罩表面，在爆轰波的作用下，药型罩发生极大的塑性变形而被压垮、翻转；当 $t = 20$ μs 时，前级爆轰产物与后级成型的 EFP 碰撞，由于前级爆轰波的影响，后级形成的 EFP 头部发生变形，尾裙发生弯曲；当 $t = 200$ μs 时，炸药全部爆轰完成且压力趋近大气压，对形成的 EFP 影响很小，并且此时后两级 EFP 均穿越爆轰场。此后各级 EFP 以不同的轴向速度和径向速度向前运动，直到侵彻靶板。

根据三级 4_EFP 装药结构 MEFP 成型过程的计算结果，下面分别分析图 5.37 所示两种方案的排布方式对 MEFP 成型形状、成型速度及发散角的影响。

1. 排布方式对 MEFP 成型形状的影响

当采用方案 1 时，装药起爆之后，爆轰波作用于药型罩，药型罩发生大塑性变形而被压垮、翻转形成 EFP；第一级形成的 EFP 不会受到后级装药的影响，形状较为规则，具有良好的气动性能；当第一级炸药的爆轰产物与第二级药型罩相遇时，第二级形成的 EFP 受到第一级爆轰产物的影响，EFP 的头部形状发生变形，EFP 的尾裙受到爆轰产物的压力，不断拉伸。第二级形成的 EFP 由于受到前级影响，形状不规则，气动性较差。第三级形成的 EFP 受到前两级爆轰产物的影响，头部与尾裙更加不规则，气动性更差。通过仿真可以看出，后两级形成的 EFP 在飞行过程中发生翻转。

当采用方案 2 时，第一级 EFP 的成型不会受到后两级装药的影响，形状比较规则，具有良好的气动性能。第二级的成型装药与第一级的成型装药交错 45°，第二级 EFP 两侧受到前级爆轰产物的作用力，头部发生严重不规则变

形。第三级产生的 EFP 受到前两级爆轰产物的影响，头部与尾裙更加不规则，气动性更差。通过仿真可以看出，后两级形成的 EFP 在飞行过程中发生翻转。

2. 排布方式对 MEFP 成型速度的影响

本书设计的多级并联多 EFP 战斗部，其装药不仅涉及多级串联问题，还涉及单级并联装药问题。就多级串联问题，前级装药爆轰会影响后级 EFP 成型速度；而前面研究已发现，并联装药爆轰波相互之间的影响会使形成的 EFP 产生径向速度。

采用方案 1 的结构，在 $t = 200$ μs 时，第一级获得的轴向速度为 1 856 m/s，径向速度为 12 m/s；第一级爆轰产物与第二级形成的 EFP 相遇，爆轰产物不仅影响第二级形成的 EFP 外形，而且使第二级形成的 EFP 速度减小，在 $t = 90$ μs 后，第二级形成的 EFP 穿越第一级爆轰场，此时，第二级形成的 EFP 的轴向速度为 1 453 m/s，径向速度为 19 m/s；第三级形成的 EFP 在 $t = 200$ μs 时，穿越两级爆轰场，此时，第三级形成的 EFP 的轴向速度为 1 169 m/s，径向速度为 23 m/s。可以看出：第二级形成的 EFP 的轴向速度比第一级形成的 EFP 减小了 21.71%，第三级形成的 EFP 的轴向速度相比第一级形成的 EFP 减小了 53.02%；第二级形成的 EFP 的径向速度相比第一级形成的 EFP 增加了 58.33%，第三级形成的 EFP 的径向速度相比第一级形成的 EFP 增加了 91.67%。

采用方案 2 的结构，第一级形成的 EFP 的轴向速度和径向速度没有变化；第二级形成的 EFP 的轴向速度为 1 545 m/s，径向速度为 14 m/s；第三级形成的 EFP 的轴向速度为 1 211 m/s，径向速度为 21 m/s。可以看出，第二级形成的 EFP 的轴向速度比第一级形成的 EFP 减小了 16.75%，第三级形成的 EFP 的轴向速度相比第一级形成的 EFP 减小了 34.75%；第二级形成的 EFP 的径向速度相比第一级形成的 EFP 增加 16.67%，第三级形成的 EFP 的径向速度相比第一级形成的 EFP 增加了 75%。方案 2 采用多级间各个药型罩之间相差 45°的排布方式，有利于减小前级装药爆轰对后级形成的 EFP 成型速度的影响。

3. 排布方式对 MEFP 发散角的影响

通过计算获得不同排布方式下 MEFP 的发散角，如表 5.4 所示。可以看出，随着级数的增加，形成的 EFP 发散角不断增加。由于爆轰波对 EFP 的径向"外推"作用，形成的 EFP 将存在一定的发散角。对于方案 1 而言，第一级形成的 EFP 的发散角仅受到爆轰波的径向作用；第二级形成的 EFP 不仅受到本级爆轰波的影响，还会受到第一级爆轰产物的影响，第一级爆轰产物对第二级形成的 EFP 的"外推作用"，使第二级形成的 EFP 的发散角增大；第三级形成的 EFP 需要穿越前两级爆轰场，爆轰产物对第三级形成的 EFP 的"外推作用"时间较长，使第三级形成的 EFP 的发散角大于第二级形成的 EFP 的发散角。采用方案 2 的排布方式，有利于减小后两级形成的 EFP 的发散角。

表 5.4　不同排布方式下 MEFP 的发散角

排布方式	第一级发散角/(°)	第二级发散角/(°)	第三级发散角/(°)
方案 1	1.29	3.19	5.68
方案 2	1.27	2.94	5.41

综上所述，方案 2 采用多级间各个药型罩之间相差 45°的排布方式，有利于减小前级装药爆轰对后级形成的 EFP 成型速度的影响，也有利于减小后两级形成的 EFP 的发散角，而方案 1 中二、三级形成的 EFP 的形状比方案 2 中的 EFP 形状好。多级并联多 EFP 战斗部第一级形成的 EFP 的成型形状较好，二、三级装药由于受到前级爆轰产物的影响，EFP 成型形状不规则，气动性较差，下一步研究如何进一步改善二、三级 EFP 成型。

5.3.2.2　级间距的影响

多级并联多 EFP 战斗部级间距是指前级 MEFP 装药与后级 MEFP 装药之间的距离（设为 L）。若级间距太小，则前级装药的爆轰产物与冲击波将对后级装药的成型造成严重的影响，甚至殉爆；若级间距过大，不仅会使后级 MEFP 炸高过大，而且使战斗部整体长度过长。两种情况均会造成 MEFP 侵彻能力的下降。因此，选取合理的级间距对多级并联多 EFP 战斗部至关重要。

选择的子 EFP 装药结构是装药量为 80 g 的 8701 装药。考虑到前级装药爆炸产生的冲击波超压可能对后级装药结构产生破坏，根据文献，J. Henrych 用试验方法提出了无限域空气中爆炸时，爆炸峰值压力的经验公式为

$$\Delta p_m = \begin{cases} 1.4072\left(\bar{r}\right)^{-1} + 0.554\left(\bar{r}\right)^{-2} + 0.0357\left(\bar{r}\right)^{-3}, \\ \quad + 0.000625\left(\bar{r}\right)^{-4}, \qquad\qquad\qquad 0.05 \leqslant r \leqslant 0.3 \\ 0.61938\left(\bar{r}\right)^{-1} + 0.03262\left(\bar{r}\right)^{-2} - 0.21324\left(\bar{r}\right)^{-3}, \quad 0.3 \leqslant r \leqslant 1 \end{cases}$$

式中，r 为比例距离，$\bar{r} = R/\sqrt[3]{W}$，W 为炸药的 TNT 当量（kg）；R 为观测点到爆炸中心的距离（m）。

当级间距为 120 mm 时，计算得到后级装药处冲击波超压为 6.2 MPa，根据数值模拟结果，不会对后级装药结构造成破坏，结合多级战斗部设计尺寸，初步确定 120 ~ 200 mm 为级间距范围。

在各个子 EFP 装药单点中心起爆的条件下，分别计算级间距为 1.0d、2.0d、3.0d、4.0d、5.0d 的情况下，方案 1、方案 2 的级间距对 MEFP 成型参数的影响关系曲线，如图 5.38 所示。比较分析方案 1 和方案 2 在不同级间距下第二级和第三级 MEFP 的径向速度、发散角和轴向速度，并拟合获得级间距与 MEFP 成型参数之间的影响关系。

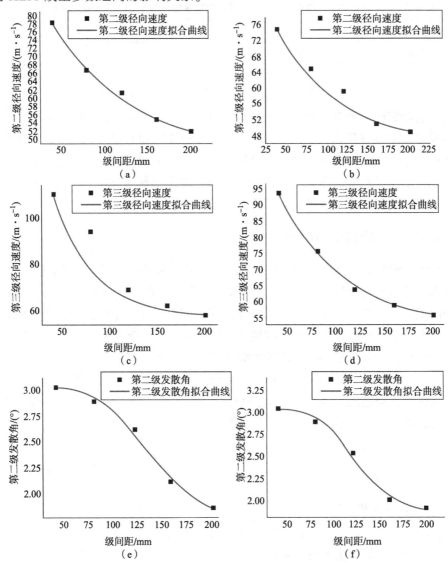

图 5.38 级间距对 MEFP 成型参数的影响关系曲线

（a）方案 1 第二级径向速度；（b）方案 2 第二级径向速度；

（c）方案 1 第三级径向速度；（d）方案 2 第三级径向速度；

（e）方案 1 第二级发散角；（f）方案 2 第二级发散角

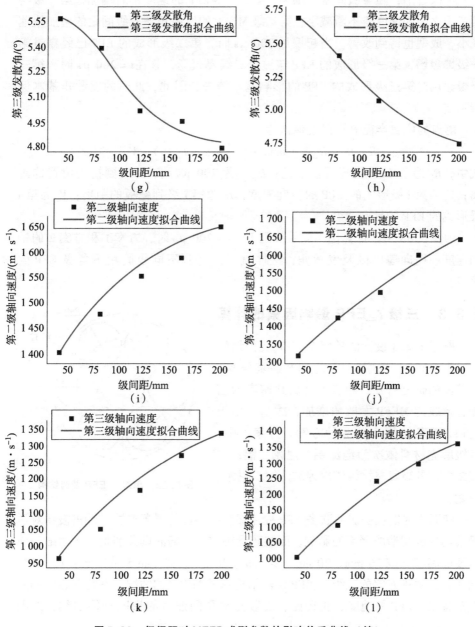

图 5.38 级间距对 MEFP 成型参数的影响关系曲线（续）

（g）方案 1 第三级发散角；（h）方案 2 第三级发散角；

（i）方案 1 第二级轴向速度；（j）方案 2 第二级轴向速度；

（k）方案 1 第三级轴向速度；（l）方案 2 第三级轴向速度

可以看出，随着级间距的增加，第二级 MEFP 的速度不断增加，第一级与第二级之间的速度差不断减小；第二级 MEFP 的发散角随着级间距的增加快速减小，成型也得到改善。当起爆后 200 μs 时，第二级形成的 EFP 已经穿过第一级爆轰场，第三级形成的 EFP 穿过第二级爆轰场，且在 $t = 200$ μs 时，第一级爆轰场对第三级形成的 EFP 的影响基本消失，因此，此时的发散角基本保持不变。

落点的位置半径 R 可以近似认为

$$R = R_0 + L_{\Omega00\_i} \cdot \tan\alpha + V_{yi} \cdot (L_i - L_{\Omega00\_i}) \cdot V_{xi}$$

式中，R_0 为子 EFP 装药所在半径；$L_{\Omega00\_i}$ 为 200 μs 时，EFP 到初始位置的距离；V_{yi} 为第 i 级形成的 EFP 的径向速度；L_i 为第 i 级到靶板的距离；V_{xi} 为第 i 级形成的 EFP 的轴向速度。

由图 5.38 可以计算出不同级间距下，$t = 200$ μs 时，方案 1 和方案 2 的轴向速度、径向速度以及发散角，这样就可以得到不同级间距下各级 EFP 的落点。

5.3.3 三级 7_EFP 影响因素的计算

根据 5.2.3 设计的单级 7_EFP 装药结构（见图 5.39），探索三级 7_EFP 装药结构。由前面的研究可知，随着填充材料密度的增加，形成的 MEFP 发散角增加，故基于单级 7_EFP 装药结构设计两种方案。方案 1 中，各级填充材料依次为泡沫铝、尼龙、铝；方案 2 中，各级填充材料依次为泡沫铝、尼龙、尼龙。

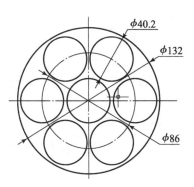

图 5.39 单级 7_EFP 装药结构

前面研究发现多级并联多 EFP 战斗部前级装药的爆轰产物与冲击波将对后级装药的成型造成严重的影响，而装药量决定了装药的爆轰能量，下面结合前级装药高度（取 16 mm、20 mm、24 mm、28 mm、32 mm 5 种方案）的影响，比较分析两种方案的三级 7_EFP 装药结构形成 MEFP 的情况，获得前级装药高度对各级 MEFP 的速度、长径比、发散角和径向速度的影响规律曲线，如图 5.40 所示。

由图 5.40（a）、（b）可以看出，随着前级装药高度的增加，第一级中心 EFP 的轴向速度不断增加，第二级、第三级中心 EFP 的轴向速度不断减小。第一级周边 EFP 的轴向速度随着前级装药高度的增加而增加，第二级、第三级周边 EFP 的轴向速度随着前级装药高度的增加而减小。

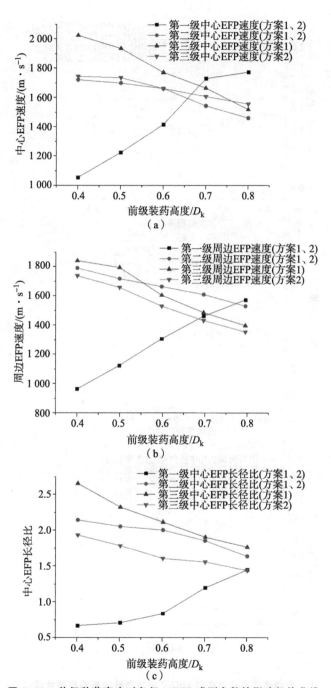

图 5.40　前级装药高度对各级 MEFP 成型参数的影响规律曲线

（a）中心 EFP 速度；（b）周边 EFP 速度；（c）中心 EFP 长径比

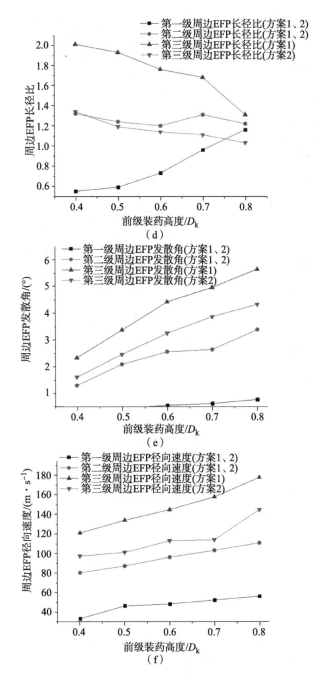

图5.40 前级装药高度对各级MEFP成型参数的影响规律曲线 (续)

（d）周边EFP长径比；（e）周边EFP发散角；（f）周边EFP径向速度

由图 5.40（c）、（d）可以看出，方案 1、2 中第一级中心 EFP 的长径比随着前级装药高度的增加而增加，第二级、第三级中心 EFP 的长径比随着前级装药高度的增加而减小。方案 1、2 中第一级周边 EFP 的长径比随着前级装药高度的增加而增加，第二级、第三级中心 EFP 的长径比随着前级装药高度的增加而减小。

由图 5.40（e）、（f）可以看出，方案 1、2 中第一级周边 EFP 的发散角、径向速度随着前级装药高度的增加而缓慢增加，第二级、第三级周边 EFP 的发散角、径向速度随着前级装药高度的增加而快速增加，且方案 1 中第三级周边 EFP 的发散角和径向速度大于方案 2 中第三级周边 EFP 的发散角和径向速度。

综上所述，需要选取合适的前级装药高度以减小前级装药爆轰对后级装药的影响，方案 1 中第三级的中心 EFP 和周边 EFP 的速度和长径比都比方案 2 大，但是方案 1 中第三级周边 EFP 的发散角和径向速度也大于方案 2。

|5.4　实例分析|

5.4.1　单级并联多 EFP 战斗部实例分析

5.4.1.1　试验设计

针对设计的单级 4_EFP 和新型组合式 MEFP 战斗部两种方案进行试验研究，比较不同填充材料对 MEFP 发散角和侵彻能力的影响。图 5.41 所示为单级 4_EFP 托盘结构，4 个子 EFP 装药分布在 $\phi65.05$ 的圆周上。新型组合式 MEFP 战斗部托盘结构如图 5.42 所示，战斗部分为 3 层，一枚成型装药模块位于 MEFP 装药结构的中心，第二层有 6 枚成型装药平均分布在中心战斗部周围，第三层有 12 枚成型装药平均分布，第三层成型装药中心与中心装药之间的夹角为 15°。起爆方式为各个子 EFP 装药模块顶部中心单点起爆。单级 4_EFP 战斗部试验布置如图 5.43 所示。

5.4.1.2　试验结果分析

1. 单级 4_EFP 战斗部试验结果

试验分别获得尼龙和 45 钢两种填充材料下单级 4_EFP 战斗部对靶板的侵

彻结果，如图 5.44 所示。可以看出，单级 4_EFP 战斗部能够形成 4 个独立的 EFP，填充材料为尼龙时发散角最大为 1.98°，最小为 1.64°；填充材料为 45 钢时发散角最大为 2.02°，最小为 1.80°；MEFP 的发散角随着填充材料阻抗的增加而增加。

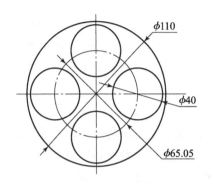

图 5.41　单级 4_EFP 战斗部托盘结构

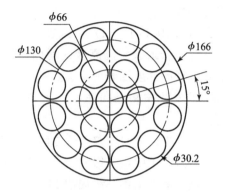

图 5.42　新型组合式 MEFP 战斗部托盘结构

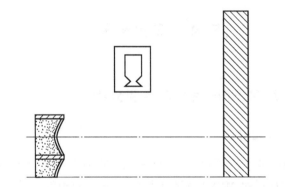

图 5.43　单级 4_EFP 战斗部试验布置

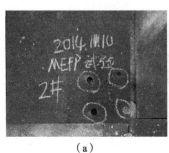

（a）　　　　　　　　　　　（b）

图 5.44　单级 4_EFP 战斗部侵彻试验结果

（a）尼龙；（b）45 钢

2. 新型组合式 MEFP 战斗部试验结果

试验分别获得尼龙和 45 钢两种填充材料下新型组合式 MEFP 战斗部对靶板的侵彻结果，如图 5.45 所示。通过靶板上的侵彻孔可以看出新型组合式 MEFP 战斗部形成了 19 个 EFP，并能够穿透 12 mm 厚的钢板。下面比较分析尼龙和 45 钢两种填充材料对 MEFP 侵彻孔和发散角的影响。

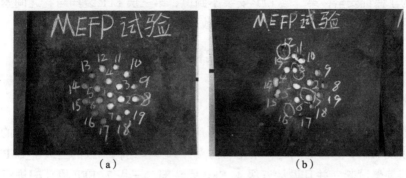

图 5.45　新型组合式 MEFP 战斗部侵彻试验结果
（a）尼龙；（b）45 钢

（1）侵彻孔分析。使用尼龙作为填充材料时，中心侵彻孔孔径小于第二层、第三层侵彻孔孔径，这是由于中心 EFP 受到周边 EFP 冲击波的影响，中心 EFP 的尾裙直径最小；第二层的 EFP 侵彻孔径比率（长径/短径）接近 1，这说明第二层形成的 EFP 的截面呈圆形；第三层的 EFP 侵彻孔径比率大部分大于 1.5，侵彻孔呈椭圆形，这说明第三层形成的 EFP 受到第二层爆轰及周边装药的影响，使第三层形成的 EFP 的截面呈椭圆形，跟前面数值仿真结果一致。使用 45 钢作为填充材料时，中心 EFP 侵彻孔截面呈椭圆形，这是因为第二层形成的 EFP 装配不紧密，造成中心 EFP 受力不均匀。第二层形成的 EFP 的侵彻孔径比率也接近 1，但第二层的 3 号、7 号 EFP 断裂为 2 节；第三层形成的 EFP 的侵彻孔截面呈椭圆形，侵彻孔比率大于尼龙填充材料第三层 EFP 的侵彻孔比率；第三层 16 号 EFP，在爆轰及周边子 EFP 装药冲击波的影响下，整体分散，分散后的 EFP 无法击穿 12 mm 厚的靶板，在靶板上只留下 6 个麻点坑。

（2）发散角分析。当填充材料为尼龙时，第二层最大发散角：$\alpha_{2-\max} = 1.372°$，第二层最小发散角 $\alpha_{2-\min} = 0.458°$，第二层平均发散角 $\alpha = 0.953°$；第三层最大发散角 $\alpha_{3-\max} = 2.502°$，第三层最小发散角 $\alpha_{3-\min} = 1.926°$，第三层平均发散角 $\alpha = 2.214°$。当填充材料为 45 钢时，第二层最大发散角 $\alpha_{2-\max} =$

4.574°，第二层最小发散角 $\alpha_{2-\min} = 0.458°$，第二层平均发散角 $\alpha = 1.233°$；第三层最大发散角 $\alpha_{3-\max} = 6.616°$，第三层最小发散角 $\alpha_{3-\min} = 0.930°$，第三层平均发散角 $\alpha = 2.442°$。可以看出，使用45钢作为填充材料时的第二层发散角比使用尼龙作为填充材料时的第二层发散角增加了12.0%，第三层的发散角增加了10.29%。造成此种现象的原因，一方面是随着填充材料阻抗增加，MEFP发散角会增加；另一方面是试验加工问题，主要是45钢第二层孔壁毛刺较多，为了保证安全，第二层EFP安装不到位，第三层EFP装药与孔之间紧密贴合。因此，试验和仿真都表明可以通过改变填充材料改变MEFP发散角。

5.4.2 多级并联多EFP战斗部实例分析

5.4.2.1 试验设计

为了验证多级并联多EFP战斗部能否产生预期的EFP，并且分析EFP的侵彻能力以及MEFP落点的问题，采用与仿真计算模型结构一致的三级4_EFP战斗部开展静爆试验，并且设计五级4_EFP战斗部、三级7_EFP战斗部进行对比研究。起爆方式为各个子EFP装药模块顶部中心单点起爆，试验通过侵彻靶板验证MEFP的侵彻威力，通过测试MEFP形成的孔径和分布，观察EFP成型的完整性和空间散布状态。试验中使用靶板的尺寸为 6 m×6 m×12 mm，保证靶板与战斗部垂直，将战斗部放置在距离靶板4 m的木质支架上，现场布置示意如图5.46所示。

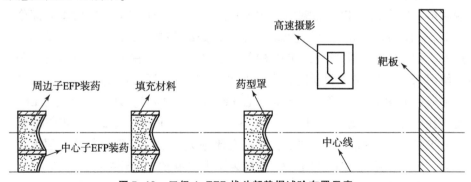

图 5.46 三级 4_EFP 战斗部静爆试验布置示意

5.4.2.2 试验结果分析

1. 三级 4_EFP 战斗部试验结果

针对仿真模型中的方案1（药型罩方向相同）和方案2（药型罩相互错开

45°）开展试验研究，其侵彻结果如图 5.47 所示。从图中可以看到三级 4_EFP 战斗部产生了 12 枚 EFP，所形成的 EFP 有一定的速度和方向性，可以穿透 4 m 距离上 12 mm 厚的钢板。同时，所形成的 EFP 还具有不同的径向速度，后级径向速度大于前级径向速度，因此，形成的 EFP 侵彻孔呈以瞄准中心向外辐射状。

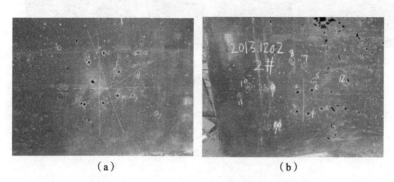

图 5.47　三级 4_EFP 战斗部侵彻试验结果
（a）方案 1；（b）方案 2

　　分析方案 1 试验结果，从侵彻孔的位置计算 EFP 的发散角，所形成的 MEFP 最大发散角为 13.49°，最小的发散角为 1.98°。由于子 EFP 装药轴线重合，故而将试验后靶板以中心划分为 4 个象限。从划分后的结果可以看出，由中心向外辐射，侵彻孔径逐渐减小，这是由于受到了前级爆轰的影响。

　　方案 2 的子 EFP 装药各个轴线相互平行且不重合，所形成的 MEFP 的最大发散角为 11.03°，最小发散角为 2.23°。由于轴线平行但不重合，故而根据 MEFP 的侵彻孔的半径划分为 3 层，从测量的数据中可以看出，侵彻孔所在位置半径的增加，侵彻孔孔径逐渐减小。

2. 五级 4_EFP 和三级 7_EFP 试验结果

　　对比验证五级 4_EFP 战斗部和三级 7_EFP 战斗部形成 MEFP 的可行性，并测试了战斗部威力及空间分布。由于五级 4_EFP 战斗部试验在靶板上侵彻孔散布较大，为了防止 MEFP 飞出靶板范围，故三级 7_EFP 装药到靶板的距离改为 2 m，侵彻试验结果如图 5.48 所示。

　　可以看出五级 4_EFP 方案能够形成 20 个独立的 EFP，三级 7_EFP 方案能够形成 21 个 EFP，均能穿透 12 mm 厚的钢板，但是 MEFP 散布没有单级并联多 EFP 方案均匀，今后仍需进一步研究多级层与层之间爆轰波影响问题。

（a）　　　　　　　　　　　（b）

图 5.48　五级 4_EFP 战斗部和三级_EFP 战斗部侵彻试验结果

（a）五级 4_MEFP 战斗部；（b）三级_EFP 战斗部

参 考 文 献

［1］［美］威廉·普·沃尔特斯，乔纳斯·埃·朱卡斯．成型装药原理及其应用［M］．王树魁，贝静芬，等，译．北京：兵器工业出版社，1992．

［2］赵国志，张运法，王晓鸣．战术导弹战斗部毁伤作用机理［M］．南京：南京理工大学出版社，2003．

［3］王儒策，赵国志．弹丸终点效应［M］．北京：国防工业出版社，1991．

［4］魏惠之，朱鹤松．弹丸设计理论［M］．北京：国防工业出版社，1985．

［5］李伟兵．多模式 EFP 成型及侵彻机理研究［D］．南京：南京理工大学，2011．

［6］Li Weibing, Wang Xiaoming, Li Wenbin, Zheng Yu. Method of Converting Multi‒mode Penetrator Through Point Initiation［J］. Combustion Explosion and Shock Waves, 2012, 48(6)：718‒723.

［7］Li Weibing, Wang Xiaoming, Li Wenbin. The Effect of Annular Multi‒point Initiation on the Formation and Penetration of an Explosively Formed Penetrator［J］. International Journal of Impact Engineering, 2010, 37(4)：414‒424.

［8］Li Weibing, Wang Xiaoming, Li Wenbin, Chen Kui. Research on the Rule of Multi‒point Initiation Replacing Annulus Initiation under Different Charge Caliber.［J］. Proceedings of the 27th International Symposium on Ballistics. Freiburg, Germany, 2013：872‒883.

［9］Li Weibing, Zhou Huan, Li Wenbin, Wang Xiaoming, Zhu Jianjun. Transformation Mechanism of Dual‒mode Penetrators Achieved by Single‒point Detonation［J］. Defence Science Journal, 2017, 67(1)：26‒34.

［10］李伟兵，王晓鸣，李文彬，郑宇．装药长径比对聚能杆式侵彻体成型的影响［J］．弹道学报，2011，23(4)：61‒65．

［11］吴义锋，王晓鸣，钱洪兴，李文彬．大锥角罩成型装药 PER 扩展理论的应用研究［J］．弹道学报，2007，19(3)：6‒9．

［12］吴义锋．点环起爆多模成型装药机理研究［D］．南京：南京理工大学，2007．

［13］吴义锋，王晓鸣，李文彬．环形起爆对球缺型药型罩形成 EFP 速度的影响研究［J］．弹箭与制导学报，2006，26(1)：67-70.

［14］吴义锋，王晓鸣，李文彬．不同的环形起爆位置对球缺型药型罩形成聚能侵彻体的影响研究［J］．弹箭与制导学报，2006，S4：738-740.

［15］Li Weibing, Li Wenbin, Wang Xiaoming, Zhou Huan. Effect of Liner Material on the Formation of Multimode Penetrator［J］. Combustion Explosion and Shock Waves, 2015, 51(3)：1-8.

［16］李伟兵，王晓鸣，李文彬，郑宇．单点起爆形成多模式 EFP 的可行性研究［J］．爆炸与冲击，2011，31(2)：204-209.

［17］李伟兵，樊菲，王晓鸣，李文彬．实现杆式射流与射流转换的双模战斗部优化设计［J］．兵工学报，2013，34(12)：1500-1505.

［18］樊菲．实现杆流与射流转换的研究［D］．南京：南京理工大学，2012.

［19］陈忠勇．多模毁伤元 EFP 与 JPC 转换机理研究［D］．南京：南京理工大学，2011.

［20］汪得功．可选择 EFP 侵彻体形成研究［D］．南京：南京理工大学，2007.

［21］Li Weibing, Wang Xiaoming, Li Wenbin, Zheng Yu. Design Optimization of the Configuration Parameters of Multimode Warhead［J］. Proceedings of the 25th International Symposium on Ballistics. Beijing, China, 2010：629-637.

［22］李伟兵，王晓鸣，李文彬，等．药型罩结构参数对多模毁伤元形成的影响［J］．弹道学报．2009，21(1)：19-23.

［23］樊菲，李伟兵，王晓鸣，李文彬．爆炸成型弹丸战斗部不同侵彻着角下的毁伤能力研究［J］．高压物理学报．2012，26(2)：199-204.

［24］陈奎．双模毁伤元侵彻威力匹配研究［D］．南京：南京理工大学，2013.

［25］陈奎，李伟兵，王晓鸣，李文彬．双模战斗部结构正交优化设计［J］．含能材料．2013，21(1)：80-84.

［26］樊菲，李伟兵，王晓鸣，李文彬．药型罩材料对 JPC 成型的影响［J］．火炸药学报，2010(2)：36-39.

［27］李慧子．多模成型装药的药型罩结构设计［D］．南京：南京理工大学，2010.

［28］郑宇．双层药型罩毁伤元形成机理研究［D］．南京：南京理工大学，2008.

［29］郑宇，王晓鸣，李文彬，韩玉．多层药型罩在闭合点处的射流形成模型［J］．弹道学报，2008(03)：44-48.

［30］ 郑宇，王晓鸣，李文彬，韩玉．双层药型罩射流形成的理论建模与分析 ［J］．火炸药学报，2008，31（3）：13 - 17.

［31］ 郑宇，王晓鸣，李文彬．双层药型罩侵彻半无限靶板的数值仿真研究 ［J］．南京理工大学学报（自然科学版），2008（03）：313 - 317.

［32］ 郑宇，王晓鸣，李文彬，苗勤书，李伟兵．基于双层药型罩成型装药的 串联 EFP ［J］．爆炸与冲击，2012，32（01）：29 - 33.

［33］ 郑宇，王晓鸣，李文彬，李伟兵．曲率半径对双层球缺罩形成串联爆炸 成型弹丸的影响 ［J］．高压物理学报，2009，23（03）：229 - 235.

［34］ 郑宇，王晓鸣，李文彬，李伟兵．材料对双层药型罩形成串联 EFP 的影 响 ［J］．兵器材料科学与工程，2009，32（01）：38 - 41.

［35］ Flis WJ. The Effects of Finite Liner Acceleration on Shaped Charge Jet Forma-tion, 19th International Symposium of Ballistics ［C］. USA, International Ballistics Committee, 2001.

［36］ 言志信．高压驱动的抛掷角研究 ［J］．爆炸与冲击，2002.

［37］ Pugh, Eichelberger, Rostoker. Theory of Jet Formation by Charges with Lined Conical Cavities ［J］. Applied Physics, 1952, 23（5）: 32 - 41.

［38］ Chou PC, Carleone J, Hirsch E: Improved Gnrney Formaulas for Velocity, Ac-celeration and Projection Angle of Explosively Driven Liners, 6th International Symposium of Ballistics ［C］. USA, 1981.

［39］ Gurney RW. The Initial Velocities of Fragments from Bombs, Shells and Gre-nades ［C］. BRLReport 405, 1943.

［40］ Gurney RW. Fragments from Bombs, Shells and Grenades ［C］. BRLReport 635, 1947.

［41］ Hirsch E. Improved Gnrney Formaulas for Exploding Cylinders and Shperes Using Hard Core Approximation ［J］. Propell, Explos, Pyrotech, 1981.

［42］ 苟瑞君．线性爆炸成型侵彻体形成机理研究 ［D］．南京：南京理工大 学，2006.

［43］ 李润蔚．大锥角药型罩形成自锻破片参数计算．破甲技术文集四 ［C］. 北京：国防工业出版社，1992：4.

［44］ ［美］迈耶斯．材料的动力学行为 ［M］．张庆明，等，译．北京：国防 工业出版社，2006.

［45］ Rinehart. Stress Waves in Solids ［J］. Hyperdynamics, 1975.

［46］ 王礼立．应力波基础（第二版）［M］．北京：国防工业出版社，2005.

［47］ Nesterenko V F FVMCPA. Attenuation of Strong Shock Waves in Laminate

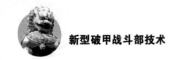
Materials Nonlinear Deformation Waves [C]. Berlin, 1983.

[48] 北京工业学院八系. 爆炸及其作用（下册）[M]. 北京：国防工业出版社, 1979.

[49] 陈闯. 同口径成型装药串联匹配及隔爆机理研究 [D]. 南京：南京理工大学, 2015.

[50] 陈闯, 王晓鸣, 李文彬, 李伟兵, 吴成. 双锥罩射流侵彻钢靶侵深计算模型 [J]. 兵工学报, 2014, 35(05)：604 – 612.

[51] 陈闯, 王晓鸣, 李文彬, 贾方秀, 殷婷婷. 多层介质阻抗匹配对隔爆效果的影响 [J]. 振动与冲击, 2014, 33(17)：105 – 110.

[52] 陈闯, 王晓鸣, 李文彬, 李伟兵, 董晓亮. 爆轰波波形与药型罩结构匹配对杆式射流成形的影响 [J]. 爆炸与冲击, 2015, 35(06)：812 – 819.

[53] 陈闯, 王晓鸣, 李文彬, 李伟兵. 串联聚能装药延迟时间与装药间距匹配关系研究 [J]. 北京理工大学学报, 2014, 34(12)：1217 – 1222.

[54] 陈闯, 王晓鸣, 沈晓军, 李文彬, 李伟兵. 串联战斗部最佳隔爆参数研究 [J]. 弹道学报, 2014, 26(03)：82 – 86.

[55] 陈闯, 李伟兵, 王晓鸣, 李文彬, 吴巍. 串联战斗部前级 K 装药结构的优化设计 [J]. 高压物理学报, 2014, 28(01)：73 – 78.

[56] 谭多望. 高速杆式弹丸的成型机理和设计研究 [D]. 绵阳：中国工程物理研究院, 2005.

[57] Chou P C, Carleone J, Flis W J, et al. Improved Formulas for Velocity, Acceleration and Projection Angle [J]. Propellants, Explosives and Pyrotechnics, 1983, 8：175 – 183.

[58] Dunne. Mach Reflection of Detonation Waves in Condensed High Explosive [J]. Phys. Fluids, 1961, 4：918.

[59] 王继海. 二维非定常流和激波 [M]. 北京：科学出版社, 1994.

[60] Courant R, Friedrichs K O. Supersonic Flow and Shock Waves [M]. Springer, 1976.

[61] Walsh J M. On the Problem of Oblique Interaction of a Detonation Wave with Explosive – metal Interface [J]. In Schmidt S C, Holmes NS ed, Shock Wave in Condensed Matter. Amsterdam, Elsevier Science Publishers, 1988：3 – 10.

[62] Randers – Pehrson G. An Improved Equation for Calculating Fragment Projection angle [A]. 2nd International Symposium on Ballistics [C]. Daytona Beach FL, 1976.

[63] Carleone J, Flis W J. Improved Formulas for the Motion of Explosively Driven

Liners［A］. Air Force Armament Lab, Rep, AFATL – TR – 82 – 01, 1982.

［64］ Aseltine C L. Analytical Predictions of the Effect of Warhead Asymmetries on Shaped Charge Performance［A］. 4th International Symposium on Ballistics ［C］. Marterey, CA, 1978.

［65］ Allison F E, Vitali R. A new Method of Computing Penetration Variables for Shaped Charge Jets［R］. Ballistic Research Laboratory Report, No. 1184, 1963.

［66］ 肖强强. 聚能装药对典型土壤/混凝土复合介质目标的侵彻研究［D］. 南京：南京理工大学, 2012.

［67］ 王静, 王成, 宁建国. 聚能射流侵彻的理论模型与孔径计算［J］. 工程力学, 2009, 26(4)：21 – 26.

［68］ Xiao Qiang qiang, Huang Zheng xiang, Zu Xu dong, et al. Supersonic Penetration by Jet into Concrete：Research of Shaped Charge for Creating Large Cavity Diameter［A］. 26th International Symposium on Ballistics［C］. MIAMI, FL, 2011.

［69］ Carleone J, Chou P C. A One Dimensional Theory to Predict the Strain and Radius of Shaped Charge Jets［A］. 1st International Symposium on Ballistics ［C］. Orlando, Florida, 1974.

［70］ 隋树元, 王树山. 终点效应学［M］. 北京：国防工业出版社, 2000.

［71］ Neumann T V. Progress Report on the Theory of Detonation Waves［A］. Report No. 549, OSRD, 1942.

［72］ 李维新. 一维不定常流与冲击波［M］. 北京：国防工业出版社, 2003.

［73］ Walker F E, Wasley R J. Critical Energy for Shock Initiation of Heterogeneous Explosives［M］. University of California, Lawrence Livermore Laboratory, 1968.

［74］ Cook M D, Haskins P J, James H R. Projectile Impact Initiation of Explosive Charges［A］. Proc of 9th International Symp. on Detonation［C］. Portland, Oregon, 1989：1441 – 1449.

［75］ 汤文辉, 张若棋. 物态方程理论及计算［M］. 北京：高等教育出版社, 2007.

［76］ 章冠人, 陈大年. 凝聚炸药起爆动力学［M］. 北京：国防工业出版社, 1991.

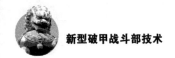

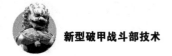

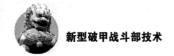

（王彦祥、张若舒、刘子涵　编制）